“十四五”时期国家重点出版物出版专项规划项目
智慧建筑与建成环境系列图书
黑龙江省精品图书出版工程

寒地办公建筑光舒适智慧评价与优化设计

刘蕾 孙澄 著

哈爾濱工業大學出版社
HITP HARBIN INSTITUTE OF TECHNOLOGY PRESS

内 容 简 介

作者长期致力于建筑光环境研究领域，通过对建筑参数化设计理论的溯源寻本，对建筑参数化设计技术和工具进行整合创新，形成了较为系统的"建筑光环境优化设计"研究成果，并以建筑师视角展开了广泛的工程实践探索，为本书的撰写奠定了扎实基础。

本书以寒地办公建筑作为研究对象，以光舒适为切入点探讨办公建筑的优化设计方法，主要从寒地办公建筑光舒适智慧评价、寒地现代办公建筑典型模型、天然光智慧评价技术、基于光舒适的寒地办公建筑优化设计方法等阐释了所建构的智慧评价体系及优化设计模型，最后结合寒地办公建筑案例实测，展示了优化设计在实践创作中的应用。

本书适用于建筑学及其相关专业本科生、研究生的教学参考书，也可以作为相关课程的阅读材料。同时也适宜于建筑设计人员阅读、参考。

图书在版编目(CIP)数据

寒地办公建筑光舒适智慧评价与优化设计/刘蕾，孙澄著. —哈尔滨：哈尔滨工业大学出版社，2025. 8.
(智慧建筑与建成环境系列图书). —ISBN 978 - 7 - 5767 - 1843 - 0

Ⅰ. TU243；TU113. 6

中国国家版本馆 CIP 数据核字第 2025BC4439 号

策划编辑　王桂芝　陈雪巍
责任编辑　张　荣　张永文
出版发行　哈尔滨工业大学出版社
社　　址　哈尔滨市南岗区复华四道街 10 号　邮编 150006
传　　真　0451-86414749
网　　址　http://hitpress. hit. edu. cn
印　　刷　哈尔滨博奇印刷有限公司
开　　本　787 mm×1 092 mm　1/16　印张 12. 5　字数 304 千字
版　　次　2025 年 8 月第 1 版　2025 年 8 月第 1 次印刷
书　　号　ISBN 978 - 7 - 5767 - 1843 - 0
定　　价　78. 00 元

前　言

室内光环境是人居环境的重要组成部分，随着人民生活水平的提高和居住环境的改善，人们对光环境的要求不再仅仅是满足照度、满足生活需求的问题，而是愈来愈注重光的舒适性，光舒适的问题从来没有现在这样重要。

光舒适评价主要来源于人的感知，不同人的舒适性感知不尽相同；在光环境设计中通常使用采光系数、眩光指数等物理指标来衡量光环境的优劣，并用以优化设计。如何使光环境评价指标更贴近人们对光舒适的感知，本书在光环境智慧评价指标的基础上，研究低能耗设计优化及设计策略，试图总结出舒适性光环境设计方法。

天然光的光舒适是人工照明所无法比拟的，这一点早已成为业界的共识；特别是在绿色建筑蓬勃兴起的今天，更应尽可能用天然光替代人工照明，达到高舒适、低能耗的光环境设计目标。光舒适是绿色建筑室内环境质量评估的重要指标，光舒适研究是低能耗设计策略研究的重要组成，也可以说光舒适研究和低能耗研究只是研究的切入点不同，所以在本书中的光舒适设计策略和低能耗光环境设计策略只是提法不同，并无本质区别。

全书共 6 章，第 1 章绪论，主要阐述本书的研究背景、研究目的及其意义；研究范围及概念界定；介绍国内外研究现状，明确本书的研究内容、研究方法和研究框架，为后续各章节做好铺垫。第 2 章寒地办公建筑光舒适智慧评价，主要介绍办公建筑运行整体能耗构成以显示照明能耗在耗能总量中的地位，讨论寒地办公建筑低能耗设计变量，重点讲述光舒适评价指标筛选和指标集构建。第 3 章寒地现代办公建筑典型模型，通过典型模型研究寒地办公建筑光舒适智慧评价与优化设计，可简化研究过程，使研究结果具有普遍性；通过抽象建筑原形建筑空间模式，结合对严寒地区办公建筑空间设计参数分布状况的实地调研，针对不同空间组织和面积规模，构建严寒地区办公建筑典型模型及其衍生模型，使光舒适智慧评价及优化设计具有普遍性。第 4 章天然光智慧评价技术，使用哈尔滨市光气候实测数据，修正 PEREZ 天空模型的总辐射光通量及散射辐射光通量，建立严寒地区光气候 PEREZ 天空模型；运用 SPSS 软件进行主成分分析，筛选光环境设计变量；运用 DIVA 软件，研究严寒地区办公建筑光环境性能、照明能耗及主要空间设计参数三者之间的关系，建立照明能耗及自然采光性能预测模型，并据此提出严寒地区办公建筑方案设计阶段自然采光优化设计策略。第 5 章基于光舒适的寒地办公建筑优化设计方法，以参数化设计作为设计工具，介绍了参数化建模、参数化模拟和参数化多目标优化；提出低能耗设计流程、光舒适动态预测策略及设计策略。第 6 章通过实例演示寒地办公建筑低能耗设计方法。

本书的研究成果依托国家自然科学基金青年项目（2020—2022），项目名称：严寒地区办公建筑光舒适动态评价与光环境优化设计策略，项目编号：51908159。

“人民对美好生活的向往，就是我们的奋斗目标”，本书如果能为提高室内光环境质量尽微薄之力，作者将感到无上欣慰。

限于作者水平，书中难免存在疏漏及不足之处，恳请广大读者批评指正。

作　者

2025 年 5 月

目　录

第1章　绪　论

1.1　办公建筑采光设计的研究背景、目的与意义

1.1.1　研究背景

天然光对于人的舒适和健康有重要作用，不仅在于光的非视觉生物效应，不可见光对人体健康有着人工光源无法替代的作用，而且天然光中47%的为可见光，可为室内提供有效照度。办公建筑多为日间使用，能耗时间与天然光可利用时间吻合。天然光是取之不尽的绿色能源，充分利用自然采光，可以全部或大部分替代人工照明，节约照明能耗，减少照明设施散热，降低空调负荷，达到低碳目标。办公建筑照明能耗在建筑运行能耗中占有重要比例，合理设置布局、开窗及照明控制系统，可从照明、采暖、制冷等多方面大幅度降低办公建筑的能耗需求，还可在一定程度上调节、控制用电负荷的峰值和形式。

在科学技术迅猛发展的今天，人工照明技术把人们带进了前所未有的奇妙光世界；随着高新光技术的广泛应用，人工光的照明形式、照明效果千姿百态，应用范围也日趋广泛；人工照明的过度使用，不仅增加照明能耗，也易于形成过度光照，影响人的视觉判断，形成“光污染”。联合国教科文组织宣布2015年为“光和光基技术国际年”，不仅是纪念千年来人类在光领域的重大发现，也不仅是宣传光技术在提高人民生活质量方面的作用，更重要的是提倡减少光污染、减少能源浪费。

室内光环境是人居环境的重要组成部分，随着绿色建筑的发展，光舒适性能已经成为绿色建筑室内环境质量评估的重要指标，是建筑耗能的重要组成部分。办公建筑光舒适研究与低能耗研究是紧密联系、不可分割的，本书研究的光舒适性能，着重于天然光替代人工照明，从而达到低能耗、高舒适的目的。正是因为低能耗和光舒适的一致性，本书将低能耗策略和光舒适策略一并讨论。从根本上讲，光舒适策略的研究也是低能耗策略的研究，光舒适策略的研究背景也就是低能耗策略的发展背景。

1.1.1.1　我国办公建筑能耗基本现状

2020年9月，国家主席习近平在第七十五届联合国大会上宣布，中国力争2030年前二氧化碳排放达到峰值，努力争取2060年前实现碳中和目标。2021年10月，中共中央、国务院印发《关于完整准确全面贯彻新发展理念做好碳达峰碳中和工作的意见》。2022年8月，科技部、国家发展改革委、工业和信息化部等9部委联合印发《科技支撑碳达峰碳中和实施方案(2022—2030年)》。2022年10月，习近平总书记在党的二十大报告中明确要求：积极稳妥推进碳达峰碳中和，推进工业、建筑、交通等领域清洁低碳转型。这充分说明了低碳化是国家实现高质量发展的关键环节，低能耗战略在国家发展战略中占有举足轻重的位置。

建筑的运行能耗大约为全社会商品用能的三分之一，并且是节能潜力最大的用能领域，这一领域历来是节能研究的重点。清华大学建筑节能研究中心建立的中国建筑能源排放分析模型中，用能情况包括北方城镇供暖、城镇住宅（不含北方城镇供暖）、公共建筑（不含北方城镇供暖）、农村住宅 4 部分[1]。2020 年中国建筑运行能耗见表 1.1。

表 1.1　2020 年中国建筑运行能耗

用能情况	宏观参数	用电量 /（亿 kW·h）	商品能耗 /亿 tce
北方城镇供暖	156 亿 m^2	639	2.14
城镇住宅（不含北方城镇供暖）	292 亿 m^2	5 694	2.67
公共建筑（不含北方城镇供暖）	140 亿 m^2	10 221	3.46
农村住宅	227 亿 m^2	3 446	2.29

注：tce 为吨标准煤；kgce 为千克标准煤。

从建筑面积上来看，城镇住宅（不含北方城镇供暖）和农村住宅的面积最大。但从能耗强度来看，公共建筑（不含北方城镇供暖）和北方城镇供暖能耗强度又是 4 个分项中较高的。因此，从用能总量来看，基本呈“四分天下”的态势，4 类用能各占建筑能耗的四分之一左右。近年来，随着公共建筑规模的增长及平均能耗强度的增长，公共建筑能耗已经成为中国建筑能耗中比例最大的一部分。

根据国际能源署（IEA）发布的《全球能耗调查报告》（2024 年），全球公共建筑（包括商业、教育、医疗、政府机构等）的总能耗约占全球一次能源消费总量的 10% ~15%，全球办公建筑总能耗占全球公共建筑总能耗的 30% ~50%。

过去 20 多年，我国公共建筑面积存量迅速增长，从 2001 年的约 38 亿 m^2 增长到 2020 年的约 140 亿 m^2。办公建筑和商场建筑为目前公共建筑的主要类型，2020 年占比分别为 34% 和 23%，其次为学校建筑，占比为 16%，医院和酒店建筑占比较小，分别为 5% 和 4%。从增长趋势来看，2010 年以来，我国商场建筑存量面积的增长速度迅速提高，2001 年到 2010 年之间存量面积约增长 6 亿 m^2，而 2011 年到 2020 年之间，存量面积增长了 20 亿 m^2，增量是 21 世纪第一个十年的 3 倍以上，如图 1.1 所示。

受到我国城镇化建设阶段转换的影响，公共建筑竣工面积自 2016 年起逐年缓慢下降，从每年竣工约 8.5 亿 m^2 下降到约 7.5 亿 m^2。但从结构上来看，不同类型的公共建筑竣工面积变化趋势有所不同。其中办公、商场及酒店类建筑自 2016 年起就呈持续下降的趋势，但医院、学校及其他类型的公共建筑竣工面积仍保持上升的趋势，如图 1.2 所示。

从 2007 年到 2020 年，我国建筑建造速度增长迅速，城乡建筑面积大幅增加。分阶段来看：2007 年至 2014 年，我国的民用建筑竣工面积快速增长，以每年 2 亿 m^2 左右速度稳定增长至 2014 年的接近 40 亿 m^2；2014 年至 2019 年，我国民用建筑每年的竣工面积逐年

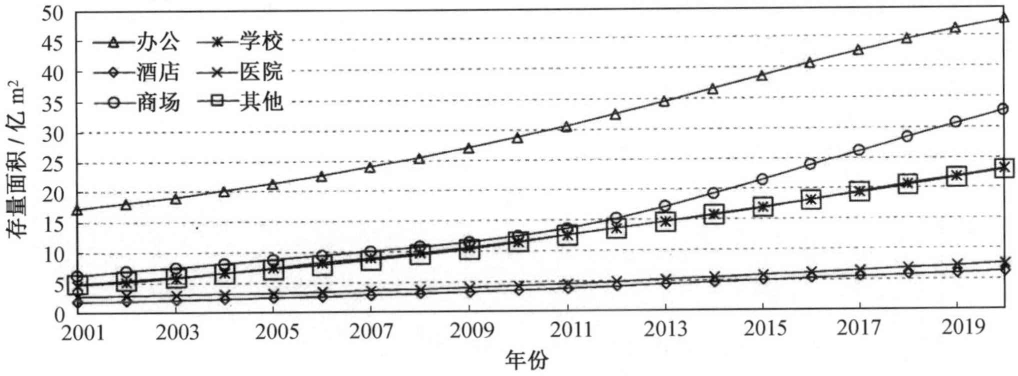

图 1.1 公共建筑存量面积增长趋势[1]

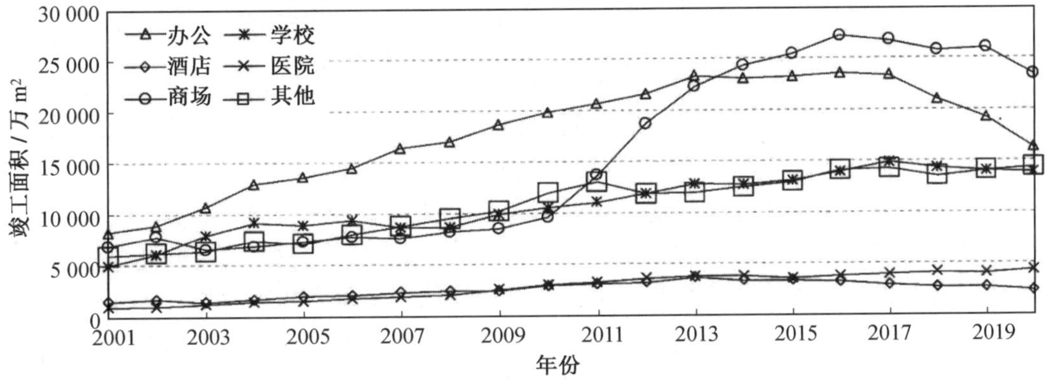

图 1.2 公共建筑分类型竣工面积变化趋势[1]

缓慢下降，但基本维持在 40 亿 m^2 以上；2020 年，民用建筑竣工面积下降至38 亿 m^2，其中城镇住宅和公共建筑的竣工面积由 2014 年的 36 亿 m^2 左右，下降至 2020 年的 33 .4 亿 m^2（图 1.3）。伴随着大量开工和施工，城镇住宅及公共建筑的拆除面积从 2007 年的 7 亿 m^2 快速增长，至目前稳定在每年 16 亿 m^2 左右。

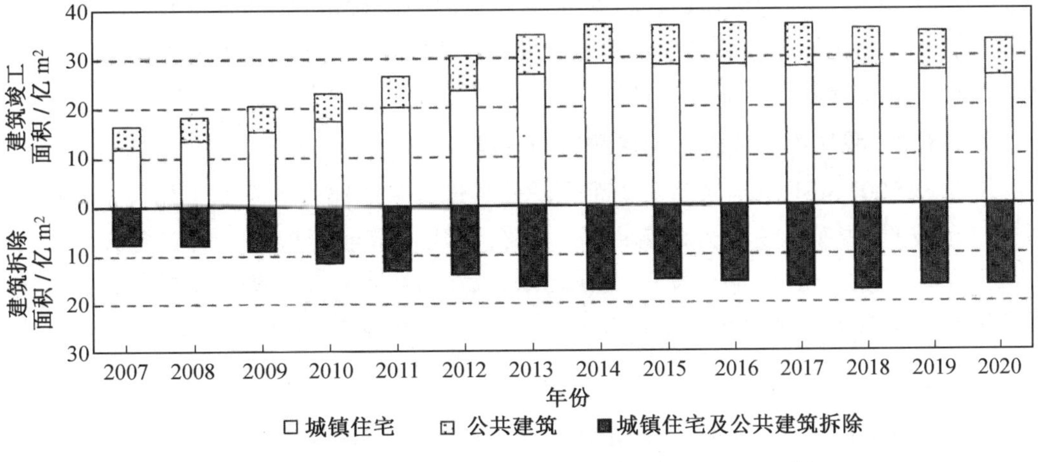

图 1.3 我国城镇建筑竣工量和拆除量（2007—2020 年）[1]

2020 年我国城镇住宅建筑面积为 292 亿 m^2，农村住宅建筑面积为 227 亿 m^2，公共建筑面积为 140 亿 m^2，如图 1.4 所示。

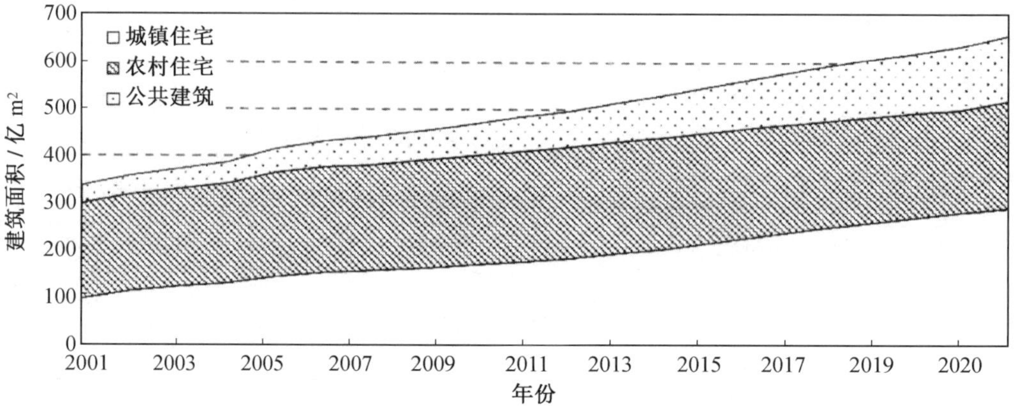

图 1.4　我国总建筑面积增长趋势(2001—2020 年)①

每年大量建筑的竣工使得我国建筑面积的存量不断高速增长，办公建筑无论在现存建筑总量中还是在年竣工量中都占有重要比例，是公共建筑的最主要类型之一。建筑规模的持续增长主要从两个方面驱动了能源消耗和碳排放增长：一方面是建造能耗，建设规模的持续增长需要以大量的建材和能源的生产、消耗作为代价，我国大量的新建建筑所产生的建造能耗也是我国能源消耗和碳排放持续增长的一个重要原因。另一方面是运行能耗，建筑运行能耗的定义为使用者提供供暖、空调、照明、通风、生活热水，以及其他为了实现建筑的各项服务功能所需要消耗的能源，不断增长的建筑面积以及舒适度需求使得建筑运行能耗大幅增长。2020 年建筑运行的总商品能耗为 10.6 亿 tce，约占全国能源消费总量的 21%。办公建筑作为公共建筑的用能主体之一，由于其数量多、规模大、发展快，运行能耗强度大、增长迅速等特点，其低能耗设计研究无疑是节能设计研究工作的重点之一。

严寒地区特定的物理条件，导致其较其他气候区建筑呈现出更显著的高能耗、高排放特征。统计表明，北方地区城镇建筑在面积上只占全国城镇建筑面积的不足 10%，在总建筑能耗上却占据了全国城镇建筑总能耗的 40% 以上[3]。相比于其他气候区，针对严寒气候区的建筑低能耗设计研究更加迫切，建筑节能任务更为艰巨，势在必行。

1.1.1.2　我国办公建筑节能监测管理现状

我国从 2007 年下半年启动了全面建设公共建筑节能监管体系的工作，自 2007 年 10 月 23 日，按照《国家机关办公建筑以及大型公共建筑节能管理工作的实施方案》(建科[2007]245 号印发)的具体要求，首先在北京、天津、深圳等典型城市构建监测平台，以动态观测运行能耗的变化。在推进过程中，公共建筑节能监管体系工作的主要目标被细化

① 数据来源：清华大学建筑节能研究中心 CBEEM 模型估算结果，模型竣工面积输入为《中国建筑业统计年鉴》建筑业企业统计口径下的数据。

分解、逐步推进,先后确定六批试点省(市)作为公共建筑能耗动态监测平台,对其进行长期能耗监测。第一批试点城市包括深圳、天津、重庆,上海为第二批公共节能改造重点城市,并指定191所高等院校为节约型校园建设试点,确定14所高校为节能综合改造示范高校。

上海市和深圳市最新公布的公共建筑用能监测平台情况报告"管中窥豹",梳理了主要类型公共建筑能耗强度的变化特点。这里公共建筑主要类型涵盖国家机关办公建筑、商业办公建筑、商场建筑、宾馆饭店建筑、文化教育建筑、医疗卫生建筑、体育建筑和综合建筑等。

1. 上海市

2022年6月23日,由上海市住房和城乡建设管理委员会、发展和改革委员会等编制的《2021年上海市国家机关办公建筑和大型公共建筑能耗监测及分析报告》正式发布。报告以上海市国家机关办公建筑和大型公共建筑能耗监测平台(简称"能耗监测平台")数据为基础,分析了2021年及"十三五"期间,上海市国家机关办公建筑和大型公共建筑能耗监测情况及建筑运行用能特征。

能耗监测平台自2010年启动建设,逐步拓展完善,已运行10余年,至2021年12月31日,全市累计共有2 143栋公共建筑完成用能分项计量装置的安装,并实现与能耗监测平台的数据联网,覆盖建筑面积10 101.1万m^2,其中国家机关办公建筑210栋,占监测总量的9.8%,覆盖建筑面积406.9万m^2;大型公共建筑1 933栋,占监测总量的90.2%,覆盖建筑面积9 694.2万m^2。2021年上海市与能耗监测平台联网的各类型公共建筑分布情况见表1.2。

表1.2 2021年上海市与能耗监测平台联网的各类型公共建筑分布情况[4]

序号	建筑类型	数量/栋	数量占比/%	较2020年占比变化/%	面积/m^2
1	国家机关办公建筑	210	9.8	-0.1	4 068 903
2	商业办公建筑	700	32.6	1.1	34 125 366
3	旅游饭店建筑	218	10.2	-0.3	9 816 759
4	商场建筑	274	12.8	0.0	15 893 528
5	医疗卫生建筑	135	6.3	0.2	4 936 467
6	综合建筑	255	11.9	0.0	20 755 523
7	教育建筑	235	11.0	-0.6	6 836 385
8	文化建筑	35	1.6	0.1	952 990
9	体育建筑	19	0.9	0.0	928 876
10	其他建筑	62	2.9	-0.4	2 696 182
总计		2 143	100	—	101 010 979

据统计，大型公共建筑单体平均面积约为 4.7 万 m^2，其中，综合建筑平均面积最大约为 8.1 万 m^2，商场建筑平均面积约为 5.8 万 m^2，体育建筑、商业办公建筑、旅游饭店建筑平均面积在（4.5～4.9）万 m^2 之间，医疗卫生建筑、教育建筑、文化建筑平均面积在（2.7～3.7）万 m^2 之间。国家机关办公建筑体量较小，平均面积约为 1.9 万 m^2。上海市 2021 年与能耗监测平台联网的各类型建筑平均面积情况如图 1.5所示。

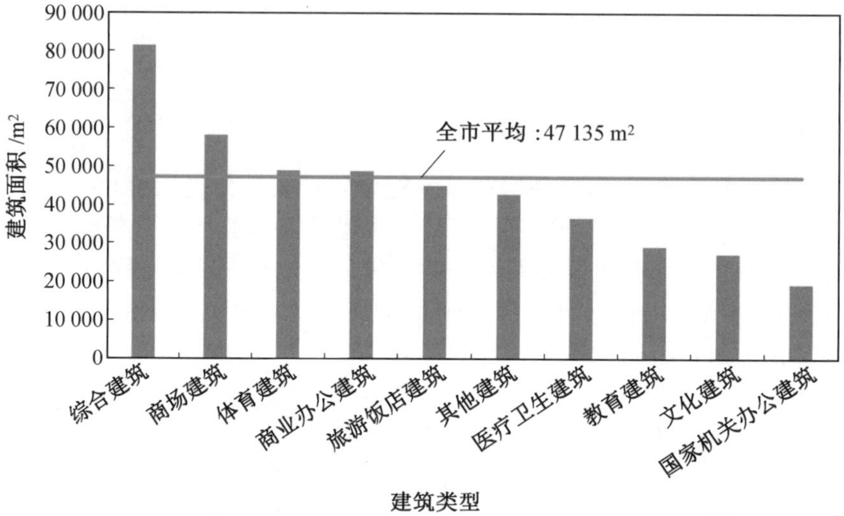

图 1.5　上海市 2021 年与能耗监测平台联网的各类型建筑平均面积情况[4]

2021 年，与能耗监测平台联网的公共建筑年总用电量约为 101.2 亿 kW·h，折合碳排放量约 425.0 万 t CO_2。按不同类型建筑分别统计，商业办公建筑、商场建筑、综合建筑与旅游饭店建筑用电总量较大，依然是用电消耗主力，4 类建筑用电量占总量的 82.3%。2021 年上海市各类型建筑年总用电量占比如图 1.6 所示。

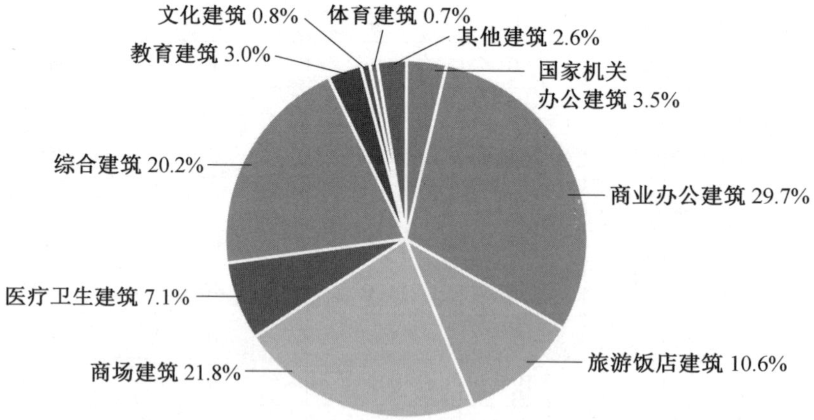

图 1.6　2021 年上海市各类型建筑年总用电量占比情况[4]

2019—2021 年上海市公共建筑逐月用电强度如图 1.7 所示。从图中可以看出，2020 年 1～5 月公共建筑平均用电强度较低，而 2021 年 1～5 月用电强度与 2019 年水平接近。

此外,建筑逐月用电强度变化情况与气温变化趋势基本一致。夏季随着气温不断升高,空调制冷需求逐渐增大,导致用电量也逐渐增加,同时,冬季随着气温不断降低,空调采暖需求逐渐增大,用电量也逐渐增加。从上半年数据来看,2021 年 1 月平均温度低于 2019 年 1 月,对应 1 月用电强度明显高于同期水平;2021 年 2 月平均温度高于 2019 年 2 月,对应 2 月用电强度低于同期水平,而其余月份平均温度接近,用电强度也接近。

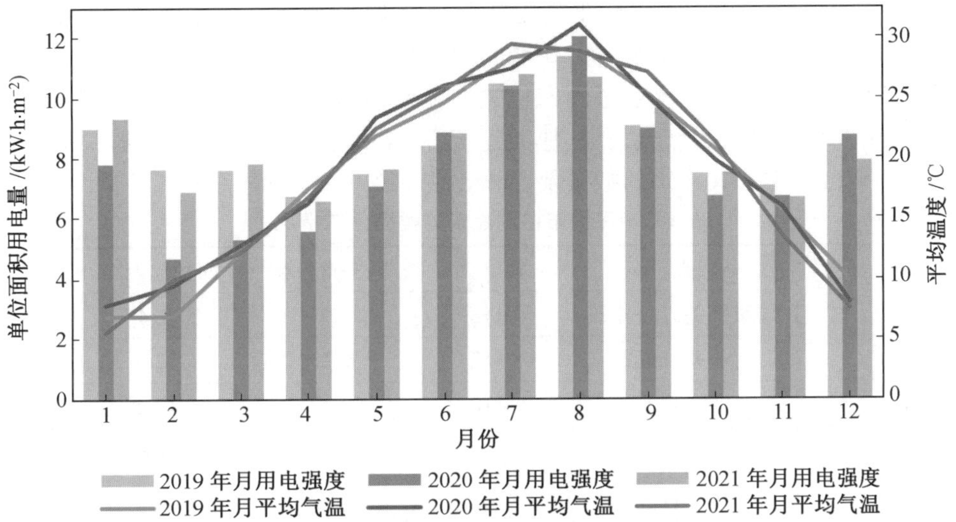

图 1.7　2019—2021 年上海市公共建筑逐月用电强度[4]

从下半年数据来看,3 年用电强度最高的月份均是当年平均气温最高的月份,而 2021 年 9 ~ 10 月气温持续高于 2020 年同期,使得对应月份的用电强度也明显高于同期水平。另外 2 月由于春节放假原因,往往是继过渡季之后用电强度较低的月份。

从 2016—2021 年公共建筑总体用电强度和总量的变化看(图 1.8),各类公共建筑的用电总量接近达峰,能耗强度出现波动,没有明显的涨幅,部分类型公共建筑能耗强度有所下降,说明近年来,公共建筑单位面积能耗得到了较有效的控制。

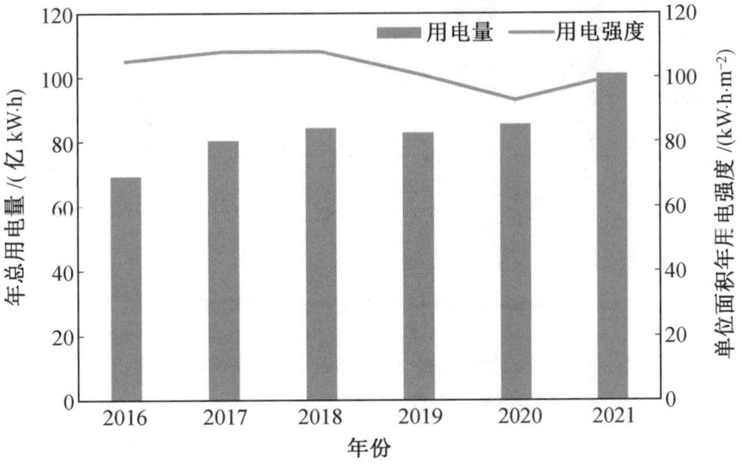

图 1.8　2016—2021 年来上海市能耗监测公共建筑年总用电量和单位面积年用电强度变化[4]

2. 深圳市

根据《深圳市统计年鉴 2020》和中国南方电网深圳供电局发布的数据进行测算，2020 年深圳全市公共建筑总电耗约 273.7 亿 kW·h，约占全社会用电 28%。公共建筑节能在碳达峰碳中和的新形势下尤显重要。截至 2021 年 1 月，深圳市接入能耗监测平台的国家机关办公建筑和大型公共建筑累计 702 栋，扣除因城市更新、建筑拆迁等原因取消监测和监测未满一年的建筑，2020 年监测建筑数量为 659 栋，监测建筑总面积约为 3 456 万 m^2。与 2019 年相比，新增监测建筑 83 栋，新增监测建筑面积约为 773 万 m^2[5]。

深圳市监测建筑的类型涵盖了国家机关办公建筑、商业办公建筑、商场建筑、宾馆饭店建筑、文化教育建筑、综合建筑及其他类建筑等，监测建筑的类型分布情况见表 1.3，接入能耗监测平台各类公共建筑的数量及面积比例如图 1.9 所示。

表 1.3　深圳市监测建筑的类型分布情况[5]

序号	建筑类型	数量/个	建筑面积/m^2	面积比例/%
1	国家机关办公建筑	118	291	8.4
2	商业办公建筑	157	1 134	32.8
3	商场建筑	110	443	12.8
4	宾馆饭店建筑	65	234	6.8
5	文化教育建筑	57	197	5.7
6	综合建筑	117	963	27.9
7	其他类建筑	35	194	5.6
合计	—	659	3 456	100

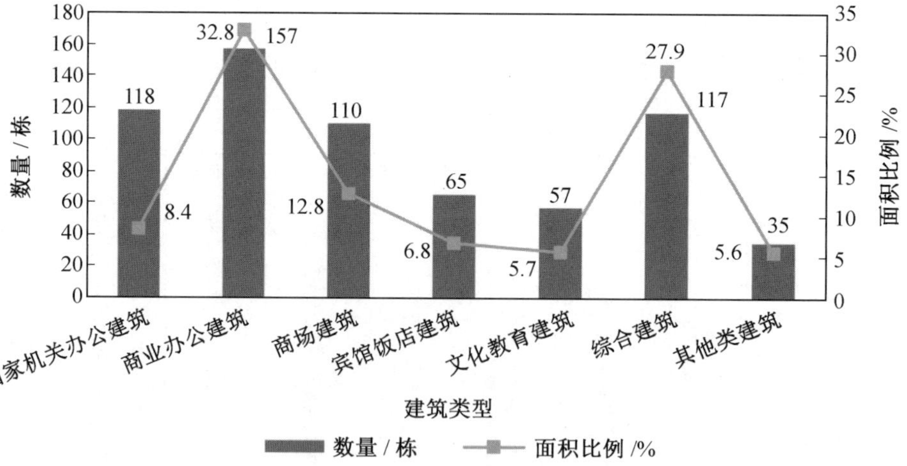

图 1.9　深圳市接入能耗监测平台各类公共建筑数量及面积比例[5]

从能耗强度看，2020 年深圳市全市监测公共建筑单位面积用电强度平均值为 96.5 kW·h/m^2，表 1.4 为 2020 年深圳市监测得到的主要类型公共建筑电耗强度，与 2019 年电耗强度的比较如图 1.10 所示，电耗强度随月平均温度的变化如图 1.11 所示。

表 1.4 2020 年深圳市监测得到主要类型公共建筑电耗强度[5]

序号	建筑类型	电耗强度/(kW·h·m^{-2})
1	国家机关办公建筑	78.8
2	商业办公建筑	82.1
3	商场建筑	168.9
4	宾馆饭店建筑	112.0
5	文化教育建筑	71.7
6	综合建筑	80.0
平均值	—	96.5

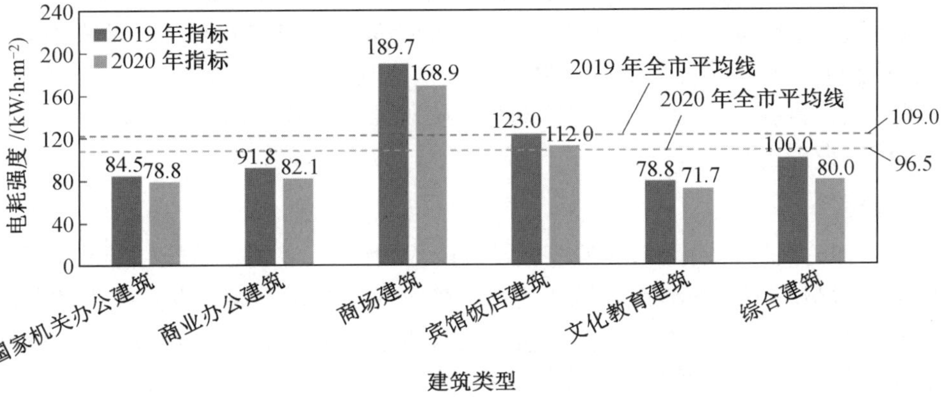

图 1.10 2019 年和 2020 年深圳市主要类型公共建筑电耗强度[5]

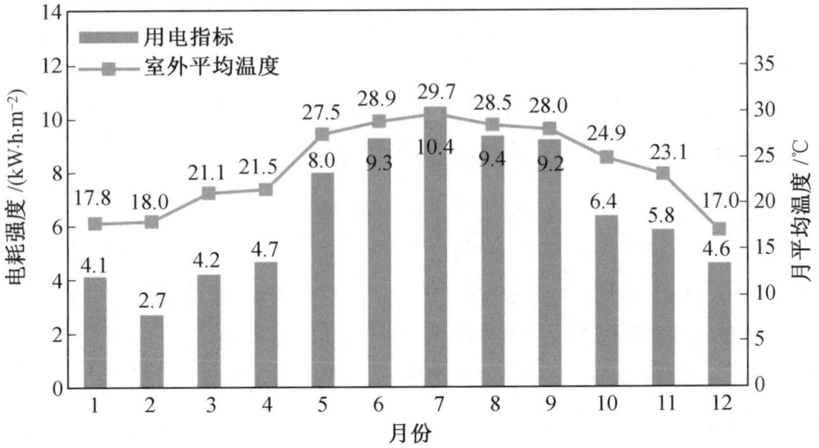

图 1.11 2019 年和 2020 年深圳市公共建筑逐月电耗强度和月平均温度[5]

随着节能监管工作的推进，暴露出的主要问题：能耗数据覆盖面不全。目前仅针对典型地区典型类型的公共建筑进行能耗监测，与能耗“全覆盖”依旧有一定距离，节能改造的既有国家机关办公建筑和大型公共建筑也大多集中于发达城市，关于严寒地区大部分城市的能耗数据还处于“有”和“无”之中。

能耗数据质量良莠不齐，监测过程中的实测数据如建筑面积、使用面积、单项能耗的界定边界及包含内容、不同能源种类的转化等统计口径缺少统一规定，且在具体操作过程中的规范性还有待提高，目前还存在部分统计数据定义不明确、存在歧义的现象；还存在数据丢失、错误传输的问题，实时能耗数据准确度难以保证。目前在解决了能耗数据“有”和“无”的基础上，还要追求“好”和“准”，在能耗统计、审计过程中严格规范能耗及相关信息统计口径。

1.1.1.3 办公建筑光舒适研究及低能耗设计现状

虽然低能耗设计及能耗审计工作成果显著，但对低能耗设计的要求也不断提高。2015 年，十八届五中全会通过的“十三五”规划提出总量和强度双控的中国建筑节能路径，一方面根据全社会能耗总量控制目标和碳排放目标来决定建筑能耗的总量目标，另一方面控制建筑运行能耗的强度。面对节能目标的提高、节能标准的变化、光热环境性能的耦合以及性能模拟在精确性方面的进展等建筑低能耗设计的现状，2021 年，“十四五”规划提出了明确的目标，要求在“十四五”期间为实现碳达峰碳中和目标奠定坚实基础。办公建筑低能耗设计正受到前所未有的挑战。

1. 节能标准

作为设计导向的节能标准，在低能耗设计中作用极大，我国在节能标准基础研究方面的工作还相对薄弱，节能标准在科学性及适用性方面还有待提高。发达国家的节能标准已从“基于措施”的标准发展为“基于性能”的标准，并逐渐向“面向能耗数据”的标准转变。低能耗设计的初始目的是尽量降低能耗、减少污染，其概念来自资源的匮乏与环境问题的出现。我国地域广阔，节能标准很难普适，在实施某项节能技术的过程中较难实现精准选择，容易发生因缺乏对节能理论、设计方法及技术本身的深入理解而产生的生搬硬套。其结果是可能会对某地域或某建筑类型强加一些并不适宜的节能设施和节能技术，从而不仅不能实现预期的节能效果，更有可能加剧能源消耗。因此，节能标准的关注点不应是某技术在特定条件下可以节约多少能耗。“面向能耗数据”的标准是国际建筑节能标准的重要发展领域，尤其是欧洲，已逐步从关心节约多少能量，转化为消耗多少能量。

2. 节能目标的提高

从“二步”到“三步”到更为具体的“四步”节能，从“十二五”规划、“十三五”规划到“十四五”规划、“30 · 60 双碳目标”；随着能源问题日渐突出，建筑的节能目标也不断提高，未来的建筑节能要求将很难仅仅遵循常规措施进行节能设计来实现。自 20 世纪中期，空调采暖系统与照明系统的产生使得建筑设计的灵活性被空前加大，打破了传统设计中室内环境要求的禁锢。随着建筑设计专业分工的细化，出现了设备工程师、结构工程师等，这就使得建筑设计由单一作业转向各专业配合、合作发展。然而，在设计过程中，各专业阶段性配合经常由于缺乏有效互动导致设计缺乏各专业的统一整体考虑，单一考虑某一方面而忽略多目标的耦合作用，从而导致后期建筑运行能耗增加。为了实现不断提高的节能目标，建筑低能耗设计需要解决目前设计中低能耗设计介入晚、缺乏整体性等问题，要实现低能耗设计策略的优化。

3. 多环境性能目标体系的转型

使用者对于办公建筑室内环境性能如声、光、热环境品质的要求越来越高，对多环境综合性能的追求已成为办公建筑设计中较为普遍的现象。室内空间若出现缺乏自然采光或产生眩光(glare)等光环境性能低下的表现，将不但使人易于疲劳、效率低下，而且会影响热环境，增加空调负荷，增加建筑能耗。可见，室内环境光热性能不容小觑。随着能源意识的觉醒、普及以及生活水平的逐渐提高，室内综合性能和建筑实际运行能耗等指标越来越被关注，节能设计更多考虑综合节能减排、高性能和经济性的整体效率提高。由于严寒地区供暖能耗是建筑用能的最大构成，当前的严寒地区建筑节能设计往往更多地考虑热环境性能，着重分析影响建筑在标准工况下采暖与供冷能耗的相关因素，较少关注实际运行使用中的照明、设备、通风等实际运行能耗及室内环境综合性能指标。实际上建筑的风、光、热环境并非是独立的线性关系，而是互相影响、制约的拓扑结构关系，随之而来的多环境性能及耦合环境性能等多目标体系的需求要求建筑低能耗设计综合考量室内环境的各项性能，完成多环境性能目标体系的转型。

4. 性能模拟在精度方面的进展

性能模拟软件作为建筑设计的重要辅助工具已经普及，成为全球范围的节能标准或环境性能评价体系的重要环节。动态光环境模拟软件如 Radiance、DIVA、Daysim 等，热环境模拟软件如 Trnsys、EnergyPlus、DOE-2 和 ESP-r 都是国际公认的、精确性得到保证的能耗模拟工具。由于节能标准已从"基于措施"的标准发展为"基于性能"，并逐渐向"面向能耗数据"转变，模拟软件也需要经历由标准工况向实际运行能耗模拟的转变，需要更多的个性化输入，更多考虑建筑实际使用中的运行参数并提高运算速度。应强调的是，光环境模拟中目前亟待解决的是使用者行为模型的选择及其对能耗结果的影响，模拟精度的选择与单次计算时间之间的矛盾，天空模型与周边环境遮挡对能耗结果的影响等。

1.1.2 研究目的与意义

1.1.2.1 研究目的

针对严寒地区办公建筑高能耗、室内综合性能高要求、自然采光设计不合理等实际存在的现象，本书旨在研究可用于方案设计初期、简单易行的能耗预测，研究光舒适智慧评价及优化设计、坚持低能耗设计策略；整个研究基于办公建筑性能表现及办公建筑运行能耗数据。研究目的可具体表述如下：

(1)从文献理论出发总结归纳出现代办公建筑空间模式的基本模型及其衍生模型，再结合实际调研，建立严寒地区办公建筑空间组织模式的典型模式及常见尺度和值域。根据空间模式及面积规模归纳严寒地区办公建筑典型模型，该模型旨在为严寒地区办公建筑设计初期提供可参照的数据模型。

(2)从调研数据和调查问卷结果出发，通过拍摄高动态(high-dynamic range，HDR)图片对场景亮度、照度伪彩图、眩光等进行分析，与即时问卷进行对比，确定适用于评价严寒地区光环境性能的评价指标(自然采光满足率 DA、有效照度 UDI)及光热耦合环境性能指标(daylight glare probability，DGP)。研究严寒地区光舒适智慧评价及优化设计，并归纳办公建筑设计规律，提出基于自然采光模拟的严寒地区办公建筑低能耗设计策略，为严寒地区办公建筑低能耗设计提供设计依据。

(3)结合严寒地区能耗构成特征，从室内光环境性能、光热耦合性能等方向进行系统分析，筛选出相关的办公建筑空间设计变量；并在各典型模型的基础上，通过主成分分析筛选出建筑空间设计变量与建筑整体能耗之间的相关性，剔除影响程度不足的变量，归纳照明能耗回归公式，明确优化趋势及收益，以利于建筑师在方案设计阶段快速高效地掌握光舒适智慧评价及建筑低能耗设计的方向和重点，为建筑师进行严寒地区办公建筑设计提供理论与技术支持。

1.1.2.2 研究意义

从严寒地区办公建筑调研数据出发，基于室内性能表现，面向办公建筑研究运行能耗数据，可操作性强，地域性明确；考虑实际运行中使用者行为因素，模拟条件具体，准确度高。本书应用高动态范围图像(high-dynamic range image，HDR-I)技术实测建筑室内光热耦合性能，验证低能耗设计的应用效果，保证了整体能耗预测模型的工作精确度。本书提出的严寒地区办公建筑低能耗设计策略可为严寒地区办公建筑的设计、建设及使用管理提供实践指导，以期减少严寒地区办公建筑的能源消耗，提高办公建筑的舒适度及使用效率，增强综合效益，更好地满足使用者的要求。

建筑能耗受气候条件、建筑及其系统性能、使用强度(建筑物运行时间、人员密度等)、设备和系统运行方式等因素的影响，是一个复杂的体系。既有的节能标准包括建筑设计、建造(施工)、运行及评价环节的标准，这些标准指导建筑设计，从技术层面保证所提出能耗指标的可行性。但节能设计标准考虑的是标准工况。标准工况是按照设计要求列出全部空间和时间保障的使用方式，而实际使用过程中，很少出现标准工况列出的情况，且实际使用方式、实际运行方式因不同的空间模式而不同，这将导致标准工况与实际使用工况能耗差异巨大。总体来说，建筑低能耗是一个复杂的整体，须在建筑生命全周期过程中采取有效措施，并充分考虑标准工况及实际使用工况的差异。本书提出的光舒适设计方法和评价方法、能耗估算、预测方法及低能耗指标，区别于既有的节能设计、评价环节的标准和方法，试图从另一个途径促进建筑低能耗工作的开展。

本书总结归纳的严寒地区办公建筑典型模型，旨在为严寒地区办公建筑方案设计初期提供整体设计的引导指标或参照物，提供可参照的数据模型。整体能耗预测模型可用于建筑师在方案设计阶段明确建筑低能耗设计的重点及优化趋势，并可预测优化收益，为实现低能耗设计目标提供便捷方式。本书提出的严寒地区办公建筑光舒适智慧评价及低能耗设计策略是一种设计方法，不仅适合于办公建筑，也可供其他类型建筑的低能耗设计参考。本书通过研究基于光及光热耦合性能模拟的严寒地区办公建筑低能耗设计策略，尝试建立光舒适智慧评价及低能耗建筑设计的理论框架，为今后低能耗建筑设计研究提供参考。

1.2 寒地办公建筑采光设计研究概念界定与研究范围

1.2.1 相关概念界定

1.2.1.1 严寒地区

严寒地区的划分标准来源于国家标准《公共建筑节能设计标准》(GB 50189—2015)中的分类。表1.5为建筑气候区划标准中划定的气候分区。第Ⅰ建筑气候区的大部分为我国东北地区,该区处于我国地理范围的最北端,纬度最高,冬季漫长而寒冷。

表1.5 建筑气候区划标准[6]

分区代号		分区名称	气候主要指标	建筑基本要求
Ⅰ	ⅠA ⅠB ⅠC ⅠD	严寒地区	1月平均气温不高于-10 ℃; 7月平均气温不高于25 ℃, 7月平均相对湿度不低于50%	(1)建筑物必须满足冬季保温、防寒、防冻等要求; (2)ⅠA、ⅠB区应防止冻土、积雪对建筑物的危害; (3)ⅠB、ⅠC、ⅠD区西部,建筑物应防冰雹、防风沙

严寒地区气候对于建筑光环境及热环境影响较大的变量主要有:空气温度、湿度、太阳辐射、可见光百分比、自然照度和天空条件等。本书以哈尔滨地区东经125°42′~130°10′、北纬44°04′~46°40′为代表,对严寒地区办公建筑进行调研及能耗模拟。

1.2.1.2 低能耗建筑设计

低能耗建筑设计的基本要求见表1.6,我国现阶段的低能耗设计应在满足室内环境性能的基础上,尽量采用适宜技术,保证低成本,利用当地资源和可再生能源。不宜过度追求高舒适度,但也不宜忽视室内光热环境性能。建设地点的区域条件与微气候条件,应作为低能耗建筑设计重点考虑的方面,建筑设计应最大化利用自然光及自然条件优势,以提供使用者适宜的湿度、温度为设计目标,以减少能源使用量、提高能源使用效率为设计导向,普及低能耗绿色建筑。

表1.6 低能耗建筑设计的基本要求

措施	基本要求
保温措施良好	建议主要围护结构的传热系数:屋顶不大于0.15 W/(m^2·K),外墙不大于0.25 W/(m^2·K),地下室上的楼板不大于0.30 W/(m^2·K),窗户不大于1.50 W/(m^2·K)
减少热桥效应	外围护结构全部为保温结构,减少外部构件

续表 1.6

措施	基本要求
减少空气渗透	所有外围护构都应该是气密的,在入口吹风测试中达到 $n_{50} \leq$ 1.0/h(压差为 50 Pa 时,换气次数≤1)
优化太阳能被动利用	窗户保温性能良好,太阳能透过率高,窗墙比选择适当
有组织通风、排气的热回收	采用自然通风或不带热回收的通风系统,保证良好的室内空气质量
适合的采暖系统	安装的采暖系统必须适合小热输出的需要,应该有高灵敏度的自动控制装置
高效的热水系统	热水罐和热水管道都应该有良好的保温性能,应为循环热水管系统

1.2.1.3 光舒适智慧评价

1911 年,Trotter 从天然光分量组成上将其分为天空光(sky component,SC)、内部反射光(internal reflected component,IRC)与外部反射光(external reflected component,ERC)3 个部分;从性能上可分为舒适光和眩光;从感知上可分为可见光和不可见光;从评价标准上可分为物理评价标准和非物理评价标准;在天然光的使用层级上,可从天然光的亮度和天然光的质量进行分析。总之,天然光的分类和评价有着多种多样的方法,不仅涉及物理学、光学、建筑学,还涉及建筑美学、艺术学和心理学等。

本书所研究的光舒适,主要考虑办公建筑的使用人群对室内办公环境的舒适性要求,对可量化评价指标通过计算、模拟和实验等技术手段获得,对不可量化指标,通过调研、设计经验、问卷调查等方法获得。

1.2.2 研究范围界定

1. 办公建筑形体规则性界定

本书从类型学角度出发,将空间整合为规则形状的办公建筑,对其进行研究;对于异形曲面的非常规建筑,可以参照形体规则建筑。不规则建筑普遍性差、个体差异大、缺乏代表性的特性,其能耗模拟计算的时间成本、难度和误差都比较大。因此,将研究对象整合为形体规则的建筑,可增强研究的适用性,提高研究的精度,降低时间成本和难度。

2. 整体能耗的三大构成界定

建筑在全生命周期内的总能源消耗可分为建设能耗和运行能耗,公共建筑不但在建设阶段要消耗大量的物质能源,在后期的运营维护过程中的能源消耗更为巨大。相较于其他建筑类型,办公建筑的能耗特点为:人工照明能耗高,使用频率相对稳定,人员密集,办公设备多,空间内热源较多,白天使用率高、能耗高,夜间对空间性能要求低、耗能也低,使用时间与自然光时间相符,这就使得对自然光的利用更为重要。

综合以上特征,本书中的整体能耗主要考虑运行能耗,由照明能耗、机械设备能耗及采暖供冷能耗三大主要部分加和计算构成，由图 1.10 可知，三大主要成分占运行总能耗的 85%，能够概括由建筑自身特性产生能耗的主要特征。

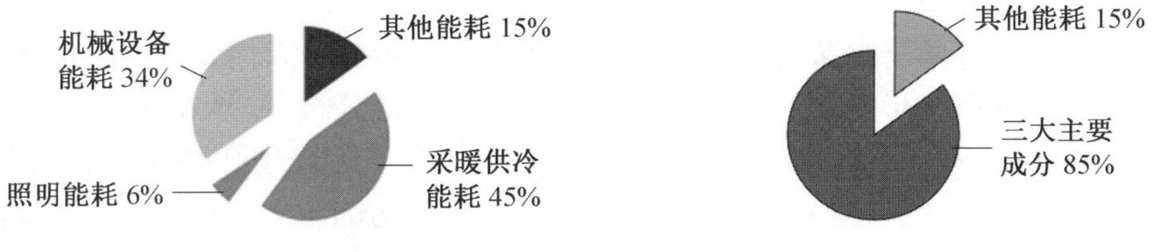

图 1.12 办公建筑能耗构成特征

1.3 办公建筑采光设计国内外研究方向

国内外办公建筑采光设计研究的方向从根本上说，就是以天然光取代人工照明。具体描述上，从能源节约的角度上称之为能耗研究或低能耗设计策略；在采光设计上多称之为光舒适研究。两种提法只是出发点不同，研究目的和研究内容则是相同的。本书为了叙述方便，在本章多称之为低能耗设计，在后续研究章节中称之为光舒适研究，这是同一问题的不同描述方式。

国内外办公建筑能耗研究主要从以下几个方向进行：办公建筑能耗实测数据研究，基于室内光环境性能模拟的研究，基于运行能耗数据的低能耗设计方法研究。办公建筑能耗实测数据研究有助于抓住节能工作的重点及疏漏，基于室内光环境性能模拟的研究把对建筑设计结果的关注转变为对设计过程的关注[7]，基于运行能耗数据的低能耗设计方法研究可通过合理运用研究方法，降低系统误差，实现低能耗设计目标。

1.3.1 办公建筑能耗实测数据研究方向

1.3.1.1 我国办公建筑能耗实测数据研究方向

我国建筑宏观能耗数据监测正处于起步阶段，因多方面因素制约，针对大范围的办公建筑能耗统计数据有限，仅限于试点城市、试点大学。根据原厦门市国土资源与房产管理局和福建省厦门电业局的统计，分析厦门市公共建筑能耗现状及节能潜力得出结论：2011 年全年，厦门市公共建筑总耗电量约为 5.9 亿 kW · h[8]（截至 2011 年，厦门市建成的办公建筑总面积为 415.5 万 m^2，在建办公建筑的总面积为 40 万 m^2）。类似地，重庆大学林学山[9]、上海市倪得亮[10]分别估算了当地办公建筑能耗总量。这说明，办公建筑能耗研究得到了充分的重视。

郑竺凌、朱伟峰依托上海市国家机关办公建筑和大型公共建筑能耗监测信息平台，对上海市办公建筑能耗的目前现状及特点进行分析，研究得出：上海市公共建筑面积占总建筑面积的 25%，公共建筑能耗却占总建筑能耗的 55%，且仍发展迅速。从 2000 年的 965 万 tec 占社会总能耗的 17.5% 至 2010 年的 2 085 万 tec 占社会总能耗的 18.6%。上海市办公建筑单体规模在 2 万 ~ 11.7 万 m^2 之间，平均规模为 4.1 万 m^2；年总能耗超过 700 万 kW · h 的办公建筑占总体比例的 29%，最大值可达 3 000 万 kW · h，对单位面积能耗统计结果进行异常值检测处理后，单位面积能耗在 94 ~ 117.6 kW · h/(m^2 · a)之间，办公建筑消耗能源以电能为主，占 90% 以上；办公建筑能耗经拆分后主要包括照明、空调、办公用电及其他[11]。

伍品、杨英霞等基于对深圳市 277 栋办公建筑样本的能源审计数据的研究，从建筑样本基本信息、用能系统形式、总能耗及分项能耗进行统计分析，显示单位面积电耗处于 50 ~ 100 kW · h/(m^2 · a)的建筑占总量的 57%，并调查了典型建筑的分项电耗强度，空调冷站及空调末端电耗强度为 27.3 kW · h/(m^2 · a)，占总能耗的 25.3%，照明及插座单位面积电耗指标为 66 kW · h/(m^2 · a)，占总能耗的 61.3%，办公设备单位面积耗能为 7.2 kW · h/(m^2 · a)，占总能耗的 6.7%，新风机和风机盘管单位面积耗能为 7.2 kW · h/(m^2 · a)，占总能耗的 6.7%[12]。

清华大学建筑节能研究中心于 2012 年以各示范地区公示的公共建筑能耗信息为依据，选择样本数据量较大的地区进行分析，以单位面积电耗强度的全部样本的 5 个统计分布特征值进行计算分析：最大值、最小值、中位数、上四分位数和下四分位数，对其中的异常值进行剔除。从分析结果可知，各地区政府办公建筑能耗普遍低于商业办公建筑；北京办公建筑能耗强度明显高于其他城市，西安、福州办公建筑能耗强度低于其他城市；福州、常州的办公建筑的能耗值分布相较其他城市集中[13]。

清华大学林波荣教授团队在办公建筑能耗实测及遗传算法的基础上进行了建筑设计阶段的低能耗研究，研发了建筑节能设计工具 MEESG，分析了针对不同建筑类型、平面形式、朝向、规模、进深、层高等参数的节能设计策略[14-15]，应用遗传算法对以上参数以能耗值为优化目标，在不同气候条件下进行寻优[16]。

2010 年前后，通过对 2007 年以来我国公共建筑能耗统计和监测平台数据初步分析，对比美国、日本、欧洲等国家及地区公共建筑能耗统计结果，特别是能耗强度的统计结果，肖贺等指出，中国公共建筑能耗强度，不论是单位面积还是人均能耗强度指标均较低，公共建筑能耗强度存在着明显的“二元分布结构”或“双峰分布”，如图 1.13 所示。

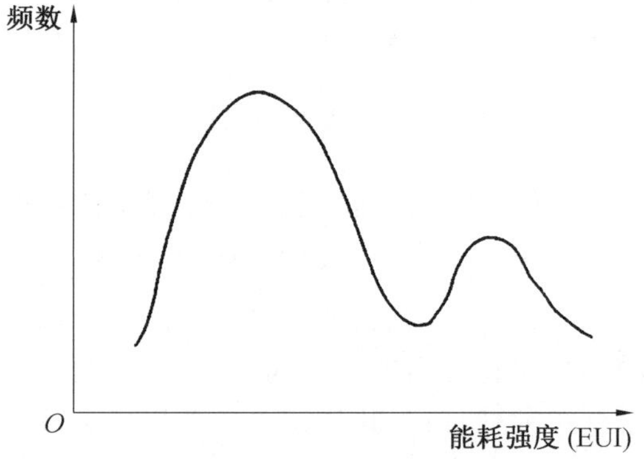

图 1.13　我国公共建筑能耗强度出现频数的二元分布结构示意图

以办公建筑来说明能耗强度出现频数的二元分部，大多数办公建筑能耗强度集中分布在 50 ~ 70 kW · h/(m^2 · a)的较低水平，另外一小部分建筑则集中分布在 120 ~ 150 kW · h/(m^2 · a)的较高水平，后者的能耗强度是前者的 1.8 ~ 2.6 倍。上述观点最早在 2003 年由江亿院士提出，即应将我国公共建筑按面积大小划分为两类并分别对待，大型公共建筑能耗密度高，应该是节能工作的重点。近年来，更多的能耗数据揭示了这两类公共建筑能耗的分布差异，并不断解释造成能耗强度二元分布背后的原因，一方面是公共建筑使用强度不同，更重要的原因是室内环境营造理念和方法不同，从而形成两类不同能耗状况的公共建筑。这一观点在 2016 年颁布实施的《民用建筑能耗标准》中被采纳，以 A

类和B类公共建筑分别给出能耗强度约束值和引导值,对应的就是上述二元分布中两个频数峰值分别对应的公共建筑类型。

“十三五”期间,更多的公共建筑能耗调查统计结果说明,我国公共建筑能耗仍然存在着二元分布的特点,只不过二元分布中右侧的B类大型公共建筑能耗强度并没有显著增加,左侧的A类普通公共建筑能耗强度也没有显著下降,“全部公共建筑能耗强度平均值或中位数”仍然不具有典型代表性。但是,随着城市建设特别是城市更新,一批A类普通公共建筑被拆除,并通过改扩建工程变为B类大型公共建筑,因此公共建筑能源消耗强度总体有增长的趋势。这就需要加强节能监管力度、提高节能标准、严格以实际运行能耗和碳排放为评价考核指标等,促使新建成公共建筑的能耗强度和碳排放强度不断降低,既有公共建筑不断进行节能低碳更新改造和能效提升,降低实际运行过程单位面积能耗强度和碳排放强度。

过去20年持续的调查和研究表明,在不同的文化、生活方式、理念下营造公共建筑及其室内环境,将产生能源消耗的巨大差别。实质上是由这两类方式各自的比例决定一个国家整体公共建筑能耗的大小。随着社会、经济的发展,社会经济以及公共建筑能耗强度的“二元分布”一般会向“一元分布”转化,因为两个尖峰之间的差别反映体系的差别,而一个尖峰分布的内部反映了技术和管理等因素的差别,这也应该是历史发展的必然趋势。

未来10年,预计右侧的B类大型公共建筑规模增长放缓,单位面积能耗强度会逐步降低,高能耗强度的公共建筑数量逐步减少,右侧峰向左移动。同时,一批容积率不高、使用强度也不是非常高的一般公共建筑,也能逐步降低能耗和碳排放,即左边的“峰”不断向左移。未来不仅要追踪公共建筑能耗强度的分布规律变化,还应增加对公共建筑碳排放强度的分布规律追踪与分析,及时识别和把握我国整体、不同城市整体、不同类型公共建筑能耗强度、碳排放强度和建筑使用强度、建筑规模的变化特征,确保公共建筑既能满足人民对美好生活的向往需求,又能按时实现碳达峰碳中和的目标。这是下一阶段公共建筑节能的主要任务[1]。

1.3.1.2 国外办公建筑能耗实测数据研究方向

根据国际能源署(IEA)的统计数据,2014年全球公共建筑能耗总量为323亿tce,这个数字与2013年全球公共建筑能耗总量持平,2016年全球二氧化碳排放量只增长了0.2%,这已经是连续第三年排放量几乎没有变化。我国二氧化碳排放量也在2014年首次下降,有助于控制全球温室气体增长。但石油、天然气和包括可再生能源在内的其他形式燃料的能源消费量均呈上涨趋势。

1. 全球建筑运行能耗

根据国际能源署对于全球建筑领域用能及碳排放的核算结果(图1.14),2020年全球建筑领域建筑建造(含房屋建造和基础设施建造)和建筑运行相关的终端用能占全球能耗的36%,其中建筑建造的终端用能占全球能耗的比例为6%,建筑运行的终端用能占全球能耗的比例为30%;2020年全球建筑领域建筑建造(含房屋建造和基础设施建造)相关二氧化碳排放占全球总二氧化碳排放的10%,建筑运行相关二氧化碳排放占全球总二氧化碳排放的27%。

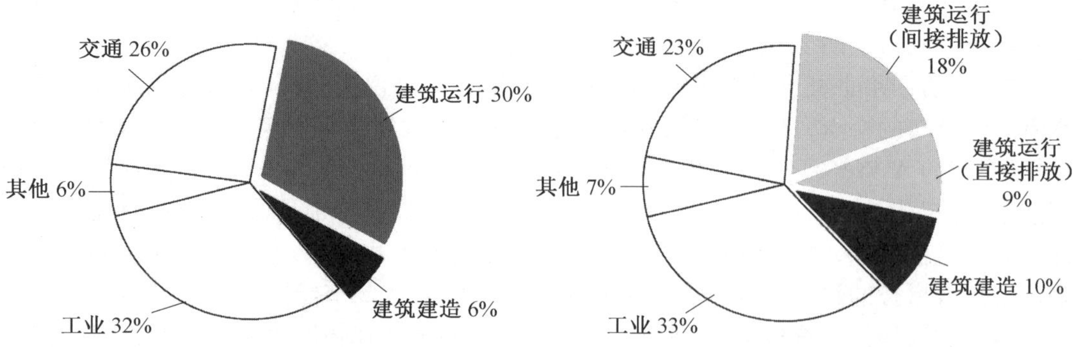

(a) 能耗　　(b) 二氧化碳排放

图 1.14　全球建筑领域终端用能及二氧化碳排放（2020 年）①

根据清华大学建筑节能研究中心对中国建筑领域用能及碳排放的核算结果，2020 年中国建筑建造和运行用能占全社会总能耗的 32%，与全球比例接近。但中国建筑建造用能占全社会能耗的比例超过 10%，高于全球 6% 的比例；建筑运行用能占全社会能耗的比例为 21%，仍低于全球平均水平，未来随着我国经济社会发展及生活水平的提高，建筑用能在全社会用能中的比例还将继续增长。另一方面，从二氧化碳排放角度看，2020 年中国建筑建造和运行相关二氧化碳排放占中国全社会能源活动总二氧化碳排放量的比例约为 32%，其中建筑建造占比为 13%，建筑运行占比为 19%（图 1.15）。

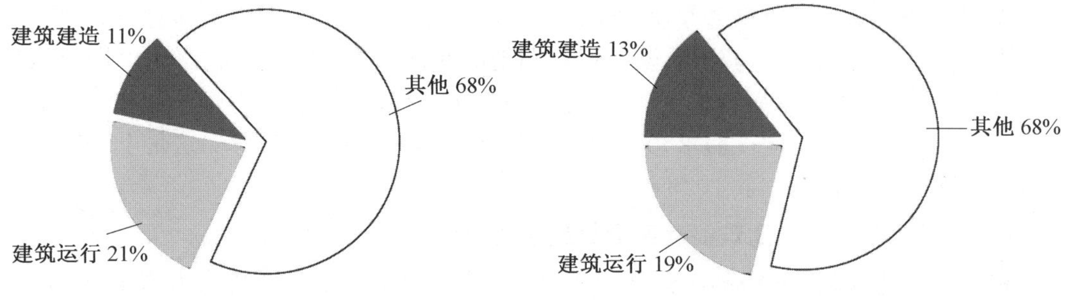

(a) 能耗　　(b) 二氧化碳排放

图 1.15　中国建筑领域用能及二氧化碳排放（2020 年）②

由于我国处于城镇化建设时期，因此建筑和基础设施建造能耗与排放仍然是全社会能耗与排放的重要组成部分，建造能耗占全社会能耗的比例高于全球整体水平，也高于已

① 数据来源：国际能源署 2021 年发布的全球建筑与建造现状报告。建筑业，包含民用建筑建造、生产性建筑和基础设施建造。本图使用 IEA 直接提供的各领域终端能源消耗数据，指将供暖用热、建筑用电与终端使用的各能源品种直接相加得到，电力按照电热当量法进行折算。这种折算方法与后文中各国建筑能耗对比中使用的折算方法有所不同，因此在对比数据时需要区别看待。

② 数据来源：清华大学建筑节能研究中心 CBEEM 模型估算。建筑业，包含民用建筑建造、生产性建筑和基础设施建造。

经完成城镇化建设期的经济合作与发展组织(Organization for Economic Co-operation and Development,OECD)国家。但与 OECD 国家相比,我国建筑运行能耗与碳排放占全社会的比例较低,但随着我国建设速度放缓,建筑的运行能耗和排放占全社会的比例将进一步增大。

2. 各国建筑运行能耗对比

图 1.16 给出了统一按照中国火力供电一次能源系数折算的各国建筑一次能耗总量(气泡图面积)、人均建筑能耗(横轴)和单位面积建筑能耗(纵轴)。从建筑运行能耗气泡图中可以发现,我国的建筑运行用能总量已经与美国接近,但用能强度仍处于较低水平,无论是人均能耗还是单位面积能耗都较低。在应对气候变化,降低碳排放的背景下,各国都在开展能源转型,其重要措施就是实现建筑领域的电气化,以低碳可再生电力替代常规化石能源消耗。

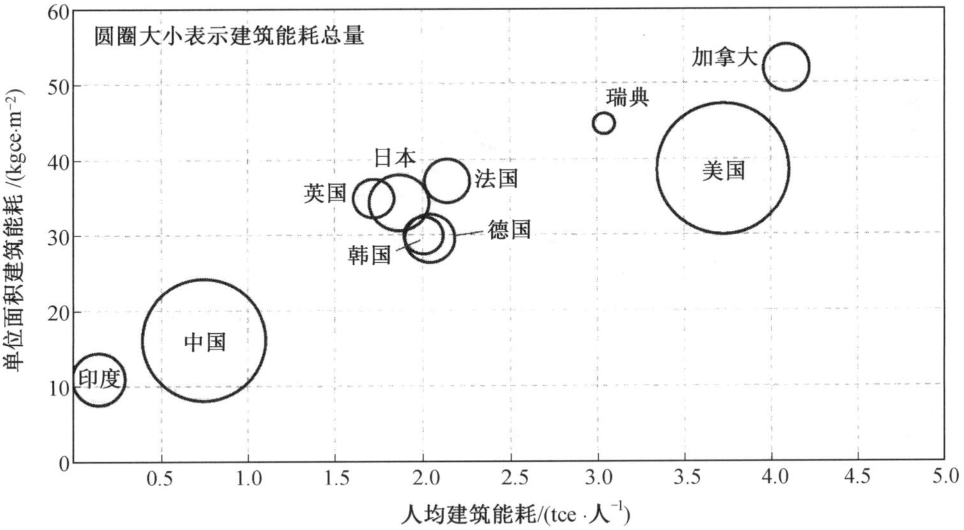

图 1.16 各国建筑运行能耗对比①

图 1.17 给出了各国建筑领域的电力消耗和非电能源用量。从图 1.17 中可以看出,我国人均建筑用电量是美国、加拿大的六分之一,我国的单位面积建筑用电量也仅为美国、加拿大的三分之一左右;我国人均非电能源强度是美国的三分之一左右,单位面积非电能源强度与日本、韩国相近,是美国的二分之一左右。考虑未来建筑节能低碳发展目标,我国需要走一条不同于目前发达国家的发展路径,这对于我国建筑领域的低碳与可持

① 数据来源:清华大学建筑节能研究中心 CBEEM 模型,IEA 各国能源平衡表,Energy Efficiency Indicators 数据库(2021 年发布),世界银行 WDI 数据库,印度 Satish Kumar(Estimating India's commercial building stock to address the energy data challenge. Building Research & Information,2019,47,24-37.)。中国为 2020 年数据,加拿大与瑞典为 2018 年数据,其他国家均为 2019 年数据。建筑能耗总量中各国消耗的电力按照中国火力供电能源系数折算为一次能耗。

续发展将是极大的挑战。同时,目前还有许多发展中国家正处在建筑能耗迅速变化的时期,中国的建筑用能发展路径将作为许多国家路径选择的重要参考,从而进一步影响到全球建筑用能的发展。

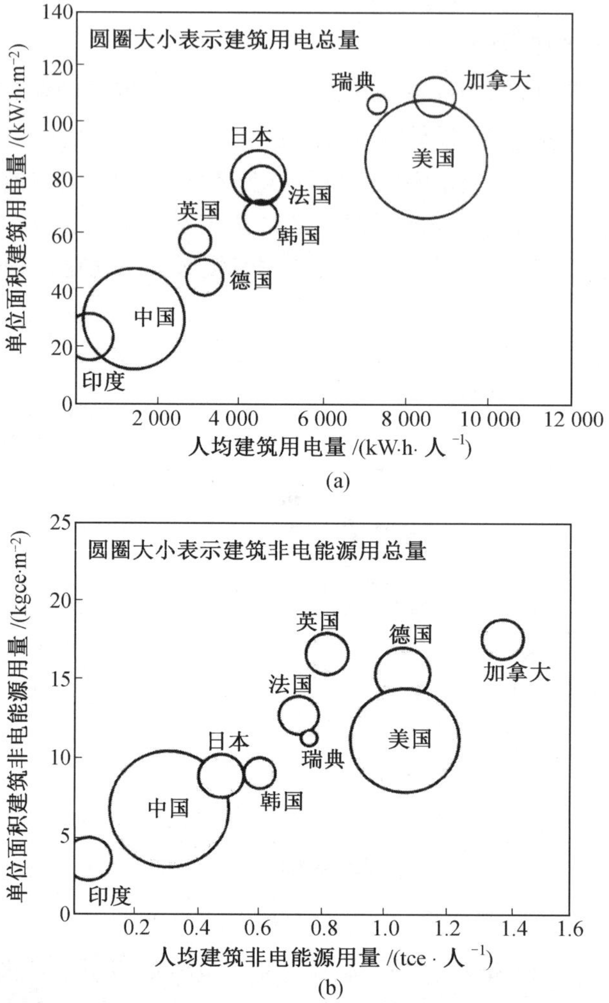

图 1.17　各国建筑运行的用电量和非电能源用量

3. 与美国建筑能耗对比

在公共建筑单位面积用能强度方面,美国公共建筑能耗的变化从 20 世纪 70 年代以前,经历了一个快速增长期;约从 1973 年开始,由于能源危机,公共建筑用能强度开始缓慢下降,之后又经历一个稳定而缓慢的增长;到 2010 年,美国公共建筑人均一次能耗为 62.4 GJ/(人·a),单位面积一次能耗为 2.6 GJ/(m^2·a)。清华大学建筑节能研究中心以美国和中国两处纬度相近、气候类似、功能相同、均有集中供热的办公楼为调查对象,不包括集中供热的纯电耗强度,结果美国办公建筑平均耗电强度远高于中国。

这种能耗强度的巨大差别反映了营造办公建筑室内环境的两种体系的差别。例如建筑能否开窗通风，对室内采光、通风、温湿度环境的质量要求，使用者开窗、关灯等活动是完全依赖自控系统还是根据使用情况手动控制等。这些“服务质量”的微小差别导致了能源消耗的巨大差别。

4. 与日本建筑能耗对比

根据日本能源数据与模型中心（EDMC）统计结果，日本公共建筑 2011 年总一次能耗为 3 469 PJ（$PJ = 10^{15}$ J），是 1965 年的 6.9 倍。其增长变化过程与美国类似，同样在 1973 年之前迅猛增长，并在能源危机中经历平台期，在 20 世纪 90 年代保持稳定增长，进入 21 世纪后开始回落。经调研可知，日本近 10 年能耗总量的下降主要得益于采暖和热水两部分能耗的显著降低。

回顾美国和日本公共建筑能耗的发展历史可以看出，随着社会的进步和发展及人均 GDP 的不断增加，公共建筑能耗占社会总能耗的比例迅速增高。2013 年相比于 1949 年近乎翻了一番，日本也出现同样的现象。结合对美国和日本建筑能耗发展历史的分析，可以清晰地发现相同的规律。为避免我国的公共建筑也沿着相同的轨迹发展，控制能源消耗、减少碳排放就必须维持公共建筑能耗的“二元分布”，并将大部分公共建筑维持在“低能耗”群体中，同时要保持目前两个群体间的比例。

1.3.1.3 严寒地区办公建筑能耗实测数据研究方向

我国办公建筑单体能耗高，发展迅猛，建设总量持续增长，其能耗已占到公共建筑总能耗的 50% 以上[17]。严寒地区气候恶劣，冬季室内外温差大，室外照度水平较其他气候区低，采暖与照明能耗均较其他气候区高[13]，节能潜力也较其他气候区更大，针对性研究更为必要。

面对我国目前严寒地区办公建筑节能标准的转变及节能目标的提高，一方面需要在新建项目中控制形体，在规划、设计、运行各环节中有效应用低能耗设计方法；另一方面，从实际运行能耗数据出发，综合全面考虑建筑节能问题，将使用者行为及动态使用状态加入能耗数据中，将低能耗设计效果的评价由使用了多少节能技术转向能耗数据的评价对比，真正实现能耗的降低。

梁珍等人对哈尔滨地区建筑能耗进行了实地调查，发现能耗构成与建筑类型相关[18]。孙澄等人对严寒地区办公建筑形态参数进行统计调查，表明相同规模下，办公建筑形态差异性主要表现在建筑朝向、平面形式、外窗尺寸和层高方面[19]。基于神经网络预测、多目标优化和建筑信息建模技术，提出严寒地区办公建筑采暖能耗预测模型及形态节能设计策略[20]。也有以热舒适、建筑总能耗为目标展开的设计参数优化节能研究[21]。刘加平等人从节能设计策略入手，从建筑平面形式、空间布局及建筑形态等方面进行节能分析[22]。张海滨等人利用 Design Builder 对寒冷气候区建筑能耗进行模拟，以平面形式、建筑面积和层高为变量，提出了建筑能耗回归模型[23]。沈阳建筑大学张九红对严寒地区办公建筑自然采光影响因素进行了研究，通过对沈阳市 30 余个办公空间全阴天条件下照度实测结果进行分析，比较了影响采光系数的空间设计参数的权重高低[24]。

国外对于严寒地区办公建筑的研究主要集中于对建筑形态作用模式的研究以及对建

筑能耗影响要素的分析。P. Depecker 与 C. Menezo 等人探讨了在寒冷气候区，建筑的体形系数与通过围护结构耗散热量之间的比例关系，并就不同气候区进行了对比[25]。Eddine 等人研究了对于寒冷气候，在办公建筑设计的方案阶段，各设计要素对建筑能耗的贡献度，并判断各因素的权重关系，以指导建筑设计[26]。

在高纬度寒冷气候下的建筑能耗均较大，建筑低能耗设计就显得更为重要。综合分析国内外高纬度寒冷气候下办公建筑的低能耗设计策略，主要有以下共同点：

（1）严格的外围护结构隔热标准。限定建筑外围护结构如墙体、屋顶、外窗等的传热系数，接受多重评估过程。根据技术进步不断修订对相关系数的要求标准，以提高能效。

（2）积极创造使用者对自然能源的使用条件。在设计、运行过程中重视遮阳搁板、窗帘、百叶等自然采光辅助措施，这对于优化室内光环境、降低能耗是十分有效的，并可改善室内热环境。冬季可以减少由外窗散失的热量，减少采暖能耗。夏季减少由太阳辐射引起的室内过热，减少供冷能耗。尤其对于窗墙比较大的建筑及幕墙类建筑，必须考虑良好的光、热环境控制措施。

1.3.2 室内光环境性能模拟研究方向

室内环境性能在很大程度影响了使用者身心健康和工作效率[27]。室内环境性能包括光环境、热环境、光热耦合环境、空气品质及听觉环境，美国堪萨斯大学曾研究办公建筑中各环境性能的权重系数，其中光环境、热环境最为重要，占 74.1%，其他则为空气品质及听觉环境等，这一研究已为学术界多方实证认可。本书主要从光环境性能、光热耦合环境性能两方面进行光舒适研究。

1.3.2.1 自然采光性能模拟相关研究

自然采光在建筑中的利用自古已有，传统建筑设计往往以对自然采光的利用为基础。20 世纪 70 年代后，由于建筑规模的扩展、能耗的增加以及节能和促进健康的需求，自然光环境设计的重要性再次提升，自然光的精细化利用是这一时期的主要特点，也推动了自然光环境设计工具尤其是模拟工具的快速发展。其中代表性模拟软件有 ADELINE、Superlite[28] 和 Radiance[29] 等。综合性模拟软件如 Daysim、EnergyPlus、DeST、DIVA 等也增加模块，用以分析室内光及光热耦合与建筑能耗之间的关系。

Reinhart[29] 等人采用 Radiance 软件分析了遮阳构件对自然采光效果的影响，并计算不同照度要求下室内采光的全年自然采光满足率（daylight atonomy，DA）的值。Krarti[30] 等人对自然采光进行分析，提出简化计算方法并对其计算精度进行验证。Francis[31] 等人应用 Solene 软件针对室内光环境照度及视觉舒适度进行节能案例分析。Guillemin[32-33] 等人将遗传算法应用到遮阳百叶叶片偏转角度的控制，并计算由于遮阳百叶控制方法的改进所节约的全年能耗。Athien[34] 等人量化分析了自然采光辅助系统对于照明能耗的节约量。唐振中等人定量研究了自然采光辅助系统的控制方式及其对于全年照明能耗的影响。严尉等人以窗墙比、自然采光辅助系统等 7 项设计参数为变量，以自然采光性能优化为目标，优化计算历时 56 h，完成了 3 000 余组变量组合建筑的采光性能评价，得出 72 组最优解。该研究仍存在两方面问题：采光性能模拟基于国际照明委员会（CIE）

(International Commission on Illumination, CIE)天空模型和典型年气候数据,未能考虑地域性天空模型的偏差;并且研究以简化建筑模型和标准工况为基础,缺乏对于个体建筑差异及使用工况的考虑,大大影响了模拟的精度与准确程度。

1.3.2.2 光热耦合性能模拟相关研究

近年来,光热耦合性能模拟方面的研究主要针对自然采光模拟,以及自然采光与建筑热模型的耦合求解,尤其集中在对于眩光的避免及室内过热的遮阳控制方面。

C. E. Ochoa[35]等人在阿姆斯特丹地区进行低能耗并保证室内光环境的透明围护结构面积的设计研究,结论是当北向窗墙比大于70%或其余三朝向大于60%时,能耗量会显著增加。J. M. Dussault[36]在进行热带地区办公建筑低能耗设计研究时得出以下结论:较小的窗墙比设计可以减小建筑采暖制冷能耗及人工照明总能耗。J. W. Lee[37]针对亚洲各典型气候区研究透明围护结构设计参数对于建筑能耗的影响,涉及的设计变量包括窗及窗框的传热系数、玻璃吸收系数、玻璃可见光综合透光率、窗的面积及建筑朝向。H. Shen[38-39]在研究办公建筑透明围护结构的设计变量时得出结论:窗面积和遮阳构件对整体能耗的影响最大。G. Kim[40]在调查外遮阳系统应用于韩国建筑时发现,整体能耗最大所对应的外遮阳板角度为60°,整体能耗最小时对应的是水平遮阳板。Manzan 等人综合考虑办公建筑室内自然采光性能与热环境性能,以室外遮阳设施的位置和尺寸为变量,对整体能耗展开寻优设计,得出了最优解可节能17%的结论[41]。Y. V. Perez[42]研究热湿地区建筑低能耗设计后得出结论:建筑朝向、外墙传热系数对室内光热环境影响最大,其次为遮阳系统设计变量。A. Pino 等人[43]在分析圣地亚哥市办公建筑室内光环境时得出结论:窗墙比为 0.2 即可满足全年 80% 时间的室内照度需求。Torres 等人[44]利用 Radiance 对室内空间眩光问题进行模拟,并应用遗传算法,以 DGP 为优化目标,对自然采光辅助系统的 21 项设计参数进行了优化排序。

Carlucci 等人以地中海气候下某住宅为简化模型原型,以自然采光性能及热环境性能为优化目标,其中,热环境性能用 LPDS 和 LPDW 冬夏季热不舒适时间百分比表示,自然采光照度用 UDI 来评价,以 DGI 代表不舒适眩光产生的风险,对上述 4 项性能目标展开优化,结果表明,搜索到的非支配最优解存在 27 组,其中自然采光环境性能及眩光指标较为分散,室内热环境性能指标相对集中。建筑平面形态、窗墙比、材料和遮阳设施等设计参数的设计策略,在热环境与自然采光性能优化方面并不矛盾。但在夏季改善自然采光有效照度 UDI 的优化策略可能导致眩光的产生[45]。

以上研究主要存在以下问题:对性能模拟软件的复合集成存在断层,大部分研究选择使用同一软件完成光热耦合模拟,这就存在牺牲模拟精度的问题,EnergyPlus 在对于光环境的照度及眩光的模拟上精度稍差,DIVA 在对于热环境分区模拟上还存在障碍,故在热环境模拟精度上稍差。而模拟精度的缺失就使得精确度极高的优化算法失去意义。

1.3.3 建筑低能耗设计(涵盖光舒性设计)方法

通过文献阅读并参考现有的低能耗设计案例,归纳出以下 5 类低能耗设计基本方法:详细模拟法、指标法、敏感性分析法、简化模型法和多目标优化法。

1.3.3.1 详细模拟法

详细模拟法是在方案设计阶段运用软件进行计算机详细模拟，主要包括多方案枚举法、搜索法、权衡判断法和场模拟预测法等，表 1.7 总结了用详细模拟法进行低能耗设计的变量、定量、目的及评价标准等[46-48]。

表 1.7 详细模拟法总结

方法		研究者	变量	定量	目的	使用软件	评价标准
详细模拟法	多方案枚举法	Adnanalanzi, Donghyun Seo, Moncef Krarti	模拟变量，平面形状	面积及其他热工、环境参数	多个具体方案寻优	Ecotect	能耗
	搜索法	M. Kassab 和 T. Lee	校园建筑组合方式	外墙热阻、窗墙比、外窗传热系数、SHGC 和照明功率密度取调研常见值	最优的设计参数组合	EnergyPlus 和 Radiance	能耗、造价、排放
		U. T. Aksoy 等	建筑长宽比、朝向及保温厚度	面积及其他热工、环境参数	最佳需求	EnergyPlus	能耗

权衡判断法首先要建立待比较建筑或参考建筑的精准模型，针对模型进行详细模拟计算、比较各建筑模型的能耗表现、选取最优方案。这种方法适用于设计后期的方案评价。

场模拟预测法主要应用于建筑体形、通风路径等被动式设计，在方案设计初期多与其他方法结合应用，这一方法使用的是场模型，需要对建筑体形、平面进行简化。它可通过场模型进行详细的分布模拟，评价其对建筑的影响。

1.3.3.2 指标法

指标法中的指标可分为设计指标和评价指标。根据参数的物理意义及公式，经计算可以得到设计指标。它体现了建筑耗能过程中的主要影响变量及其之间的关系，能够简单快速地计算建筑的能耗。但由于设计指标脱离建筑模型，同时又做了较多的简化，且仅能针对一种物理过程，故简单计算得到的设计指标精确性不好，而通过模拟计算得到的设计指标考虑了多种因素，计算过程较为复杂，需要详细模拟软件，较为耗时。通过评估设计指标得到的是评价指标，根据能耗值划分级别或直接设置指标限值，即可通过评价指标判断方案的优劣。表 1.8 总结了用指标法进行低能耗设计的评价标准及目的等[49-52]。

表 1.8 指标法总结

方法		研究者/工具	变量参数	评价标准	反映特征	目的
指标法	设计指标	节能规范	K、STVR	—	建筑热特性	脱离具体模型,同时做了较多的简化,所以其可靠性一般不高。越简单,可靠性越弱
		江亿	—	围护结构平均传热系数与体型系数的乘积,0.168 W/(m³·K)	围护结构综合热特性	通过围护结构累计传热的简化公式归纳得出
		夏春海	TSC	$TSC=\frac{\sum_i \frac{-K_i^{\varepsilon}}{K_{\text{wall}}}A_i}{V}$		通过主成分分析法简化传热公式归纳得出,需要较详细的气象数据
		ASHRAE	OTTV	—		DOE-2 详细模拟得出,所需数据量大,代价高
	评价指标	日本能耗法规	PAL	建筑周边区全年冷热负荷/周边区的楼板面积	能耗表现	日本的节能法律规定了每类建筑必须及应努力达到的 PAL 和各 CEC 值,并根据规模有修正
			CEC	设备系统能量消费系数		

1.3.3.3 敏感性分析法

敏感性分析是一种研究不确定性的方法,是指几个敏感性较强的因素发生变化时对结果的影响程度,在建筑低能耗设计上的应用方法为:将对整体能耗影响不重要的设计参数设为固定值,将对整体能耗影响重要的设计参数设为变量,分析各个变量变化趋势对建筑能耗值这一目标结果的敏感程度。ASHRAE 认为,模拟条件下不同设计变量的变化对能耗结果影响趋势是不同的,通过比较不同,可以直观地抓住低能耗的设计重点和方向[53]。该方法原理简单,应用过程相对简单且指导性强,在低能耗设计过程中实用性很强,表 1.9 总结了使用敏感性分析法进行低能耗设计的变量参数、评价标准、目的及特点等[54-58]。

表 1.9 敏感性分析法总结

<table>
<tr><th colspan="2">方法</th><th>研究者/工具</th><th>变量参数</th><th>评价标准</th><th>使用软件</th><th>目的</th><th>特点</th></tr>
<tr><td rowspan="7">敏感性分析法</td><td rowspan="4">输入-输出法</td><td>LAMJC</td><td>窗墙比、室内控制温度、照明功率密度、室外风速、冷机 COP、供水温度等 12 种设计参数</td><td>建筑负荷、空调系统能耗及冷热源能耗</td><td>DOE-2</td><td>为预测模型筛选输入参数</td><td rowspan="5">以模拟软件系统作为黑箱,在假设一个基准方案的基础上(类似于参考建筑法中的参考建筑),改变某单一输入条件,计算得到输出变化,求得敏感度</td></tr>
<tr><td>P. Filipe</td><td>外墙、屋面、外窗的类型,渗透换气次数,机械通风量,HVAC 系统形式等参数</td><td>建筑负荷、空调系统能耗及冷热源能耗</td><td>DOE-2</td><td>改造优化设计</td></tr>
<tr><td>G. U. Harputlugil</td><td>土耳其 4 个气候区的围护结构传热系数、窗墙比、层高、进深、换气次数、朝向等设计参数</td><td>建筑负荷、空调系统能耗及冷热源能耗</td><td>DOE-2</td><td>不同地域参数敏感度不同</td></tr>
<tr><td>林宪德</td><td>建筑方位、开口率、遮阳深度、外墙传热特性、玻璃材质、构造方式等设计因素</td><td>空调能耗</td><td>eQUEST</td><td>办公建筑空调能耗影响参数排序</td></tr>
<tr><td></td><td>Weather Tool</td><td>6 类被动式策略(蓄热、夜间通风、太阳能利用、直接蒸发冷却、间接蒸发冷却)</td><td>舒适度</td><td>Ecotect</td><td>被动式策略对不同气候的有效性</td></tr>
<tr><td rowspan="2">解析式法</td><td>曾剑龙</td><td colspan="4">在稳态公式的基础上加以修正,分析了围护结构能量收益差随围护结构通风调节量及遮阳调节量的变化</td><td rowspan="2">能耗需求用预测解析式或者经验式表示出来,优点在于敏感性、全局性强,物理过程明显</td></tr>
<tr><td>林威</td><td colspan="4">分析了围护结构保温隔热以及遮阳强度的变化对负荷的影响,并对 4 个气候分区的大型公共建筑做了比较分析</td></tr>
</table>

1.3.3.4 简化模型法

简化模型法是对复杂的详细模拟过程进行合理简化,在保证其一定精准度的前提下使用动态计算、图形计算甚至徒手快算得到能耗预测结果。国外的 Trnsys 利用简化的多区域节点网络模型进行瞬态或准瞬态建筑热过程模拟计算,虽然仍需要详细复杂的建模过程，但单次模拟时间已经精简到 1 min 左右。Quickcontrol[59]、M. W. Ellis[60]、V. Corrado[61]、Y. G. Yonanis 和 B. Norton[62]、M. Krarti[30]等人在这一领域都有建树。国内的曾剑龙[58]、夏春海[63]更是分别建立了表现优异的简化模型。简化模型法的基本要求一是要快，能够使用计算机迅速地完成；另一要求是准，预测结果误差最好在 10%之内。

1.3.3.5 多目标优化法

多目标优化法借助最优化的数学原理，无须提供初始方案，通过计算机进行自动筛选，利用能耗预测模型快速搜索符合约束条件的最优方案，从而实现计算机的"自动设计"。其不足之处在于：为了缩短运算时间，模型需要深度简化，而深度简化势必影响结果的精准程度；而且整个设计过程是封闭的独立过程，无法体现设计优化过程的物理意义。在这一领域，喻伟提出了夏热冬冷地区居住建筑能耗影响的主要因素为建筑平面形式、朝向、体形系数、各朝向窗墙比以及窗、墙和屋面传热系数等 12 项，并以此为变量，以建筑能耗与室内热舒适为优化目标，采用遗传算法对夏热冬冷地区的住宅建筑进行了优化设计[64]，J. A. Wright 等人探讨了热舒适与能耗所涉及的设计变量，以这两项为目标针对 HVAC 系统进行了优化设计[65]；R. Ooka 等人以建筑能耗和造价为优化目标，以体形系数、窗墙比、建筑高度、建筑朝向为变量，对空调系统形式进行设计优化[66]。

N. Soares 等提出了针对建筑设计前期应用的建筑整体能耗及室内环境性能优化流程，整体能耗限定以建筑采暖制冷能耗和照明能耗为优化目标，应用 EnergyPlus 模拟简化建筑能耗数据，对建筑朝向、平面形态、窗墙比及墙体构造进行了模拟，结果表明在东侧、西窗和北侧具有较低窗墙比的模拟场景组能耗较低，对于南向而言，降低建筑制冷能耗的建筑开窗设计方案因减少了日照辐射得热和自然采光，而呈现出较高的建筑采暖能耗和照明能耗，对于节约建筑采暖能耗方面，有利的建筑开窗设计则很大程度又增加了建筑制冷能耗[67]，此研究的局限性在于，首先对于简化模型的选定以某办公建筑为原型，其典型性限制了研究成果的应用范围；其次，优化参数的选定未经推敲，另外，其考虑仅限光环境与热环境，未考虑其耦合效应，会影响能耗模拟过程的准确性；最后，温和气候下的研究结果并不适用于其他气候区。R. Ouarghi 和 M. Krarti 等人以地中海气候下的建筑为研究对象，以最小整体能耗，良好室内光、热综合性能为优化目标，以建筑几何形体为变量得出结论，相较于棱柱体等其他形态，长方体的能耗最低；Futrell 等人以立面设计参数为变量，综合考虑自然采光性能与热环境性能，将优化目标设定为减少采暖制冷能耗和照明能耗，使用 Genopt 插件的集群优化算法进行优化设计，得出了建筑的自然采光和热环境性能在除北向以外的其他 3 个朝向上的优化结果基本相符的结论[68]。Harvard Center Fot Green Buildings and Cities 的 Ali Malkawi 教授团队就建筑材料的选择问题，使用 Trnsys 软件，以建筑整体能耗、经济成本和建筑室内热环境性能为优化设计目标，以建筑外墙材料类型、屋面材料类型、外窗材料类型、太阳能集热器类型及采暖空调系统类型为变量进行了多目标寻优，结果表明采暖空调系统类型对于室内热性能影响最大。该研究的局限在于：优化目标为单一热性能，对于环境的描述不够全面准确；优化平台无图形界面，对于建筑师缺乏实用性；优化过程耗时过长，影响了优化设计效率。H. Chen 等人以优化室内光、热性能为目标进行建筑园林绿化设计尝试[69]；DIVA 新版本中新增的 Shading Design Wizard 模块，可根据即时光、热环境模拟结果给出遮阳设施的工作角度及工作时间安排，以获得最佳的光热性能和最低能耗[70]。综上所述，多目标优化方法能够准确、高效地得到相对最优的设计方案。

1.3.4　研究方向综述

1.3.4.1　以低能耗为核心的采光研究

公共建筑单体能耗大，发展快，针对公共建筑尤其是办公建筑的低能耗研究具有重要意义。随着健康建筑观念的普及，使用者对于室内环境品质的要求逐渐提高，性能耦合模拟的出现使得模拟结果更贴近实际，但同时也要求模拟精度更高；并且，随着建筑节能方面技术的发展，遗传算法、神经网络等高效率、高精度优化算法的引入，也存在对其性能模拟数据的准确性、精确程度的更高需求。其相关研究方向主要特点如下：

（1）节能研究存在薄弱环节。直接“物理因素”对建筑能耗的影响已逐渐明确，但在设计方面，对设计参数影响建筑能耗的影响力排序考虑较少，在优化设计参数实现低能耗设计的研究领域，严寒地区办公建筑的针对性研究对于参数的科学选择较少涉及。在节能评价方面，评价体系缺少全面综合的考虑。大多数研究在能耗构成方面，过分关注围护结构负荷贡献量，不够重视照明能耗等其他能耗组成部分，我国公共建筑照明能耗占整体能耗的25%以上[71]，仍有节能潜力。

（2）“性能耦合因素”受到重视。随着社会和经济的发展，低能耗设计不再是以低能耗为前提，而是在保证高性能的前提下实现低能耗，不能以牺牲“高性能”来换取低能耗。办公建筑室内环境性能品质对办公人员的身心健康、舒适感、工作效率等的影响越来越被关注，由于追求单一环境性能的提高往往对其他方面的性能造成不利影响，多环境及其耦合性能的相关研究越来越受重视，美国堪萨斯大学曾做过相关研究，用权重系数来表示环境各性能因素的作用大小，热环境所占比重达45.9%，光环境视觉方面占34.1%，风环境、空气质量及听觉共占20%[72]，而在严寒地区，光热耦合现象较为突出，本书主要考虑光环境及其耦合性能。

（3）“地域性光气候模拟及校正”越来越被关注。我国地域辽阔，天空状态相差很大，光环境相关研究正处在开展初期，光环境的实测评价又相对复杂，凡此种种导致了光环境及光热耦合环境性能的评价指标不尽相同，相关的地域性天空数据校正等问题亟须进一步研究。

（4）实际“使用工况”对建筑能耗的影响亟待研究。与住宅相比，对办公建筑中“使用工况”运行能耗的研究，尤其是在研究使用者的行为对建筑能耗的影响方面，起步较晚。目前的研究方向主要在两个方面：一是提高现有建筑能耗模拟结果的精确度；二是以减少能源消耗为目的，优化人工照明、遮阳设施等设备的使用行为模式。L. Dias Pereira 等人对6 所校园办公建筑不同工况下整体能耗的实测表明，不同行为习惯的使用者在使用工况下的建筑整体能耗与标准工况模拟时最多相差21%，可见使用者的行为特征及使用工况对于建筑能耗影响的重要性。在我国，相关方面的研究刚刚展开，目前能耗研究和标准制定都仅限于标准工况下，对于使用工况较少涉及，低能耗研究不但需要对建筑能耗的客观物理过程有清晰明确的认识，随着直接要素对能耗影响的明确，还需要研究建筑使用过程中的主观影响因素，即研究使用者的行为模式对建筑能耗的影响。

1.3.4.2 采光设计标准的相关研究

我国现在实行的建筑设计节能标准为《公共建筑节能设计标准》(GB 50189—2015)。由于我国地域辽阔,各地域情况差别大,且"节能标准"的目的在于对底线做出限制性要求,故节能标准在实际的低能耗设计中会遇到一些问题,主要如下。

(1)节能标准基于简化模型和标准工况。由于节能标准基于简化模型和标准工况,适于对体形系数、围护结构热工性能、窗墙比等对热性能影响较大的设计参数做出限制,而对预测能耗水平误差会比较大,尤其在光环境模拟及照明能耗预测方面。为解决简化模型模拟精度误差过大的问题,本书采用典型模型替代简化模型,从类型学角度抽象建筑原型,提取现代办公建筑空间模式,结合对严寒地区办公建筑空间设计参数分布状况的实地调研,确定设计参数特征值域,计算参数敏感系数,构建严寒地区办公建筑典型模型。根据不同空间组织和面积规模,典型模型共分为两类6种,建模深度选择与实测结果最相符的深度。为解决标准工况的误差,根据《哈尔滨办公建筑信息采集表》对使用者行为模式及舒适度进行调查,得出最接近实际使用工况的行为模型。

(2)节能标准中关于室内光环境性能指标的选择。在我国《建筑采光设计标准》(GB 50033—2013)对办公建筑自然采光的要求中,对采光数量采用CIE标准天空中的全阴天条件下采光系数(daylight factor,DF)及工作面最小照度来控制;对采光质量用眩光指数(DGI)来控制。一方面由于我国地域辽阔,天空自然分布状况相差很大,采用统一的性能指标要求难免不尽合理;另一方面,我国目前仍处于发展阶段,对于采光设计标准的主要目标在于对各类建筑的最低照度进行限制,正处于向考虑保证环境性能的方向转变的过程中,目前相关的基础工作仍显薄弱,由于对自然光照度及亮度评价指标的地域性研究尚不足,因此一定程度上影响了光环境性能标准的科学性。

在对哈尔滨地区光气候实测时发现,CIE标准天空中的全阴天空在全年的出现概率仅为17%,很明显,以全阴天空作为基础的采光系数DF作为照度控制指标效果不佳;实测时还发现,DGI作为采光质量的评价指标在哈尔滨地区误差较大,不及DGP更为贴近使用者感受。

在光环境性能评价指标、光热耦合环境性能评价指标的选择上,选取了最贴近哈尔滨地区实际使用工况和最符合使用者感受的性能评价指标:室内照度选择DA、UDI,室内光热环境舒适度选择DGP;天空模型选取Perez天空模型,并使用哈尔滨地区光环境实测数据修正。

(3)设计全阶段的参与控制。目前,节能标准主要对设计参数进行具体措施性要求,各限制参数指标都体现在对建筑设计结果的单一评价,仅实现了对低能耗建筑设计的结果控制,而未能实行有效的过程控制。在前期方案设计阶段,设计师要综合考虑所有的设计要求,调动并审核全部设计要素,最后做出设计决策。这一阶段各功能组织关系基本确定,从而影响建筑的朝向、空间组织、形体和基本材料等参数。这些设计参数是影响建筑能耗的关键。随着设计阶段的发展,低能耗设计策略越早应用于方案设计中,节能潜力越大,同时建设成本也越小。在方案成型后再考虑低能耗设计,会导致节能潜力的大幅度降低,节能成本也会呈指数增加。建筑低能耗设计应在设计理念阶段即介入设计,并贯穿于设计的全过程。

1.4 研究内容和研究方法

1.4.1 研究内容

本书的研究对象为严寒地区办公建筑，研究方向为光舒适智慧评价与优化设计，主要进行光环境及光热耦合环境下的办公建筑能耗及室内环境性能的研究，提出低能耗、高舒适设计策略。研究内容如下：

（1）确定严寒地区办公建筑整体能耗构成、低能耗设计性能评价系统及相应的各层次设计变量，提出严寒地区办公建筑光舒适智慧评价与优化设计流程。

（2）探讨地域性光舒适指标集的筛选及优化过程中对于多指标权衡的问题，目前对于天然光舒适的评价指标主要包括照度（DF）及眩光（DGI），但达到国家标准规定的 DF 强制性指标标准值后，并不能评价光环境水平，而 DGI 不适用于高纬度地区，过分高估眩光程度。针对这一问题，应用 HDR 光环境实测技术、主观问卷调查进行相关性、拟合度分析，根据拟合关系筛选提出光舒适动态评价指标，并在优化过程中整合多目标优化算法和帕伦托排序机制，实现多指标导向下的建筑光环境非支配解集搜索，将传统建筑光环境优化设计过程中得出“唯一最优解”替换为多指标呈现不同响应水平的“非支配解集”，突破用孤立指标评价光环境的传统方式。

（3）从研究办公建筑空间发展历程入手，从类型学角度提取现代办公建筑空间原型，总结归纳出现代办公建筑空间模式的基本模型及其衍生模型，将实地调研结果代入基本模型，建立严寒地区办公建筑空间典型模型及主要参数值域，再基于光热动态模拟的技术手段，利用建立办公建筑低能耗参照模型的方法，建立低能耗设计方法框架模型系统。从而建立一种可用于建筑设计各阶段（特别是方案设计阶段）、简单易行并保证计算过程正确性的定量能耗预测及建筑环境性能评价方法。

（4）通过对办公建筑照明能耗及光环境性能进行分析，筛选出相关的办公建筑空间设计变量；通过主成分分析筛选出建筑空间设计变量与照明能耗之间的相关性，运用 DIVA 软件，研究严寒地区办公建筑光环境性能、照明能耗及主要空间设计参数三者之间的关系，建立自然采光性能预测模型。对 Perez 天空模型进行地域性修正并使用 HDR-I 技术验证，从而建立适合严寒地区的地域性光气候模型。再用 6 个实际方案简化模型验证预测模型的准确性。最后计算主要空间设计参数的敏感性系数，总结归纳严寒地区办公建筑方案设计阶段自然采光设计策略。

（5）对自然采光辅助设施进行分类，研究各类别设施控制系统、使用者行为模型对于室内光热耦合性能的影响，提取常见自然采光辅助设施的主要设计变量；通过对典型模型静态及全年动态光热耦合模拟结果的分析，总结不同自然采光辅助设施的适用范围、控制特点以及实际使用中对室内光热耦合性能的提升效果。建立 HDR-I 技术对模拟结果的验证流程，应用 HDR-I 技术对室内光热耦合性能进行实测评价，通过案例展示 HDR-I 技术在低能耗设计中的使用流程及优化设计方法。

研究技术路线如图 1.18 所示。

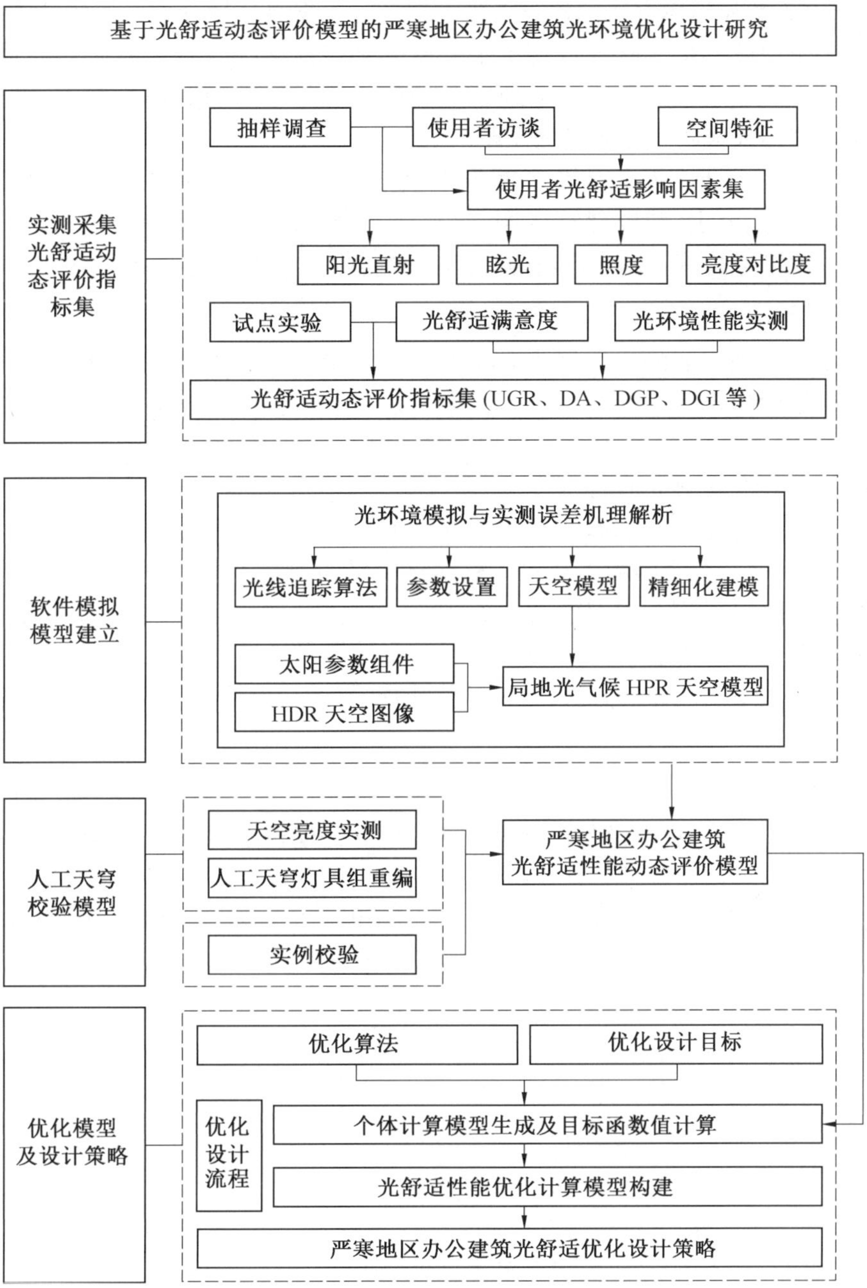

图 1.18 研究技术路线

1.4.2 研究方法

1. 实验模拟法

(1)基于地域性光气候的天然光建模方法(climate-based daylight modeling,CBDM)。地域性光气候数据包括照度、辐射照度、太阳辐射和亮度等天空参数及太阳参数。基于地域性光气候的天然光建模方法的建筑采光模拟就是根据具体地域的光气候特点进行建筑采光设计，基于地域性光气候进行建筑采光研究是当前国际建筑采光研究的重要方法。本书采用 Perez 天空模型并用哈尔滨地区实测的光气候数据对其进行修正，以提高模拟精度，缩小模拟结果与实际光环境的差距。

（2）动态模拟分析。办公建筑空间形态复杂，很难仅通过建筑实测达到研究目的。本书以计算机模拟为主，辅以建筑实测，建立建筑模型。使用 DIVA 及 Trnsys 等模拟软件，分析严寒地区办公建筑的光环境、热环境及光热耦合室内性能状况。

2. 数据分析法

（1）主成分分析。影响建筑整体能耗的设计变量在不同方面、不同程度地反映某些信息，本书根据设计变量对整体能耗的影响程度对其进行分级，把有重要影响的变量列为主成分并进行主成分分析，忽略一些对整体能耗影响不大的变量。这样即简化了分析过程，对数据的精确度影响也不大。

（2）多元回归方法。在掌握大量相关数据的基础上，通过数理统计方法建立因变量与自变量之间的回归关系函数表达式。根据自变量的数量不同，又可分为一元回归和多元回归。建筑能耗预测影响因素复杂，多元回归法是进行能耗预测的常用方法。

（3）敏感性分析。敏感性分析的概念在第 1.3.3 节中已有介绍，本书针对调研得到的典型模型，使用敏感性分析方法，分析整体能耗最优时，设计变量应如何变化，明确优化方向及优化收益。

3. 实测研究法

使用 HDR-I 技术，利用设备仪器对严寒地区办公建筑室内环境光热耦合性能进行现场实测，验证边界条件设置及软件模拟结果的正确性，从而保证研究成果的正确性。关于 HDR-I 技术及其运用，将在本书第 4.2 节基于 HDR-I 的光环境实测技术中具体讨论。

第2章　寒地办公建筑光舒适智慧评价

本书研究的寒地办公建筑光舒适智慧评价与优化设计建立在实地调研的基础之上。为了解严寒地区办公建筑综合现状，以哈尔滨市为代表城市，对2003—2013年建成的办公建筑进行分层随机抽样调查，调查内容包括空间模式、建筑形体、使用情况、照明控制方式、遮阳控制方式及使用者主观感受等。本章从调研结论出发，对严寒地区办公建筑低能耗设计的主要设计要素进行解析，确定办公建筑室内性能要素及评价指标，分析影响光舒适性能要素及办公建筑低能耗设计要素，为寒地办公建筑光舒适智慧评价及优化设计奠定理论基础。

2.1　办公建筑运行整体能耗构成

"十二五"之后，节能目标具体分解为围护结构、暖通空调系统、照明系统及设备用能，并对相应指标提出定量要求，从而增强了影响因素的科学性。据此，本书中办公建筑的整体能耗由照明能耗、采暖供冷能耗、机械设备能耗加和计算而成。其中照明能耗根据《哈尔滨办公建筑信息采集表》所得的不同朝向、不同功能空间的照明功率，运用DIVA软件对典型模型进行模拟计算得到DA、UDI值，再通过预测模型计算出照明能耗值。采暖供冷能耗采用《哈尔滨办公建筑信息采集表》的典型值作为模拟参数（设计时也可根据使用者要求设置模拟参数），运用Trnsys软件对典型模型进行模拟计算得到采暖供冷能耗值。机械设备能耗根据《哈尔滨办公建筑信息采集表》的调研结果，经统计归纳提出。本书主要研究光及光热耦合，对供热制冷能耗除非不可避免涉及的，否则不予讨论。

（1）采暖供冷能耗。热水集中供暖方式是严寒地区的特点，虽然供暖能耗是严寒地区办公建筑最主要能耗构成之一，但能耗总量的增长明显低于建筑面积的增长，一定程度上体现了节能工作的成效，平均单位面积供暖能耗从2001年的22.8 kgce/m^2，降低到2014年的14.6 kgce/m^2，降低了36%，这主要归功于围护结构的保温水平提高、高效热源方式及供暖效率的提高。对于严寒地区，尤其是A、B区，夏季供冷能耗一般较小，但随着使用者对室内舒适度需求的增长以及气候变化引起的极端天气增加，供冷能耗对严寒地区办公建筑的影响也不容忽视。

（2）照明系统能耗。除采暖供冷能耗外，办公建筑运行能耗随地域变化改变不大，而与办公建筑规模及空间组织模式相关。照明能耗在办公建筑系统运行能耗中占很大比例，且与室内光环境性能密切相关。对于照明系统能耗的控制策略，一方面尽量利用自然采光实现节能目标，同时避免和控制自然光源不稳定性的特点；另一方面，尽量使自然光的可利用时间与办公建筑使用时间相符，以便更为合理地分配现有能源，实现合理用能。

（3）设备用能，属于运行能耗，与管理系统及使用者行为模式相关，对于每栋办公建筑一般相对稳定，本书中的设备用能数据采用实地调研结果。

2.2 寒地天然光舒适评价指标筛选

严寒地区办公建筑低能耗设计性能评价要素主要包括室内光环境性能、室内热环境性能及室内光热耦合环境性能三部分，此三部分的能耗损益与机械设备能耗加和构成整体能耗，室内热环境性能评价体系本书不做赘述，以下将分别就室内光环境性能及室内光热耦合环境性能进行讨论。

2.2.1 室内光环境性能

室内光环境性能通过光环境评价指标得以表征，光环境评价指标从指标的物理意义和作用上，可分为静态光环境评价指标和动态光环境评价指标。

2.2.1.1 静态光环境评价指标

(1)光照强度(illumination)。光照强度简称照度，指单位面积上所接受可见光的光通量，单位为 lx 或 lm/m^2。照度是光环境评价的基础指标，我国国家标准《建筑采光设计标准》(GB/T 50033—2013)将视觉工作采光等级分为 I ~ V 级，各等级对应的自然光照度最低值见表 2.1。美国 LEED 标准中规定，办公建筑 75% 的办公空间内光照强度不应低于 270 lx。

表 2.1 办公建筑的采光系数标准值[73]

采光等级	视觉作业分类	侧面采光	
		采光系数标准值/%	室内自然光照度标准值/lx
Ⅰ	特别精细	5	750
Ⅱ	很精细	4	600
Ⅲ	精细	3	450
Ⅳ	一般	2	300
Ⅴ	粗糙	1	150

照度值可以通过照度计直接测量，更精确地，使用 DIVA for Rhino(DIVA)可进行建筑全年光环境模拟。举例说明如下：某经堂建筑的设计者应用 DIVA for Rhino 将经堂分为 72 个区域，选取其中阅读区域布置 9 个测点，选取阅读区域周边的辅助区域布置 30 个测点，模拟数据以 Excel 文件格式进行表达，全年各点逐时照度值如图 2.1 所示，表格横向为水平和垂直测量平面各测点，纵向为全年 365 日的每日逐时照度[74]。

在光环境模拟结果表达时，由于全年模拟数据量较大，且自然采光存在周期性、季节性规律，设计者通常只需研究特定时间段的建筑光环境，并结合建筑功能特征进行表达，如对办公建筑则侧重于工作时段。在全年建筑光环境模拟研究中，对有自然采光需求的典型时间进行光环境模拟分析，选取全年不同季节典型日，例如上午 9 点至中午 12 点，典型日分别为春分、夏至、秋分和冬至。

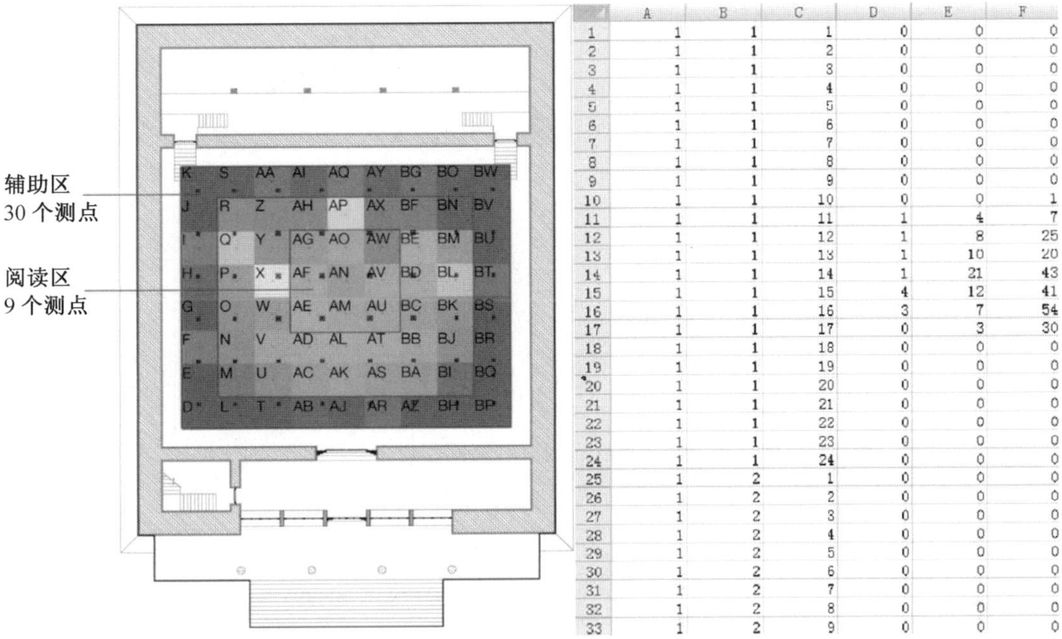

	A	B	C	D	E	F
1	1	1	1	0	0	0
2	1	1	2	0	0	0
3	1	1	3	0	0	0
4	1	1	4	0	0	0
5	1	1	5	0	0	0
6	1	1	6	0	0	0
7	1	1	7	0	0	0
8	1	1	8	0	0	0
9	1	1	9	0	0	0
10	1	1	10	0	0	1
11	1	1	11	1	4	7
12	1	1	12	1	8	25
13	1	1	13	1	10	20
14	1	1	14	1	21	43
15	1	1	15	4	12	41
16	1	1	16	3	7	54
17	1	1	17	0	3	30
18	1	1	18	0	0	0
19	1	1	19	0	0	0
20	1	1	20	0	0	0
21	1	1	21	0	0	0
22	1	1	22	0	0	0
23	1	1	23	0	0	0
24	1	1	24	0	0	0
25	1	2	1	0	0	0
26	1	2	2	0	0	0
27	1	2	3	0	0	0
28	1	2	4	0	0	0
29	1	2	5	0	0	0
30	1	2	6	0	0	0
31	1	2	7	0	0	0
32	1	2	8	0	0	0
33	1	2	9	0	0	0

图 2.1　应用 DIVA 表达室内全年逐时逐点照度模拟结果[74]

(2)照度均匀度(U_0)。照度均匀度也是我国目前自然采光规范中使用的评估参数之一,一般用最小照度与平均照度的比值来表示,如公式(2.1)所示,也有用最小照度与最大照度的比值来表示的,如公式(2.2)所示。其中最小照度值、最大照度值按逐点计算法计算。

$$U_0 = E_{min}/E_{av} \tag{2.1}$$

$$U_1 = E_{min}/E_{max} \tag{2.2}$$

照度均匀度反映的是最小照度与普遍照度(或最大照度)光照强度水平的差异程度。我国《建筑照明设计标准》(GB/T 50033—2013)中规定:在人工照明的情况下,办公建筑的工作场所 U_0 大于等于 0.7,而相邻区域大于等于 0.5。在自然采光的情况下,对照度均匀度的要求相对宽松。

照度均匀度应用举例:为探讨小学教室黑板的照度均匀度,进行现场照度均匀度实验,对模拟教室内的 4 m×1 m 的黑板按 0.5 m×0.5 m 布点,使用照度计对各布点进行照度检测,如图 2.2 所示。

由于照度均匀度与两灯间距呈 U 形,因此本书将灯板间距、灯灯间距、有无反光板、灯管功率及灯灯间距的平方 5 个变量纳入黑板照度均匀度的多元线性回归模型,结果见表 2.2。

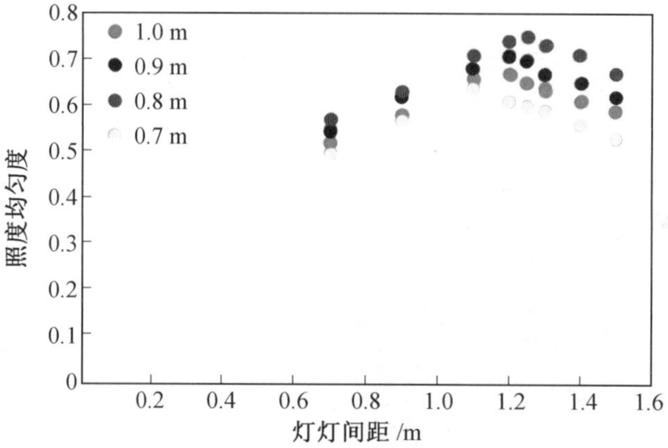

图 2.2 28 W 荧光灯、无反光板时灯灯间距对平均照度的影响[75]

表 2.2 黑板照度均匀度的多元线性回归模型[75]

变量	B	t	p 值	B 的 95.0% 置信区间	容差	VIF
常量	-0.588	-6.159	0.000	-0.778 ~ -0.398	—	—
灯板间距	0.339	11.286	0.000	0.279 ~ 0.399	0.92	1.087
灯灯间距	1.712	8.502	0.000	1.311 ~ 2.113	0.007	133.54
反光板	0.072	8.318	0.000	0.055 ~ 0.089	0.532	1.88
灯管功率	0.016	3.486	0.001	0.007 ~ 0.025	0.656	1.525
灯灯间距 2	-0.778	-7.654	0.000	-0.98 ~ -0.575	0.007	136.354

注：VIF 代表方差膨胀因子(variance inflation factor)。

由实验结果可知，灯板距离为 1 m 时均匀度最佳，有反光板时均匀度更高。因此，设定条件为：灯板距离为 1.0 m、灯灯间距为 1.04 m，均值为 1.03 m，有反光板，采用 36 W 荧光灯。以上条件参数代入多元线性回归模型后，得出 4 种因素的最佳组合方式的均匀度为 0.837[77]。

(3) 自然采光系数(DF)。我国目前自然采光规范中主要使用的评估参数是自然采光系数，其定义为：室内给定水平面上某一点，在 CIE 全阴天天空模型条件下，天空漫射光所产生的光照强度和同一时间、同一地点在室外无遮挡水平面上，所产生的光照强度的比值[75]。对于工作场所来说，较为理想的采光系数在 5% ~ 10% 之间。

采光系数有简单易用的优点，但也存在着一定的局限：①未包含非全阴天天空情况下的自然采光情况，而典型年天气数据显示，哈尔滨地区全阴天情况仅占全年的 7%，可见采光系数并不能表征全年天气的动态特征。②即使在全阴天的情况下，当云量变化大时，自然采光系数变化也会比较大；在实地测量期间发现，当一片云滚动飘过时，几秒钟之内，自然采光系数变化很大。③自然采光系数未考虑建筑朝向，且无法考量季节与时间因素。④当自然采光和人工照明混合时，自然采光系数无法描述室内光环境。⑤自然采光系数只能量化水平面的自然光分布，对室内垂直面的自然光分布，比如视野情况和可能产生的眩光及遮阳设施等无法评估。

运用 DIVA 通过网格细分得到的采光系数模拟结果，可以达到更为理想的精确度。采光系数的模拟结果以不同颜色进行区分，其中采光系数越低颜色越偏冷色，采光系数越高颜色越偏暖色。运用 DIVA 进行某经堂中心的光环境模拟结果表明：日常阅读区域的采光系数较高且相对均匀，为 0.2% ~0.3%；中心前部区域采光系数次之，为 0.1% ~0.2%；周边区域采光系数较低，接近于 0（图 2.3）。

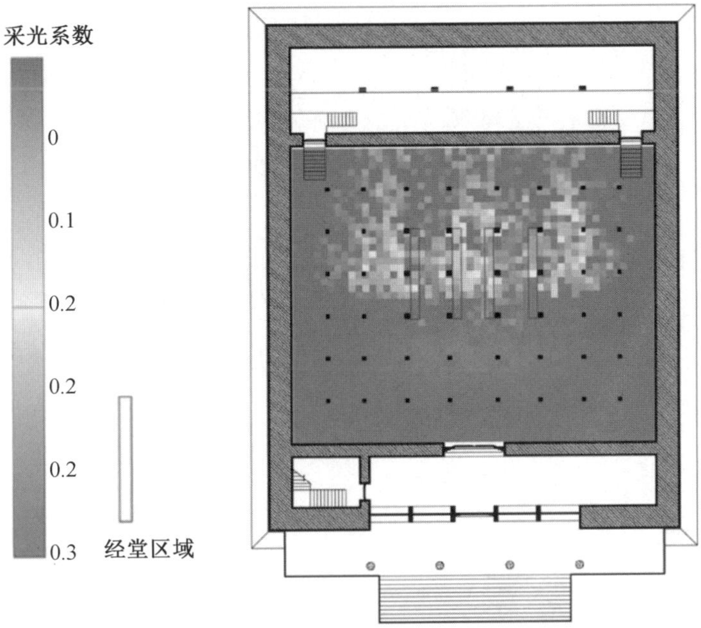

图 2.3　应用 DIVA 表达经堂室内采光系数模拟结果[74]

近年的研究表明：以自然采光系数作为评估标准，即便在以多云天气为主的气候区，误差也比较大。对于描述自然光的气候性与多变性，自然采光系数明显有很多不足之处。《建筑采光设计标准》（GB/T 50033—2013）规定了办公建筑的采光系数的标准值（表 2.1），用于指导建筑采光设计。考虑到 DF 指标的局限性，本书选用动态光环境评价指标，并根据对哈尔滨地区光气候数据的实测，获得地域性光气候数据，使建筑采光分析更接近于实际情况。实测的具体方法及数据在第 2.4.1 节中详述。

自然采光系数的概念设定，决定其无法评价建筑空间内自然采光效果的优劣。自然采光系数是国家标准中保证建筑设计满足最低采光要求的强制性指标，但达到国标规定的 DF 标准值后，并不能通过比较 DF 值的大小来简单评价自然采光效果。

表 2.1 所列办公建筑的采光系数标准值所依据的室外设计照度值为 15 000 lx，适用于我国Ⅲ类光气候区，哈尔滨属于Ⅳ类光气候区，该值应乘以相应的地区光气候系数 K（取为 1.1）。

（4）统一眩光值（unified glare rating，UGR）。通常用统一眩光值来评价室内人工照明不舒适眩光。国家标准《建筑照明设计标准》（GB 50034—2013）规定：办公空间统一眩光值小于等于 19。关于眩光的评价指标将在本书第 2.2.2 节室内光热耦合环境性能一节中深入讨论。

（5）视野及视野范围。视野指的是在水平方向上左右各 60°，在垂直方向视平线以上 60°、以下 70°的区域，如图 2.4 所示。最敏感的视力是在标准视线每侧 10° ~ 30°的范围内，图 2.5 中圆圈表示最敏感视力区域，实线区域表示视野范围。

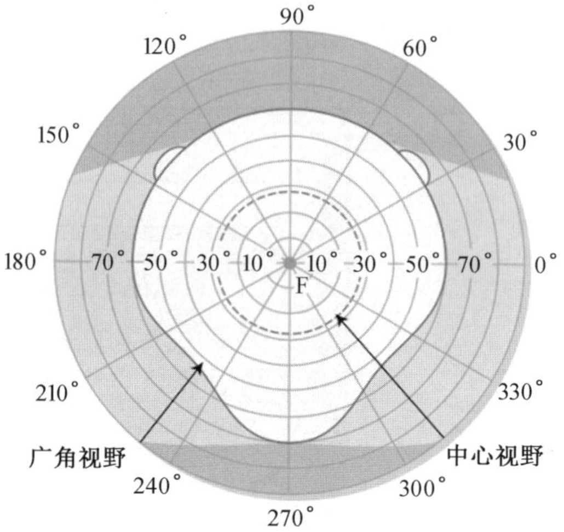

图 2.4　标准视线示意图

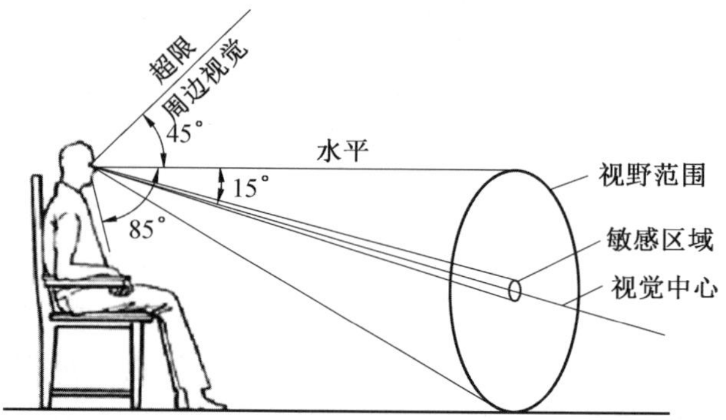

图 2.5　视野范围示意图[76]

LEED 指标中规定的视野范围是，为保证室内与室外环境的视线交流，室内常用面积的 90% 以上，应有透明围护结构在距装修地面 0.762 ~ 2.286 m 范围内[76]。该指标的缺陷：一是未考虑可视范围的质量，应与视野舒适度结合使用；二是未考虑视看类型、视野的优劣及视野内容；三是未考虑遮阳系统对视野的阻碍作用。

视野和视野范围也是光舒适性能的重要指标。对于房间特定点的照明来说，一个很重要的因素就是透过窗户所看到的天空的比例（天空直射光的入射角度）。窗户大小和位置，房间中的行为特征和主要视线方向都与光舒适性能相关。

阿联酋的塔贝特（Kheira A. Tabet Aoul）研究文化背景不同的人对工作场所窗户大小以及视野范围内不同景观的主观视觉感受，他建立了 1 ∶ 5 的中等规模办公室模型，进深为 8.5 m，面宽为 4.7 m，层高为 3 m。侧面墙壁被涂上亚光灰色，采用荧光灯做永久性的人工照明，地板铺有暗灰色地毯，窗口组件的模型是两组矩形滑动板，水平板的移动是对称进行的，因此不会让窗户偏离中心，而上下板的移动是独立的。这些板连接到计算机，通过步进电机直接记录数据。观察者可以通过模型孔径观察到模型里的窗户，在察看模型前，观察者必须调整他的视线高度直到与模型房间内坐高的视线高度相对应。观察者将他的头伸入模型房间中从房间另一端看向窗户（图 2.6）。

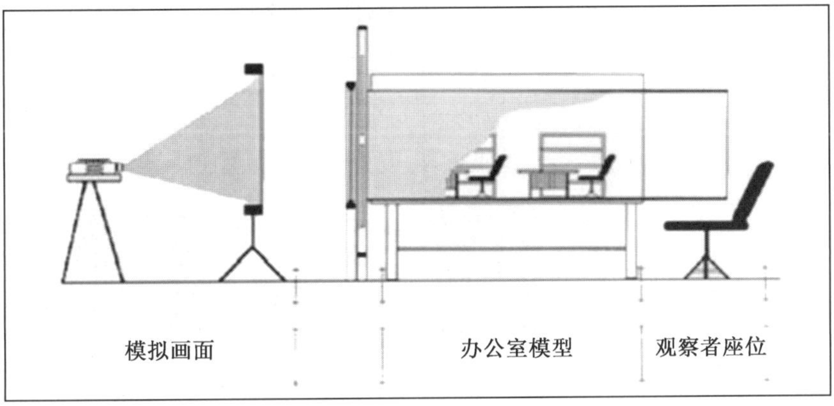

图 2.6　实验过程中的观察模型[77]

3 个不同的画面被展现在模型窗户后，这 3 张画面中天空和地面所占的比例有所不同，城市的尺度也不同。第一张画面是建筑立面，完全没有天际线，代表近景；而第二张画面有三分之一比例的天空、三分之一的城市景色和三分之一的地面，表示中景；第三张画面则有三分之二的天空和三分之一的城市景观，代表远景。这些选定的画面代表不同层次的建筑景观以及景观距离的远近（图 2.7）。

图 2.7　实验过程中的 3 幅不同场景画面[77]

50 名观察者分别来自温热带和亚热带地区，在进行观察前预先对窗口和画面进行设定，在固定的场景中改变窗户的大小，然后再变换场景重复实验，对观察者的感受进行问卷调查并做笔录。

再对实验数据进行分析处理，从而得到视野满意度的统计数据，如图 2.8 所示。也可以说，视野和视野范围主要依靠人们的感受及评定，一般情况下依靠经验或通过调查问卷得到满意度数据。

指标		最小可接受窗户尺寸			最佳视觉感受的窗户尺寸		
窗户	观察组	场景 1	场景 2	场景 3	场景 1	场景 2	场景 3
测试数量	Hc	34	34	33	17	17	17
	Tc	38	40	38	17	17	17
窗宽 /m	Hc	1.58	1.66	1.72	2.47	2.47	2.75
	Tc	1.7	1.76	1.76	2.1	2.26	2.72
窗高 /m	Hc	0.98	1.07	1.01	1.28	1.29	1.32
	Tc	1.13	1.31	1.08	1.38	1.51	1.44
窗台高 /m	Hc	0.89	0.81	0.56	0.75	0.79	0.54
	Tc	0.84	0.62	0.58	0.6	0.65	0.39
窗上沿 /m	Hc	1.86	1..88	1.57	2.03	2.08	1.86
	Tc	1.97	1.93	1.66	1.98	2.16	1.82
面积 /m²	Hc	1.66	1.91	1.82	3.18	3.23	3.67
	Tc	2.03	2.33	1.98	2.88	3.46	3.9
高宽比	Hc	0.67	0.7	0.65	0.53	0.84	0.49
	Tc	0.7	0.84	0.72	0.7	0.70	0.57
窗墙比 /%	Hc	12	14	13	24	24	27
	Tc	15	17	15	21	26	29

图 2.8　实验统计数据[77]

以上静态光环境评价指标还不能充分地表征光舒适性能，从表 2.3 不难看出：静态光环境评价指标简单、直观，便于计算，适用于一般情况下的指标控制，是重要的光环境评价指标；但静态指标无法区别评价在不同的气候因素影响下，光环境性能的差异，无法区别千差万别的建筑类型以及建筑的不同使用方式，更无法评价辅助采光系统等各种技术性措施。因此，只依靠静态光环境评价指标是远远不够的。

表 2.3　静态光环境评价指标

评价指标	优势	不足
DF	便于计算，适合用于法规控制	(1) 以 CIE 全阴天天空模型为基础，未考虑建筑所处的气候条件； (2) 未考虑建筑类型、朝向、位置等情况； (3) 只考虑最不利情况，无法评价满足标准以上的照度； (4) 无法评价眩光或辅助采光系统(如遮阳)的影响
U_0	简单、便于计算，适合用于法规控制	只能简单评价空间环境的照度均匀程度； 人工照明与自然采光分别评价，无法考量整体性能
UGR	避免产生直射眩光，保证人工照明质量	采用的不舒适眩光指数是静态的，仅针对人工照明

续表 2.3

评价指标	优势	不足
视野范围	强调视野范围的重要性，使室内具有良好的视野	(1) 未考虑视看范围的方式与质量； (2) 未考虑建筑类型、朝向、位置等具体情况； (3) 无法评价辅助采光系统(如遮阳)

2.2.1.2　动态光环境评价指标

为了弥补静态光环境评价指标的不足，更准确地描述具体的光环境特征，需要提出动态光环境评价指标。

(1) 自然采光满足率(DA)。1989 年，Association Suisse Des Electriciens 首次提出自然采光满足率这一概念来评价建筑利用自然采光的能力，其初始概念为，仅依靠自然采光即可满足工作面最小照度要求的时间占全年建筑使用时间的百分比。最小照度根据使用功能和采光标准确定。2001 年，Christoph Reinhart 对该参数做了一定的改进[78]。然而，自然采光满足率无法全面评价室内的光环境：一方面，DA 不能反映某一时间实际照度低于最小设计照度的量，因此需要连续自然采光满足率来描述低于设计照度部分的照度分布情况；另一方面，DA 不能反映某一时间实际照度超过设计照度的量，而超过太多很可能引起眩光，此时的实际照度也是无法正常使用的，因此需要 UDI 指标来描述超过设计照度以致足以引起眩光的部分。

图 2.9 所示为针对经堂区域内水平照度达到 50 lx 时长进行的模拟结果参数化表达，其时间长度以百分数表示。其中自然采光满足率越低颜色越偏冷色，自然采光满足率越高颜色越偏暖色。以 50 lx 为标准，在早 8 时至晚 6 时的使用时间内，经堂内各区域在部分时间内可达水平照度 50 lx，核心阅读区一半时间可达到此数值，其南侧有近 1/3 时间达到，其余周边区域自然采光满足率接近于 0，且阅读区南侧光环境更为均匀，北侧光环境亮度对比较为强烈。若以 100 lx 为标准，使用时间内，中心区域有 30% 的时间水平照度能够达到 100 lx，其余周边区域自然采光满足率接近 0。当自然采光满足率的照度标准提升为 200 lx 时，经堂内整体的自然采光满足率均趋于 0。由此可以看出，该经堂中心区域采光较好，且中心区域南侧多为散射光到达，分布较为均匀，中心区域北部多为直射光到达，光环境亮度对比较为强烈。

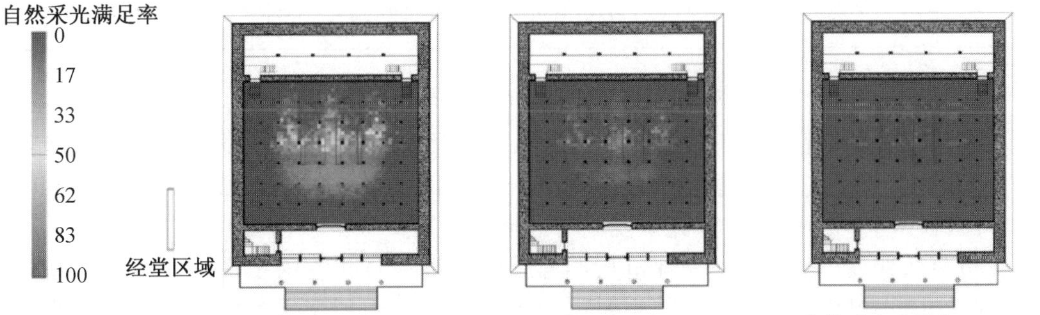

自然采光满足率 (50 lx)　　自然采光满足率 (100 lx)　　自然采光满足率 (200 lx)

图 2.9　应用 DIVA 表达室内 DA 的模拟结果[74]

(2)连续自然采光满足率(DA_{con})。这是 Rogers 在自然采光满足率的基础上引入的新概念,用以描述某一时间实际照度对最小设计照度的满足程度,当自然光照度小于最小设计照度时,DA=0,而 DA_{con} 用权衡系数评价其满足程度。例如:最小设计照度 E_{min} = 450 lx,实际照度 E=300 lx,DA_{con}=300 lx/450 lx=0.67。显而易见,DA_{con} 表述实际照度与最小设计照度的差别幅度;DA 则只考虑满足或不满足两种情况。因此,当自然采光结合的照明控制方式是连续控制或开关控制时,自然采光节能率计算方法不同。如上例:连续控制时 DA_{con}=0.67,人工照明补足部分为 1-0.67=0.33;而开关控制全部采用人工照明,此时 DA=0。

连续自然采光满足率 DA_{con} 和自然采光满足率 DA 的应用对比如图 2.10 所示,该实例的介绍可参见有效照度应用实例。

指标	南向		北向	
自然采光满足率分布	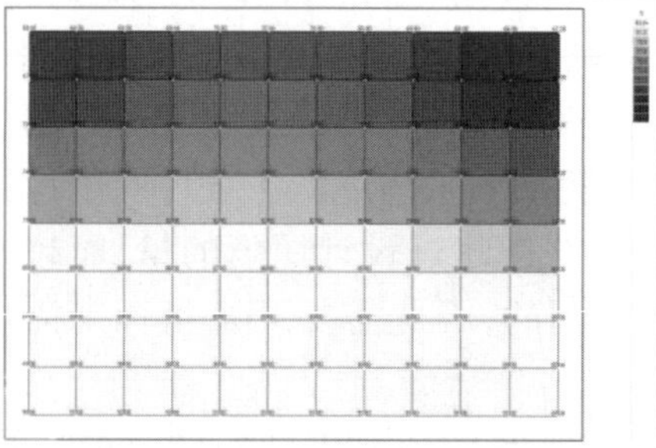		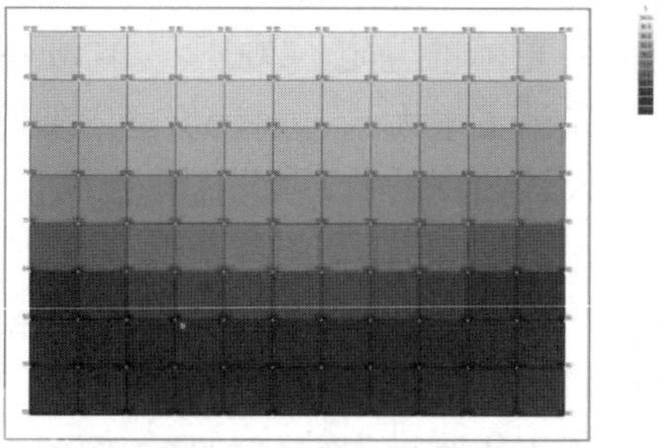	
	DA_{450}[平均]=79.31%	DA_{450}[50%]=100%	DA_{450}[平均]=73.35%	DA_{450}[50%]=100%
连续自然采光满足率分布	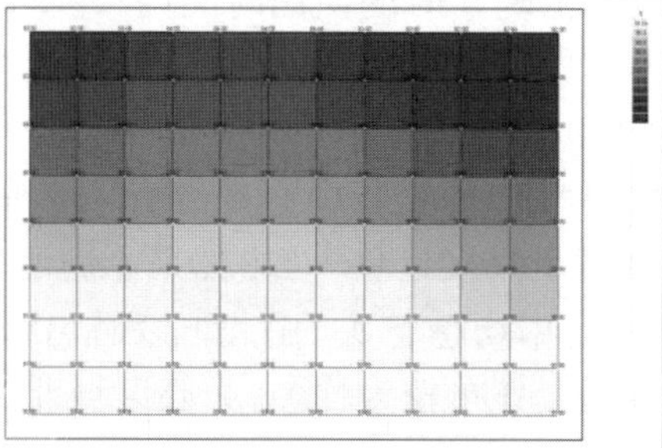		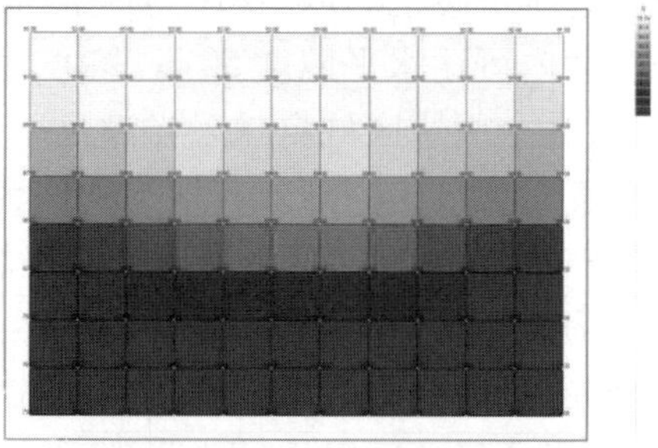	
	DA_{con}[平均]=87.69%	DA_{con}[50%]=100%	DA_{con}[平均]=85.53%	DA_{con}[50%]=100%

图 2.10　典型教室自然采光满足率 DA_{450} 及连续自然采光满足率 DA_{con}[79]

图中 DA_{450} 与 DA_{con} 呈现相似的分布情况,DA_{450}[50%]与 DA_{con}[50%]均基本达到了 100%,说明南、北两个朝向采光量较为充足。南向 DA_{450} 与 DA_{con} 的平均值则略高于北向,表明典型教室空间南向的自然光照要高于北向。

(3)有效照度(UDI)。这一评价指标考虑到了某一时间室内工作面实际照度超过设计照度并可能引起眩光的部分,其主要用于评价室内空间动态采光质量。该指标表达的是一个范围值,在这个范围内,认为室内工作面照度水平满足要求,Nabil 和 Mardaljevic 在 2005 年针对办公空间的评价提出的有效照度范围值为:100 lx<UDI<2 000 lx。100 lx 以

下室内工作面照度严重不足，2 000 lx 以上可能引起眩光，对室内光热环境形成不利影响[80]。对办公建筑有效照度应分别计算 100 lx 以下、100 ~ 2 000 lx、2 000 lx 3 个区间在一年中各自占有的时间百分比，以此来评价室内的光环境质量。

有效照度的应用实例：山东建筑大学高金锋采用 Ecotect 软件作为建模软件，建立方向为正南正北的济南地区典型高校教室空间的基础模型，采用美国能源部网站中的全球气象数据库的气象数据，应用于 Daysim 生成以小时为单位的济南地区全年天然光气象数据，对简化的济南地区典型教室模型进行全年光环境动态模拟，研究典型教室空间天然采光水平与光环境相关参数的关系，并通过控制变量的方式，以采光系数、采光量、连续采光量、最大采光量、有效照度等为评价指标，对每个变量做横向对比评价，从而研究不同变量与室内光环境的横向变化。有效照度的模拟结果如图 2.11 所示。

指标	南向		北向	
有效照度	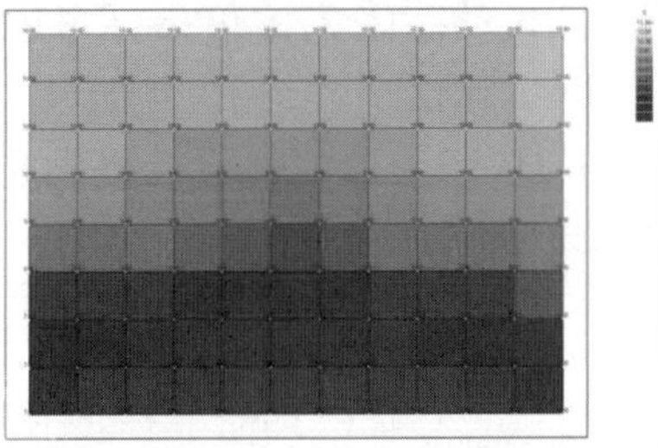		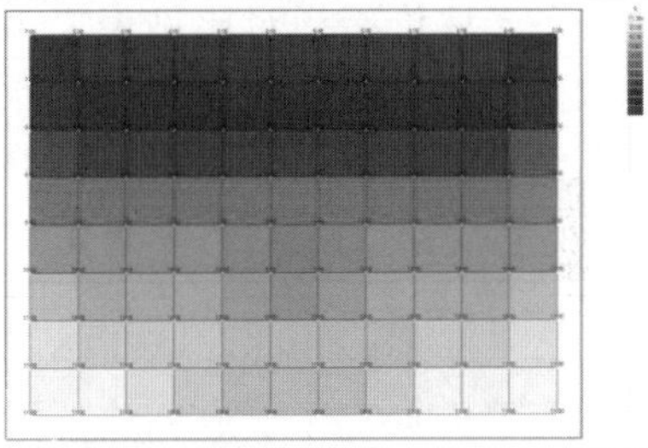	
	$UDI_{<100}$[平均]=8.45%	$UDI_{<100}$[50%]=0%	$UDI_{<100}$[平均]=8.76%	$UDI_{<100}$[50%]=0%
	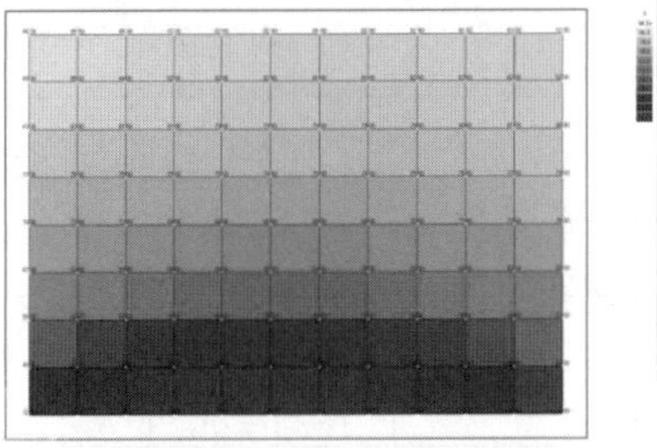		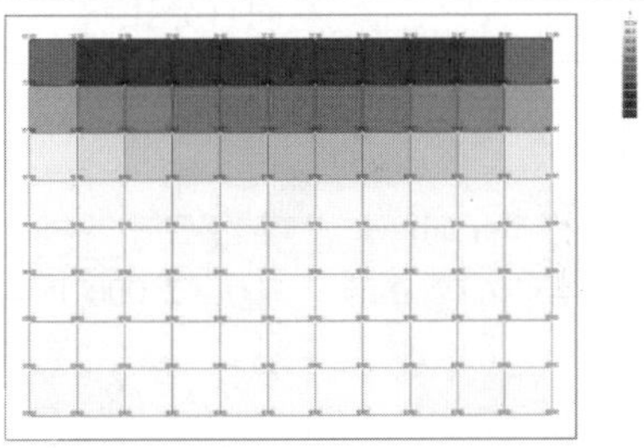	
	$UDI_{100-2000}$[平均]=59.95%	$UDI_{100-2000}$[50%]=68.52%	$UDI_{100-2000}$[平均]=78.03%	$UDI_{100-2000}$[50%]=83.33%
	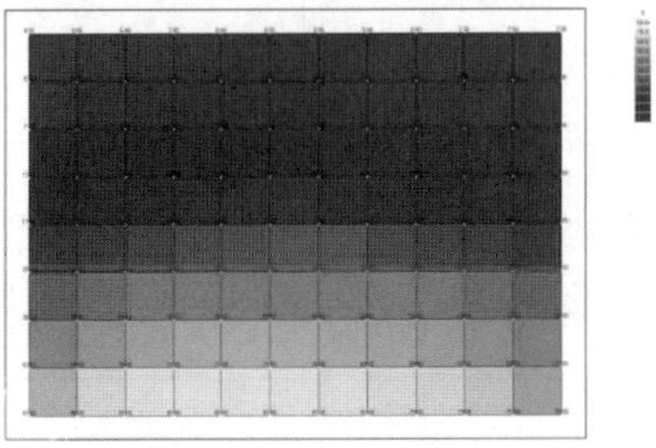		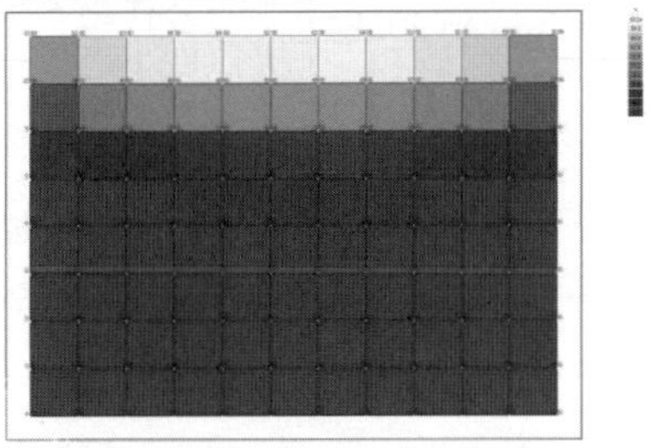	
	$UDI_{>2000}$[平均]=31.56%	$UDI_{>2000}$[50%]=27.78%	$UDI_{>2000}$[平均]=13.14%	$UDI_{>2000}$[50%]=10.19%

图 2.11　典型教室有效照度的模拟结果[79]

根据图2.11,南、北向典型教室有效照度UDI的分布情况差异较大。北向 $UDI_{100\text{-}2000}$ 值大于50%的面积达到了83.33%,高于南向的68.52%,北向 $UDI_{>2000}$ 值大于50%的面积仅10.19%,远低于南向的27.78%,表明南向近窗处存在更多的过强光照,北向可利用自然光更稳定。

(4)空间自然采光满足率sDA及ASE。2012年,IES会议上提出了两种新指标:sDA300/50%及ASE1000/250 h,它们在DA概念的基础上扩展了时间度量,并加入了空间因素。sDA描述的是室内空间环境中天然光照度的分布水平,sDA300/50%定义为"分析区域中,所有水平照度计算点中,有多少百分比的计算点在50%以上的年占用时间,满足300 lx的天然光照度水平";ASE描述室内环境中日照水平年度充足性的程度,ASE1000/250 h定义为"分析区域中,所有水平照度计算点中,有多少百分比的计算点年占用绝对时间阈值为250 h以上,满足1 000 lx的天然光照度水平"。

动态采光评价指标对比见表2.4,不难看出,动态采光评价指标考虑到不同气候区的特点;以1 h为步长,反映全年照度水平,贴近实际情况,实用性明显提高;这类指标不仅考虑了采光辅助系统的作用,还可评价其优劣,从而为低能耗设计提供支持。

表2.4 动态采光评价指标对比

指标	提出者	概念	特点
DA	Reinhart and Walkenhorst (2001)	全年工作时间中单独依靠自然采光能满足最小照度要求的累积时间百分比	(1)全年指标,整体性好; (2)考虑不同天空类型,可用于CIE及Pereze,适用性强; (3)只有下限,未考虑到眩光问题
UDI	Mardaljevic and Nabil (2005)	全年工作时间中自然光照度在100~2 000 lx之间的累积时间百分比	(1)全年指标,步长为每小时; (2)反映节能潜力,适合用于照明能耗评价; (3)反映不舒适自然采光照度水平,控制眩光
DA_{con}	Rogers(2006)	采用权衡系数的方式来考虑自然光照度小于最小设计照度的部分	弥补DA忽略下限以下照度的缺陷,用权衡系数法补充下限以下部分照度值的节能贡献量
sDA	IES会议 (2012)	拓展时间度量加入空间因素,可简单评价空间自然采光的总体质量	加入空间因素,可用空间占用时间阈值来体现天然光照度的空间分布

2.2.1.3 阳光直射指标:ALE、SD、SBI、STOT简介

年度暴光度(annual light exposure,ALE)是Reinhart等人于2006年提出,来评价空间包含光敏感艺术品或易受辐射损伤材料的光环境性能指标[81],考虑各点上可见光的年度累积量,CIE推荐石材、陶瓷、丝绸和敏感颜料等材质的艺术品使用ALE指标进行保护。

Darula 等人于2015年提出日照时数(sunlight duration,SD),以无量纲单位表示日照持续时长,即从日出到日落的日照时数与天文日长的比率[81]。Mardaljevic 和 Roy 于2016年提出阳光折射指数(sunlight beam index,SBI),指通过窗口的阳光光束的横截面积,取决于窗口的日光照射面积、太阳入射周期和太阳入射角,SBI 与全年时间耦合后即得到年度阳光折射指数(annual sunlight beam index,STOT)[82]。阳光直射指标的概念均为年度积累,属于动态指标范畴。

本书主要讨论室内光环境,阳光直射指标只作为了解。

2.2.1.4 天然光模型算法演进

(1)静态采光系数法。1911年,Trotter 首次提出采光系数(DF),概念定义见式(2.3)。

$$\mathrm{DF}=E_{\mathrm{i}}/E_0 \tag{2.3}$$

式中 E_{i}——室内给定水平面上某一点的由全阴天天空漫射光所产生的照度;

E_0——同一时间室外无遮挡水平面上由全阴天天空漫射光所产生的照度。

其将天然光分为 SC、IRC 与 ERC 3 个部分[83],采光系数法是最早的光环境评价方法之一,由于计算量小,至今仍被广泛使用。1923年,Waldram 首次提出使用实测方法以表格形式计算单点 DF;1928年,Frühling 提出了 DF 的经验计算公式,由于计算能力有限,对 ERC 部分进行了大幅简化;1954年,Dresler 整合考虑了 SC、IRC 与 ERC 3 个部分[84],计算量较大,计算过程耗时很长;同年,Hopkinson[85] 和 Tregenza[86] 分别提出光线分流原理(split-flux principle)应用于计算水平和垂直方向障碍物影响下的 IRC,大幅减少了计算量,节约了计算时长;1981年,Bryan 和 Clear 提出了阴天和晴天不同情况下 SC 的计算公式。1994年,Muneer 和 Angus 提出了多种天空亮度分布情况下 SC 的计算公式。

采光系数有简单易用的优点,但也存在着一定的局限:仅考虑全阴天天空情况下水平面自然采光情况,未考虑建筑朝向、位置、季节、人工照明与天气云量变化等因素。自然采光系数只能量化水平面的天然光分布,对阳光直射和可能产生的眩光以及遮阳设施等无法评估。采光系数 DF 的概念决定其无法评价建筑空间内天然采光效果的优劣,适于提供快速采光条件的估算,更适合作为保证建筑设计满足最低采光要求的强制性指标。但对于室内光环境的动态评价需要在较长时间内对多种天空条件下的多次重复计算产生数以万计的数据,因此在此基础上,很多学者求助于其他算法,Mardaljevic 于2000年提出了日光系数法应用在光环境计算中[87],天然光模型算法的拓展改变了早期光环境预测耗时长、计算量大、设备要求高等问题,使光环境预测工具应用于设计实践成为可能。

(2)动态日光系数法。1983年,Tregenza 和 Waters 首次引入自然采光(daylight coefficient,DC)概念用于加速不同天空条件下的光环境计算[77],将天空半球划分为若干个天空面元,认为室内给定的某点 P,必与某一天空面元相对应,日光系数 DC 可以描述 P 点照度与某面元间的关系,即

$$\mathrm{DC}_i=\frac{E_i}{L_i\Delta S_i} \tag{2.4}$$

因此,整个天空在 P 点形成的照度可用式(2.5)和式(2.6)表示:

$$E = \sum_{i=1}^{n} \mathrm{DC}_i \cdot L_i \cdot \Delta S_i \tag{2.5}$$

$$E = \sum_{i=1}^{n} \mathrm{DC}_i \cdot L_i \cdot \Delta S_i + \sum_{j=1}^{n} \mathrm{DC}_j \cdot L_j \cdot \Delta S_j + \sum_{k=1}^{n} \mathrm{DC}_k \cdot L_k \cdot \Delta S_k \tag{2.6}$$

式中　S_i——第 i 个天空面元的立体角(°)；

L_i——第 i 个天空面元的亮度(cd/m^2)；

E_i——第 i 个天空面元在该点形成的照度(lx)。

Tregenza 比较了光线分流和其他算法后，发现使用蒙特卡洛统计抽样(Monte-Carlo statistical sampling)技术，如光线追踪法(raytracing)，在复杂天空情况下计算效率会进一步提高。1992 年，Littlefair 使用光线追踪法减少了年度 DC 所需的计算量。2001 年，Reinhart 和 Walkenhorst 进一步发展了日光系数法[88]，将整个天穹细分为 145 个天空面元，选用 3 个附加面元表示地面反光，选取 65 个太阳位置代表直射日光，用矢量 $\boldsymbol{D}=[\boldsymbol{D}_1, \boldsymbol{D}_2, \cdots, \boldsymbol{D}_n]$ 表示 N 个天空面元的日光系数，用矢量 $\boldsymbol{E}=[E_1, E_2, \cdots, E_m]^{\mathrm{T}}$ 表示室内照度，则日光系数 $\boldsymbol{D}$ 可写成 $m \times n$ 矩阵(2.7)。至此，从理论上讲，日光系数法计算室内照度适用于任意天空状态，见式(2.8)。

$$\begin{bmatrix} E_1 \\ E_2 \\ \vdots \\ E_m \end{bmatrix} = \begin{bmatrix} D_{11} & D_{12} & \cdots & D_{1n} \\ D_{21} & D_{22} & \cdots & D_{2n} \\ \vdots & \vdots & & \vdots \\ D_{m1} & D_{m2} & \cdots & D_{mn} \end{bmatrix} \times \begin{bmatrix} S_1 L_1 \\ S_2 L_2 \\ \vdots \\ S_n L_n \end{bmatrix} \tag{2.7}$$

$$E = \sum_{i=1}^{145} \mathrm{DC}_i \cdot L_i \cdot \Delta S_i + \sum_{j=1}^{1} \mathrm{DC}_j \cdot L_j \cdot \Delta S_j + \sum_{k=1}^{65} \mathrm{DC}_k \cdot L_k \cdot \Delta S_k \tag{2.8}$$

虽然计算比采光系数法更为复杂，但日光系数法提供了比采光系数法更高的准确性[89]。多项研究表明使用日光系数法，结合反向光线追踪和 Perez 全气候天空，可以进一步精确预测室内光环境，相对误差低于 20%～25%[90-91]。

(3)基于地域性光气候的天然光建模法。在日光系数法的基础上，Mardaljevic[92]及 Reinhart[93]等人于 2000 年提出了基于地域性光气候的天然光建模方法(CBDM)，相比于早期的算法，该方法实现了天空亮度分布的可变性，可使用局地典型天气数据，并且实现了整合考虑地域、开口结构、朝向、形态、周围环境及材料的光学特性的可变性[94]。从这个意义上讲，CBDM 可以用于描述由于持续变化的天气条件而引起的全年室内光环境性能，且随着云计算的出现及数据处理能力的进步[95]，以及算法进一步简化的支持，可使模拟工具在可接受的时间范围内提供更精确的结果。

然而，随着越来越多对于眩光[96-97]、天然光的非视觉效应[98-100]以及新评价指标[101]的研究，基于地域性光气候的天然光建模方法面临着很大挑战，以目前算力无法在合理时间内进行年度模拟。为了避免直接和间接计算量的增加，在传统的 CBDM 方法的基础上发展出了更有效的简化算法，如四分量法(4-component，4-CM)、Daysim 法等。

CBDM 技术特征：

①地域性特征。CBDM 的地域性特征首先体现在天空亮度分布的可变性，可使用局地典型天气数据，包括 CIE 标准天空、Perez 全气候天空，并且可以在 CBDM 的基础上根据

用户需求自行编写使用图像数据的 IBL(image based lighting)天空模型[102]。在天空亮度可变的同时,CBDM 的地域性特征还体现在可使用具体建筑模型,精确到朝向、形体凸凹、材料、梁柱结构的遮挡等,甚至于城市环境、其他建筑或树木的遮挡都可以整合纳入计算,使得光环境模拟计算成为现实,可以描述持续时间内由于局地天气条件和建筑特征而引起的全年室内光环境性能变化。

②准确性特征。气候数据是光学计算的基础,以 CIE 标准天空为例,输入数据仅为项目地点、测试时间,通用天空模型下的采光模拟存在明显的误差,究其原因主要为标准天空出现的频次并不均等,不能代表实际的天况,且存在解析率低、需求环境建模等问题。CBDM 采用 IWEC /CSWD 源气候数据,此类天气数据是气象部门综合某地区数十年天气数据综合后得出,数据可靠性有了较大的改善。

③高效率特征。由于以上 CBDM 的地域性和准确性特征以及精细化设计的需求,CBDM 计算量激增,简化算法四分量法的核心概念是将天然光分解为 4 个部分:直射光、非直射光、镜面直射光和漫射非直射光,每个部分都采用不同的方法来增加精度,同时减少计算时间,每个方向分量都是经计算确定的。Radiance 软件使用四分量算法,是由美国劳伦斯伯克利国家实验室(Lawrence Berkeley National Laboratory, LBNL)于 1989 年开发的。Radiance 作为自然采光模拟计算引擎,被大多数既有建筑自然采光参数化模拟工具所整合,如 Groundhog、OpenStudio、Honeybee。Radiance 以蒙特卡洛采样和反射光线追踪算法为自然采光模拟核心算法,结合四分量法,基于辐照度缓存技术,可避免不可见点的间接计算资源消耗,而仅考虑可见点辐亮度计算,简化了计算流程,在保证计算精度的同时大幅减少计算耗时。计算时,Radiance 对直射阳光(direct sunlight)、直射天光(direct skylight)、非直射阳光(indirect sunlight)和漫射天光(indirect skylight)使用不同算法计算。直射阳光是从 2 056 个天空中均布的点光源获得的;直射天光来自天空元的 900 个光源[103];对于漫射天光的随机计算,采用 Tregenza 提出的 145 天空元细分法来计算,天空亮度分布由 CIE 标准天空确定[104];非直射阳光是根据 Radiance 随机采样计算的,四分量算法增加了渲染效率,提高了计算精度。

Daysim 法是由 Reinhart 于 1998 年提出的插件工具,广泛应用于各种工具平台,如 DIVA for Rhino、Ladybug-Honeybee、SPOT。Daysim 算法中,通过 65 个相关点来计算太阳光部分的亮度,通过插值最接近的 4 个点来代表太阳位置,估算太阳亮度;对于天光部分,采用 Tregenza 提出的两阶段法中的 145 天空元细分法来计算;天空光部分采用 3 点天空元法,天空亮度分布由 Perez 全气候天空模型确定。在 Radiance 的四分量算法的基础上,Daysim 算法将所有计算元储存,可以一次运行完成 DC 的计算,保证计算精度的同时进一步减小了计算量(表 2.5)。

表 2.5　CBDM 简化算法特征总结

CBDM 算法	提出者及时间	太阳定位点	天空亮度分布
四分量法	Mardaljevic, 2001	2 056	CIE 标准天空
Daysim 法	Reinhart, 1998	65	Perez 全气候天空

CBDM 的技术流程：基于 CBDM 建筑光环境性能模拟技术流程框架，首先进行建筑信息模型（包括建筑模型、建筑位置、周边环境描述等）及局地天空的参数化建构，进一步设置采光模拟所需的边界条件等相关参数，随后开展基于日光系数法的光环境模拟计算，最后将计算结果反馈至参数化模拟工具输入端，待设计者进行比较调整，并对数据进行可视化分析（图 2.12）。通过流程的正向运行可解决大量数据分析瓶颈，权衡人因评价体系中的各项性能指标；通过流程的实时逆向数据反馈，提高设计者对于设计过程的参与控制程度，保证方案的美学品质。

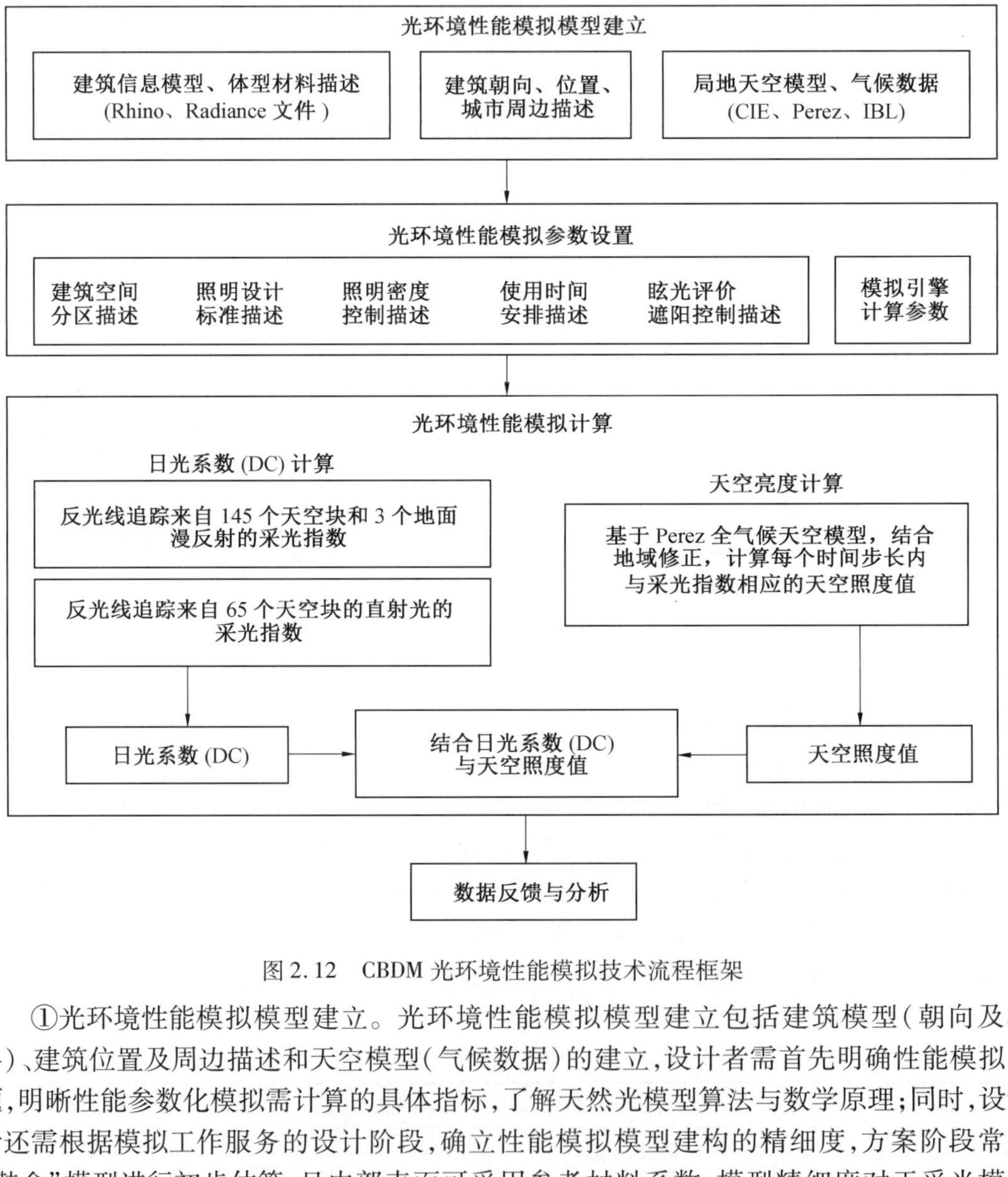

图 2.12　CBDM 光环境性能模拟技术流程框架

①光环境性能模拟模型建立。光环境性能模拟模型建立包括建筑模型（朝向及材料）、建筑位置及周边描述和天空模型（气候数据）的建立，设计者需首先明确性能模拟问题，明晰性能参数化模拟需计算的具体指标，了解天然光模型算法与数学原理；同时，设计者还需根据模拟工作服务的设计阶段，确立性能模拟模型建构的精细度，方案阶段常用“鞋盒”模型进行初步估算，且内部表面可采用参考材料系数，模型精细度对于采光模拟计算精度影响很大，模型越精细，计算精度越大，但建模时间和性能仿真计算耗时也越长。

②光环境性能模拟参数设置。采光模拟参数包括建筑空间分区、照明设计标准、照明密度及控制、使用时间安排、眩光评价及遮阳控制等边界条件参数，以及模拟引擎计算参数等，若性能模拟旨在服务方案创作阶段，其模拟计算引擎的反射次数宜设置为较低数值，以便高效率地对多方案进行自然采光性能比较。

③光环境性能模拟计算。光环境性能模拟计算分为采光指数技术及天空亮度计算两个部分，多由建筑性能模拟计算引擎自动执行，设计者需关注模拟计算过程中各阶段完成情况反馈信息，以便更好地理解建筑性能参数化模拟计算结果。模拟耗时受模型精细度、模拟参数设置、场景复杂程度等多因素影响。

④数据反馈与分析。模拟可将计算数据列表反馈至参数化设计平台，进行数据管理、编辑与可视化分析。反馈的数据能以时间维度进行数据列表，如全年逐时室内照度水平；也能以空间维度进行数据列表，如室内工作面逐点照度分布。计算性采光设计可基于性能参数化模拟反馈的数据列表，通过二维与三维绘图、伪彩图渲染等方式开展建筑性能可视化分析，为设计者提供更加直观的决策支持。

(4)小结。天然光算法模型的演进是技术的进步，并不是简单的淘汰和取代。比如DF指标以其计算量小、计算简便的特点至今仍在广泛应用。以上介绍的3种评价方法的特点、局限性及适用条件简单归纳见表2.6。

表2.6 天然光算法模型比较

天然光算法模型	特点	局限性	适用条件
静态采光系数法	使用简便，计算量小	未考虑建筑朝向、位置、季节、人工照明与天气云量变化等因素，无法评价眩光	提供快速采光条件的估算，适合作为保证建筑设计满足最低采光要求的强制性指标
动态日光系数法	准确性较高	计算复杂	较精确地预测室内光环境，结合反向光线追踪和Perez全气候天空，预测相对误差可低于20%～25%
基于地域性光气候(CBDM)的天然光建模法	准确性更高	建模、计算工作量大，专业性强，在采光设计中尚未得到广泛应用	用于描述全年室内光环境性能，通过模拟工具，提供更为精确的预测结果

2.2.1.5 室内光环境评价指标选择

室内光环境评价，从自然光的数量及质量上可区分为两个方面：一是自然光的量，主要体现在工作面水平照度的评价，评价指标有静态指标自然采光系数、照度及照度均匀度，动态指标有DA、DA_{con}等。二是自然光的质量，主要体现在亮度及视野舒适度的评价。评价指标有静态指标统一眩光值UGR、视野范围，动态指标有效照度UDI及眩光指数

DGP、DGI 等。关于眩光评价指标的选择将在第 2.1.4 节中通过实测来确定。

本书选择 DA、DA_{con}、UDI 来评价室内光环境性能。其中 DA 描述的是水平方向工作面照度值，办公空间的最小照度按照《建筑采光设计标准》(GB/T 50033—2013)中关于办公建筑侧面采光室内天然光照度标准值的要求，设定为 450 lx，辅助及公共空间的最小照度为 150 lx。DA_{con} 在照明控制方式为连续控制时替代 DA，以补充 DA 小于最小照度时，自然光对照度贡献度的考量。UDI 是简化评价室内自然光质量的物理量，对于办公建筑其有效值域设定为 100 ~ 2 000 lx。尽管室内自然采光用全年眩光指数比用 UDI 更能精准地反映室内的光环境质量，但由于全年眩光指数只能通过详细模拟来计算，且与热环境密切相关，故本书在光热耦合部分考虑眩光问题。有研究表明：UDI 识别环境中主观性负面评价的准确率可达 74%，对于光环境评价，这一准确率是可以接受的。因此，本书使用有效照度 UDI 来评价室内光环境，预测照明能耗更为适宜。本书中，照明能耗根据《哈尔滨市办公建筑信息调查》所得的不同朝向、不同功能空间的照明功率，运用 DIVA 软件对典型模型进行模拟计算得到 DA、UDI 值，再通过预测模型计算出照明能耗值。

传统光环境评价基于工作面水平照度的考量较多，往往忽视视野亮度、视野范围及视野舒适度，这一方面是因为传统工作面主要集中于水平面；另一方面也是由于垂直亮度涉及人眼的主观感受，评价体系复杂。在 2012 年前，国际上在评价指标和实测技术方面一直未达成共识，缺乏统一标准。办公设备的发展，诸如计算机的普及等使得垂直亮度及视野舒适度的评价越来越受到重视，随着相关研究工作的进展和技术的发展，垂直亮度和视野舒适度已成为采光设计的重要方面。

评价光环境舒适度，主要是对亮度即眩光的评价，眩光是指在视野范围内出现的不符合设计要求的光线。人眼在一定区域内对光环境的感知较为敏感，当这一区域出现亮度超过一定限值或亮度对比度超极限时，会对视觉产生干扰，分散人的视觉注意力。

2.2.2 室内光热耦合环境性能

室内光热耦合综合环境性能的问题主要表现为由阳光直射引起的眩光及环境过热，通过对现有眩光评价指标的分析，选定可能应用的眩光评价指标，再经现场实测、实地调查，确定适用于严寒地区办公建筑的光热耦合环境评价指标。

2.2.2.1 现有的眩光评价指标比较

眩光是建筑内部空间常出现的易引发视觉不舒适或事物可见度低的现象。这一现象是由于亮度的不均匀分布引起的，不均匀的分布乃至极端的亮度对比，无论在时间或空间维度方面均影响使用者的舒适感受，轻则影响视觉舒适程度，重则甚至产生厌恶情绪等心理危害或疲劳感等生理危害。

眩光是一种主观感受，受使用者对环境多方面因素感知的影响，以客观的评价指标来描述难度较大，比如老年人对眩光的敏感度比年轻人高。有研究表明：使用者不同的文化背景对眩光的评价也有影响，比如日本人较欧洲和美国人对于眩光的忍受度更高。目前使用的眩光评价指标有以下 7 种：

(1) the American visual comfort probability (VCP);

(2) the British glare index (BGI or IES glare index);

(3) the European glare limiting (EGL);

(4) the CIE glare index (CGI);
(5) unified glare rating system (UGR);
(6) daylight glare index (DGI);
(7) daylight glare probability (DGP)。

前 3 种用于评价人工照明产生的眩光,且仅限于来自水平方向(天棚)的人工照明光源,无法预测和评价来自垂直光源的眩光。其中 EGL 指标由于已证明不适用于现有照明系统及百叶,已停止使用。CGI 是提出一个指标来综合评价人工照明及自然采光性能的尝试,其公式包括两部分:一部分用来描述空间照度,另一部分用来综合计算眩光来源的位置、尺寸及严重程度。CGI 的优势在于同时考虑到了眩光来源和使用者的视觉适应性,适用于大空间有多个照明光源,即自然采光光源的情况。然而 CGI 也是失败的,由于其公式太过复杂,地域及个人因素的特异性限制较多,因此难以实现。为了开发一个既能保持 CGI 的优势又能在大部分地区使用的评价指标,CIE 又开发了 UGR。这是一个 CGI 的简化和相对普适性的版本,在 UGR 系统中,空间光环境评价又重新回到以照度为标准,放弃考虑个人因素的差异性和适应性,所以 UGR 又只适宜用来评价人工照明体系的眩光,其较前 3 个评价指标的优势在于可以计算来自多个包括垂直人工照明光源的眩光程度,适合用于实际建筑中人工照明系统的评价,也是我国规范中一直用来控制电气眩光的评价指标。

DGP 是近期国外建筑采光评价中采用较多的眩光指标,适用于外窗等大面积自然光采光光源。它对 DGI 的自然采光眩光预测公式做了部分修正,用于评价建筑采光眩光。其计算公式如下:

$$DGP = 5.87\times10^{-5}E_{\gamma} + 9.18\times10^{-2}\lg\left(1 + \sum_{i=1}^{n}\frac{L_{si}^{2}}{E_{\gamma}^{1.87}}\frac{\omega_{si}}{P_{i}^{2}}\right) \tag{2.9}$$

式中　E_{γ} ——人眼处垂直亮度;
L_{si} ——眩光源亮度;
ω_{si} ——光源入射立体角;
P_{i} ——光源位置修正指数。

除 EGL 外,其余评价指标的比较见表 2.7。

表 2.7　眩光评价指标综合比较

指标	提出者	目标	衡量标准	局限性	年份
BGI	Petherbridge Andhopkinson	小范围内光源(0.027°的立体角)	有感觉; 可接受; 不舒适; 无法忍受	限于极小的立体角; 没有考虑较大范围内的眩光源; 没考虑人眼适应性; 结果不稳定	1950
CGI	Einhorn	综合评价人工照明及自然采光性能的尝试	舒适<13; 刚刚不舒适 13 ~ 22; 不舒适 22 ~ 28; 无法忍受>28	过于复杂; 地域及个人因素特异性过多	1969

续表 2.7

指标	提出者	目标	衡量标准	局限性	年份
VCP	Luckiesh & Guthaccepted by CIE & IESNA	根据觉得舒适的实验者的百分比来评价照明系统是否可接受	20～85	仅限于来自水平(天棚)的人工照明光源； 实验仅限于荧光灯； 实验者主观个人因素受限	1983
UGR	CIE	综合 BGI 与 CGI，考虑多个电气照明光源产生的眩光，考虑到垂直光源眩光	舒适<13； 刚刚不舒适 13～22； 不舒适 22～28； 无法忍受>28	仅限于人工电气照明光源； 限定立体角为 $3\times10^{-4}\sim10^{-1}$	1992
DGI	R. Hopkinson	使用荧光灯作为实验光源，经过自然光及电气照明的验证	无法忍受>30； 刚刚无法忍受 28； 不舒适 26； 刚刚不舒适 24； 可接受 22； 刚刚可接受 20； 有感觉<18	不适用于平行窗； 不适用于直射光及镜面反射情况； 不考虑人眼的适应性	1963
DGP	Wienold and Christoffersen	基于德国和丹麦大量参与者的抽样调查，根据科学的控制测试条件	无法忍受>0.45； 不舒适 0.4～0.45； 刚刚不舒适 0.35～0.4； 可接受<0.35	考虑到垂直光源； 直射光及背景照度对比度较大时结果变化不敏感	2006

DIVA for Rhino 可针对某点进行实时眩光分析，得出设定视点下人的视觉舒适性。以 DGP 为评价指标，分析眩光来源、视觉对比度与整体亮度对视觉舒适度的影响。分析所用的场景照片由鱼眼镜头拍摄，通过多张同角度照片进行综合评估。逐时眩光分析应用到的 HDR 技术，是利用摄影方式将照片内包含的场景光信息用于光环境的数据分析。这种方法较易使用，且成本较低，所得到的图像信息像素高且范围广。从 HDR 技术所得到的数据信息包括图像中每个像素点测量矫正后在场景中的亮度值。HDR 技术还可通过连续的曝光量变化合成多张静态照片，从而对选中场景进行逐像素分析。这种分析方法能够对建筑内部空间的局部和全景进行亮度数据、光线分布等分析[105]。

DIVA for Rhino 能够进行实时眩光模拟，程序内部能够建立眩光指数模型，得出 DGP、DGI、VCP 等眩光评价指标的数值。图 2.13(b)可以获得眩光源亮度以及范围内的平均亮度。由图 2.13(c)可以看出此场景下的眩光情况，彩色区域是存在眩光的位置，主要集中于窗户及近窗位置。

(a) 渲染图　　(b) 伪彩图　　(c) 眩光分析图

图 2.13　DIVA for Rhino 光模拟图[106]

图 2.13 所示为 DIVA for Rhino 光模拟举例，(a)为 DIVA for Rhino 的场景渲染图，能够近似还原建筑空间内部的场景。(b)为伪彩图像(false color image)，它反映的是某一具体时间场景中的亮度分布，亮度最小为 100 cd/m^2，最大为 1 900 cd/m^2。(c)为某一具体时间场景的眩光分析图像。眩光分析是基于亮度进行评价，认为场景中亮度值超过 2 000 cd/m^{2}或者其他某一设定值时会出现眩光现象。有时眩光分析图中会存在多种颜色，根据亮度的不同颜色也不同。根据人对场景感受的不同，眩光可以分为不可察觉眩光(imperceptible glare)、可察觉眩光(perceptible glare)、受干扰眩光(disturbing glare)及无法忍受眩光(intolerable glare)，根据眩光评价指标所在值域的不同判定眩光程度(表 2.8)。如眩光评价指标 DGP 为 0.36，则认为存在可察觉眩光。

表 2.8　不同眩光评价指标的眩光程度

眩光感知等级	不可察觉眩光	可察觉眩光	受干扰眩光	无法忍受眩光
DGP	0.35 以下	0.35～0.40	0.40～0.45	0.45 以上
DGI	18 以下	18～24	24～31	31 以上
UGR	13 以下	13～22	22～28	28 以上
VCP	80～100	60～80	40～60	0～40
CGI	13 以下	13～22	22～28	28 以上

全年眩光计算与逐时眩光图计算使用类似的方法，通过使用全年的 Daysim 模拟数据来计算垂直人眼的亮度和环境亮度，并将预测结果与实测结果对比，进而对该空间内的光舒适情况做出年度评估。

图 2.14 是针对图 2.13 场景的全年动态眩光分析图，图中红色代表无法忍受眩光(DGP≥0.45)，橙色代表受干扰眩光(0.45>DGP≥0.4)，黄色代表可察觉眩光(0.4>DGP≥0.35)，绿色为不可察觉眩光(DGP<0.35)。从模拟结果可以看出，场景中全年存在的眩光问题较少，眩光问题严重的时间集中于 10 月中旬至次年 2 月中旬。由于冬季太阳高度角较低，因此眩光问题较为严重。

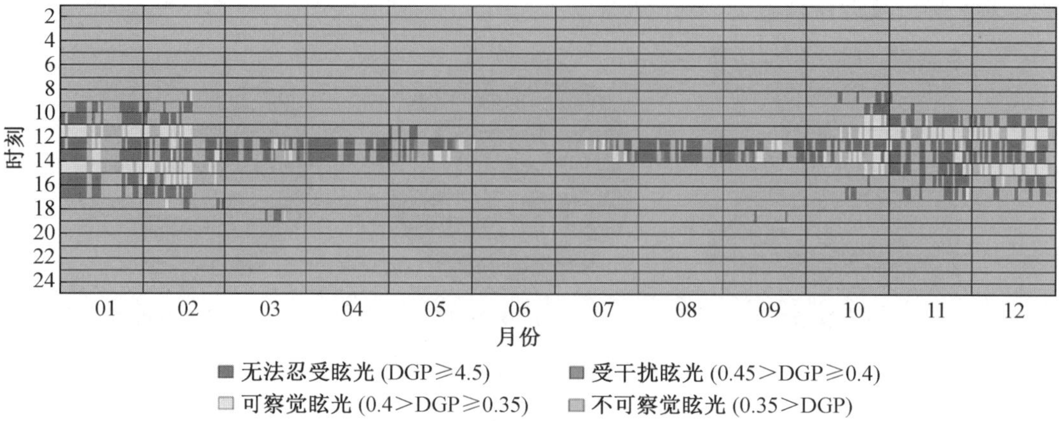

图 2.14　全年动态眩光分析结果

2.2.2.2　HDR-I 技术引入

目前光环境实测方法主要有两种，一种是使用光度仪、亮度仪进行现场实测，另一种是 HDR-I 技术。

HDR-I 技术是一种光环境性能实测技术，该技术利用数码相机拍摄光环境场景，根据数码相机成像及其他光学原理获取光环境参数。对大多数光环境进行性能实测，HDR-I 技术优于传统测试方法。在第 4 章的光环境评价指标确定以及第 6 章的模型边界条件验证中，多次应用此技术。

HDR-I 为高动态范围图像。所谓动态范围，是对数码图像中记录的最大光强度值与最小光强度值之间的比值取对数，即动态范围是“最亮”到“最暗”之间的亮度等级数，计算公式为

$$\text{dynamic range} = 10\ \lg\frac{\text{maxintensity}}{\text{minintensity}} \tag{2.10}$$

式中　dynamic ranger——动态范围；

intensity——光强度；

maxintensity——最大光强度值；

minintensity——最小光强度值。

比值的大小代表动态范围的大小。比值越小表示的亮度等级数越少，动态范围越小，包含的场景亮度信息也就越少，故高动态范围显示的图像层次丰富。一直以来，HDR-I 在计算机图形学中频繁应用，起到了重要作用。相对于传统图像技术，HDR-I 技术在图像处理方面有着巨大的优势。这是因为传统图像包括 256 个亮度级别，高动态范围高达 100 000 000 : 1，这表示传统图像中丢失了很多信息；与传统图像不同，HDR-I 用浮点数来表示像素值，可以将自然场景中的动态范围全部信息表示出来。HDR-I 像素值与实际场景亮度值是线性映射的关系，而许多图像处理算法中假定像素值和实际亮度值呈线性关系[107]，这为 HDR-I 后期数据处理带来了极大方便。因此，高动态范围图像可存储亮度、照度、色坐标、色温及眩光等光环境信息，并可通过技术处理提取。

1. HDR-I 的获取途径

HDR-I 的获取途径主要有 3 种，见表 2.9。

表 2.9　3 种高动态范围图像获取方式的比较

获取方式	图像获取过程	适用性	操作性	经济性
人工合成	模拟物理模型，人工合成	不适用于自然图像	操作复杂	设备价格相对较高
多次曝光法	分时曝光、图像合成、间接获取	仅适用于静态场景	操作简单	设备价格相对便宜
图像传感器捕获法	同时曝光、直接获取、系统复杂	适用于静态场景和动态场景	操作复杂	设备价格昂贵

(1)人工合成法。建立物理光照模型，并模拟光线，通过人工合成的方法，获得合成图像[108]，这一方法不能处理自然图像，主要用于早期 HDR 图像。

(2)多次曝光法。调整曝光时间，拍摄多张图像来计算实际亮度，得到 HDR 图像。这种方法操作简单，因此具有较好的应用价值，但它只适用于静态场景。为解决多次曝光法的合成误差，Malika 和 Debevec 提出改进方法，在精确知道连续 8 ~ 10 张图像曝光度的情况下，解决了当迭代约束条件精度设置较高时有可能出现的问题。对比验证结果表明，测试中使用的全部图像都能顺利收敛，从而得到最优解。

(3)图像传感器捕获法。使用专用设备来直接拍摄 HDR 图像[109-110]。

通过表 2.10 对比可知，对大多数光环境性能实测，HDR-I 技术优于传统测试方法。

表 2.10　传统测试方法与 HDR-I 技术对比表

项目	传统测试方法	HDR-I
测试方式	(1)用照度计测试照度； (2)用亮度计测试亮度； (3)用色度亮度计测试亮度、色坐标和色温等	对光环境场景拍摄多张 LDR 照片，获取数字图像后通过计算机软件提取并处理数据，获取亮度、色坐标、色温等数据
测试范围	(1)要求测试点与感光面重合，测试范围局限； (2)正确反映测点实际光环境参数	可记录任意视角范围内的光环境，被测试的点是连续的，测试空间可包含多个测试点
测试成本	普通设备的精度无法满足测试要求，能满足要求的测试设备成本高	低
测试方法评价	测试方法已相当成熟，经过校验	测试方法在国外使用较多，国内较少使用
测试工作量	被测目标面积较大、测点过多时，数据量大，给测试、记录、分析带来不便	即便测试一点数据，也要经计算机软件提取、处理数据，此时的工作量相对较大

续表 2.10

项目	传统测试方法	HDR-I
测试精确度	远距离测试精度不高，在某一测试范围内光环境差异较大时，测试误差较大	对亮度对比大的光环境测试误差大；由于数据提取软件的不同，测试获得的数据存在一定差异性
测试条件要求	对正在使用中的公共建筑难以实现测试，而非使用时间的测试又无意义。测试时测试工具有可能被遮挡干扰	对测试条件要求低

2. 获取 HDR-I 所需设备

获取 HDR-I 所需设备包括相机、镜头、三脚架和 Benro A1580F Tripod。使用相机和鱼眼镜头连续拍摄，将光圈固定在 3.5 的位置，改变快门的速度，拍摄 10 ~ 13 张，以取得不同曝光程度的照片，同时用测光仪器测试景框中的灰卡亮度并记录下来，以备在软件中矫正使用。

(1)相机选择。为保证测试的精度，应选择更恰当的镜头，故选用微单/单电、单反相机。单反相机分辨率都很高，相机有多种感光度，可以拍摄各种场景；光圈和焦距都有较大的可选范围，可拍摄的环境亮度、视野和距离较大，可以满足测试要求。在本书中，选用 Canon EOS 5D Mark II 作为测试设备。

(2)镜头选择。比较了鱼眼镜头视野与人眼视野范围，可以发现，鱼眼镜头的视野可以包含该角度下的人眼视野范围及敏感区域，采集到的环境信息较多，免去了多次拍摄的麻烦，避免了合成中的误差，故本书使用鱼眼镜头(型号为 Sigma 8 mm f/3.5 Fisheye Lens)来进行 HDR-I 的拍摄。

(3)合成软件选择。经比较，选用高动态范围图像的合成软件 Photosphere，这一软件可将不同曝光度的多张低动态范围(low-dynamic range，LDR)图像合成为一张 HDR-I，可保留完整光环境信息的 HDR 图像，并能生成伪彩图映射。

3. HDR-I 技术应用流程

HDR-I 技术应用流程可细分为五步：多曝光时间场景 LDR 图像的获取、相机刻度校准、镜头渐晕校准、相机亮度反应函数的确定和 HDR 图像合成。

(1)多曝光时间场景 LDR 图像的获取。多曝光时间场景图像即指拍摄多张不同曝光度的图片，本章连续拍摄的 10 张 LDR 图像如图 2.15 所示，这些图像涵盖了由最亮到最暗的场景全部信息，合成后的 HDR-I 如图 2.16 所示。Dr. MN Inanici 曾用现场实测的方法验证过这一技术的精确性。对处于自然光条件及其他各种条件下的 500 个实测点分别进行仪器测试和 HDR 图像拍摄，经合成后比较二者数据，平均误差率为 7.3%[111]。该研究证明：只要操作正确，HDR-I 技术的误差非常小。

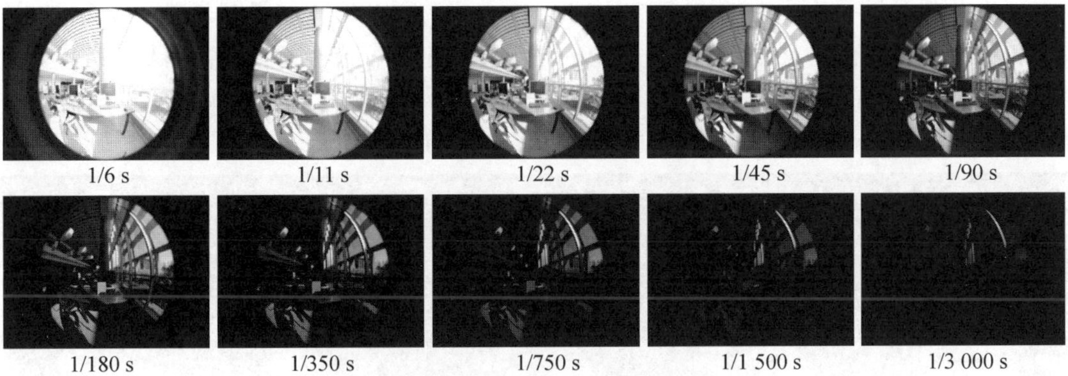

图 2.15　多曝光时间场景 LDR 图像的采集

图 2.16　LDR 图像合成得到的 HDR-I

(2)相机刻度校准(photometric calibration)。拍摄照片时相机的实际光孔大小每次不可能完全相同,这会产生微小的误差。还有,实际曝光时间不可能与相机快门速度完全一致,为避免以上误差,应使用相机生产厂家提供的刻度校准软件或数据进行校准。

(3)镜头渐晕校准(vignetting calibration)。鱼眼镜头产生图像采用的是等距投影的原理,等距鱼眼镜头会表现出明显的由中心轴发散的像素渐晕效果(图 2.17),因此为了得到准确的亮度分布,镜头渐晕效果校准是必要的(在等距鱼眼镜头中)。

图 2.17　渐晕效果示意图

(4)相机亮度反应函数的研究和 HDR 图像合成。每个镜头的渐晕函数是确定的,函数确定方法如下:首先,在没有自然采光的情况下,使用恒定电气照明,以目标灰卡为对象,拍摄多曝光时间场景 LDR 图像,经软件合成 HDR-I。相机每次旋转 5°,直至覆盖全部视角,每次拍摄都会得到一张 HDR-I 及目标灰卡的亮度(图 2.18)。

图 2.18　以灰卡为对象、以 5°为增幅的 HDR 图像

其次,将灰卡的亮度值输入 Radiance 工具箱 Pcomb 中,以便查找渐晕函数,并将其输入 Photosphere 中,以校正该镜头拍摄的 HDR-I。图 2.19 所示为光圈大小为 f/3.5 的 Sigma 鱼眼镜头的渐晕函数校准结果,深色为校准后。

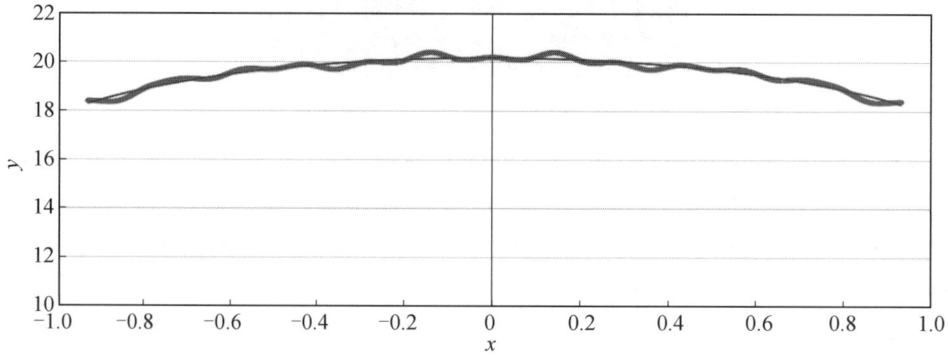

图 2.19　光圈大小为 f/3.5 的鱼眼镜头的渐晕函数校准

至此,HDR-I 的拍摄、合成及校准工作全部完成,HDR-I 技术应用于光环境性能实测流程如图 2.20 所示。

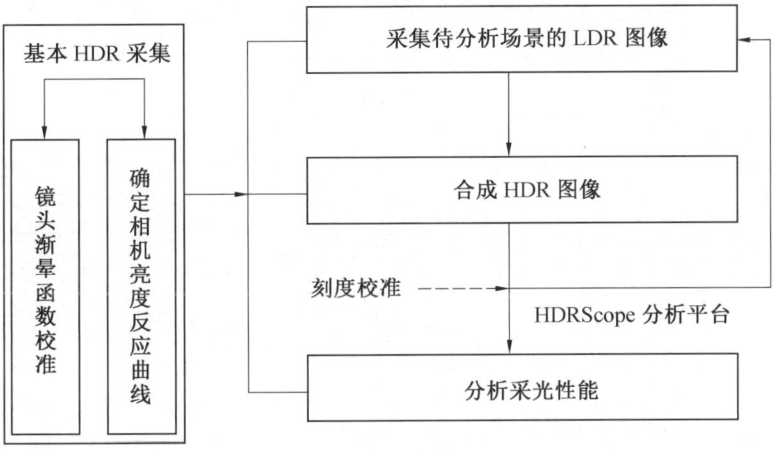

图 2.20　HDR-I 技术应用于专业光环境分析的流程

2.2.2.3　适用于严寒地区的眩光评价指标确定

通过以上讨论可知，只有 DGP、DGI、UGR 可作为评价自然采光的眩光参数指标。为比较上述 3 个评价指标在严寒地区的适用性，在哈尔滨某办公建筑选择 8 个可能产生眩光的场景作为实测点，拍摄 HDR-I 图片，并根据不同眩光亮度指标判断眩光程度，如图 2.21和图 2.22 所示；从 HDR-I 读取的各场景眩光指数 DGP、DGI、UGR 见表 2.11 和表 2.12；DGP、DGI、UGR 的眩光标准及比较见表 2.13 和表 2.14。通过表 2.14 分析比较上述 3 个指标的精准程度，以确定哪种评价指标更适用于严寒地区的眩光评价。

图 2.21　根据计算大于 3 000 cd/m² 眩光指数确定眩光

图 2.22　根据计算大于 7 倍平均亮度眩光指数确定眩光

表 2.11　根据计算大于 3 000 cd/m² 眩光指数确定眩光

视角	DGP_{3000}		DGI_{3000}		UGR_{3000}	
	数值	眩光感受	数值	眩光感受	数值	眩光感受
场景 1	0.30	不可察觉	21.30	可察觉	28.13	无法忍受
场景 2	0.20	不可察觉	13.57	不可察觉	18.71	可察觉
场景 3	0.21	不可察觉	16.01	不可察觉	19.81	可察觉
场景 4	0.05	不可察觉	inf	不可察觉	inf	不可察觉
场景 5	0.16	不可察觉	7.45	不可察觉	9.79	不可察觉
场景 6	0.22	不可察觉	19.26	可察觉	21.38	可察觉
场景 7	0.21	不可察觉	16.88	不可察觉	19.05	可察觉
场景 8	0.08	不可察觉	无限小	不可察觉	无限小	不可察觉

表 2.12　根据计算 7 倍眩光指数确定眩光

视角	DGP_{7X}		DGI_{7X}		UGR_{7X}	
	数值	眩光感受	数值	眩光感受	数值	眩光感受
场景 1	0.30	不可察觉	21.06	可察觉	27.94	受干扰
场景 2	0.21	不可察觉	15.00	不可察觉	20.25	可察觉
场景 3	0.23	不可察觉	19.43	可察觉	24.49	受干扰
场景 4	0.05	不可察觉	3.00	不可察觉	4.77	不可察觉
场景 5	0.17	不可察觉	11.84	不可察觉	14.84	可察觉
场景 6	0.21	不可察觉	18.32	可察觉	20.30	可察觉

续表 2.12

视角	DGP_{7X}		DGI_{7X}		UGR_{7X}	
	数值	眩光感受	数值	眩光感受	数值	眩光感受
场景 7	0.21	不可察觉	17.94	不可察觉	20.20	可察觉
场景 8	0.09	不可察觉	11.77	不可察觉	12.25	不可察觉

表 2.13　不同眩光评价指标比较

标准	DGP	DGI	UGR
无法忍受眩光(无法忍受)	>0.45	>31	>28
受干扰眩光(不舒适)	0.4 ~ 0.45	24 ~ 31	22 ~ 28
可察觉眩光(刚刚可接受)	0.35 ~ 0.4	18 ~ 24	13 ~ 22
不可察觉眩光(可接受)	<0.35	<18	<13

表 2.14　不同眩光评价指标比较

视角	DGP_{3000}	DGI_{3000}	UGR_{3000}	DGP_{7X}	DGI_{7X}	UGR_{7X}
场景 1	舒适	眩光	眩光	舒适	眩光	眩光
场景 2	舒适	舒适	眩光	舒适	舒适	眩光
场景 3	舒适	舒适	眩光	舒适	眩光	眩光
场景 4	舒适	舒适	舒适	舒适	舒适	舒适
场景 5	舒适	舒适	舒适	舒适	舒适	眩光
场景 6	舒适	眩光	眩光	舒适	眩光	眩光
场景 7	舒适	舒适	眩光	舒适	舒适	眩光
场景 8	舒适	舒适	舒适	舒适	舒适	舒适

实测组在拍摄 HDR-I 期间并未感受到不舒适眩光，现场调查多位在场者在 8 处场景下均未感受到眩光。实地调查结果证实，以上 8 处场景的不舒适眩光可忽略。对比表 2.14可知，DGI_{3000}检测到 2 处眩光，DGI_{7X}检测到 3 处眩光，UGR_{3000}检测到 5 处眩光，UGR_{7X}检测到 6 处眩光，而 DGP_{3000}、DGP_{7X}均未检测到眩光。以上结果也符合 Dr. MN Inanici 对于眩光评价指标的研究。以上实测验证了在以哈尔滨为代表的严寒地区，DGP 是相对准确的眩光评价指标，也说明了对于自然采光环境，UGR 过分高估了眩光的严重程度，DGI 不适合太阳辐射较高的地区。

根据以上分析结果，确定采用 DGP_{3000}及 DGP_{7X}作为眩光指标，来评价办公空间内眩光情况。通过眩光评价指标的比较应感受到：传统的静态自然采光评价指标在自然采光辅助系统广泛应用的今天，表现出了不适用性。在动态采光分析的基础上，采用动态采光模拟软件，动态眩光评价标准将成为今后评价建筑自然采光质量的新标尺。

2.3 寒地办公建筑低能耗设计变量

国际能源署(IEA)建筑与社区节能框架协议(Energy Conservation in Buildings and Community Systems,ECBCS)主要包括以下3方面的内容:①全球建筑节能技术开发与信息共享;②室内环境健康与节能;③探索新生活方式和工作环境下的节能措施。

在此基础上,研究认为,建筑能耗通常受到6方面因素的影响:①气候;②建筑围护结构;③能源服务系统;④建筑运行维护;⑤人员行为模式;⑥室内环境状况。考虑到这些因素的分类、影响范围及其效果,将严寒地区办公建筑低能耗设计的设计变量划分为4个层面,即建筑外环境设计层面、建筑设计层面、透明围护结构设计层面、自然采光辅助系统设计层面。

2.3.1 建筑外环境设计变量

办公建筑低能耗设计变量在外环境设计层面主要涉及气候和基地。研究建筑外部环境设计变量,主要是研究建筑所在区域的宏观气候条件及周边环境对建筑的影响,办公建筑设计变量的选择应服从于宏观气候条件及周边环境,这样才能最大限度地降低建筑能耗。

气候环境是指该区域多年呈现出的大气一般状态,是长时间监测得出的天气及天空的综合表现,包含温湿度、辐射照度、亮度、太阳辐射等气候基本数据。基地环境是指建筑周边的自然状态和地形地貌,还包括建筑周边的建设情况,如交通道路、供水、供电、市政设施等。应根据所在城市气候及基地具体特点优化设计,使建筑与周边气候、环境和谐乃至融合。

2.3.2 建筑设计变量

(1)空间模式及平面形态。为了提高空间利用率,减少室内空间浪费,办公建筑平面形态及空间模式的选择非常重要。本书从类型学角度抽象建筑原型,提取现代办公建筑空间模式,建立了严寒地区办公建筑典型模型,可根据典型模型,结合环境、气候、基地等因素,优化空间模式及平面形态,达到低能耗设计目的。

(2)建筑朝向。建筑朝向影响建筑能耗,最佳建筑朝向应是遵循设计规则、降低建筑能耗并融入周边环境。对建筑朝向的优化设计可根据典型模型,结合环境、气候、基地等因素做出最佳选择。

(3)建筑体型尺度。办公建筑体型尺度对建筑整体能耗、室内光环境性能、光热耦合环境性能有着较大的影响,设计中应权衡多方面因素综合考虑。

(4)非透明外围护结构表面积。外围护结构表面积越大,室内外热量的交换量越大,对于严寒地区,室内能耗损失越大。但对光环境而言,加大非透明围护结构表面积会增加照明能耗,并阻碍太阳辐射得热,一定程度上增加采暖供冷能耗。非透明围护结构表面积的取值与办公建筑空间类型、平面形态及整体能耗直接相关,应从平面形态入手,在保证功能布局的紧凑性、控制建筑净高的基础上,选取适当的非透明维护结构面积。

(5)透明围护结构表面积。透明围护结构表面积增加即意味着非透明围护结构的表面积减小,与非透明围护结构相同,透明围护结构的取值也与整体能耗关联密切。《公共建筑节能设计标准》(GB 50189—2015)中具体要求了办公建筑设计中透明围护结构表面积的取值范围。对于办公空间光环境,透明围护结构表面积越大对于提高室内水平照度越有利,但同时也会产生眩光的可能。

(6)透明围护结构位置。对热能耗而言,透明围护结构的位置影响甚微,但对办公建筑室内光环境性能以及光热耦合性能而言,透明围护结构的位置往往有重要影响。

(7)层高进深比。办公建筑层高趋向稳定,影响办公建筑采光性能及能耗的主要因素为进深。

2.3.3 透明围护结构设计变量

(1)外围护结构传热系数。对于严寒地区办公建筑,对采暖供冷能耗影响最大的参数之一就是外围护结构传热系数,《公共建筑节能设计标准》(GB 50189—2015)中规定了不同气候区透明围护结构、非透明围护结构传热系数的取值范围,低能耗设计应在此范围内选择传热系数较低的材料作为建筑外围护结构。本书对非透明围护结构不做深入讨论。

(2)透明围护结构综合可见光透过比。在可见光谱范围内,透过玻璃的光强度对入射光强度的百分比,称之为可见光透过率。考虑到窗框面积、玻璃遮挡等各种影响玻璃可见光透过率的因素,称太阳光透过透明围护结构进入室内的光效率为综合可见光透过比。可见光透光率是影响综合可见光透过比的重要指标,在窗框面积、玻璃遮挡等因素确定的情况下,可见光透过率决定了综合可见光透过比。本书第 4 章将对外窗面积与玻璃透光率之间的关系做定量研究。

为了增加室内自然采光照度,需选择高透光率的玻璃。但在严寒地区,降低玻璃的传热系数有利于减少外围护结构的热能损失,所以设计上经常选择 Low-e 玻璃、双玻中空或三玻中空,但这会导致可见光透光率下降,室内自然采光照度减少。如上所述,透明围护结构传热系数与可见光综合透过比之间此消彼长,难以兼顾;本书将在第 5.4 节光热耦合性能中定量讨论两者的关系,为建筑师进行办公建筑外窗设计时提供参考依据。

(3)透明围护结构太阳能得热系数(solar heaf gain coefficient,SHGC)。通过透明围护结构进入内部空间的太阳得热量在入射太阳辐射热量中所占的比重,即太阳光总透射比。透明围护结构太阳能得热系数通过影响室内得热量影响整体能耗,室内得热量的太阳辐射热量包括两部分:太阳辐射直接产生的热量和室内构件吸收太阳辐射再散发到室内的热量。

2.3.4 自然采光辅助系统设计变量

自然采光辅助系统从两方面改善室内光热环境性能:一方面阻止太阳直射从而避免或减少室内眩光;另一方面减少太阳辐射在室内引起的过热,从而降低室内冷负荷。

自然采光辅助系统的形式根据自然采光辅助系统与建筑围护结构的位置关系,可将自然采光辅助系统的形式分为外遮阳、内遮阳和中置遮阳。按照自然采光辅助设施固定与否，又可将其分为固定遮阳和活动遮阳。其设置形式及控制方式的不同将导致不同的遮阳机制和遮阳效果，从而对室内环境光热耦合性能的影响也不同。

除了不同形式外，每种遮阳设施都有其影响遮阳效果及能耗表现的变量系统，根据太阳高度角可分析计算得到适宜的影响参数。

遮阳窗帘的遮阳效果主要与窗帘的下降位置、窗帘材料开口率及透光性相关，下降位置通常分为 50%、75% 及 100%（完全下降），开口率可根据厂家信息查询，窗帘本身的透光性也是影响遮阳效果的重要变量之一。百叶尺寸的遮阳效果主要与叶片夹角及叶片材料反射系数相关，叶片夹角通常分为 0°、15°、30°、45° 及 60°，材料反射系数属于百叶材料自身特性。遮阳搁板的遮阳效果主要与搁板宽度、与墙面距离以及搁板上、下侧反射系数相关。与墙面距离可根据使用地域秋分日 12 时满窗遮阳的条件计算；外搁板的宽度通过太阳高度角及方位角进行计算，选择恰当值域；上、下侧反射系数为搁板材料自身特性。为避免遮挡视野，遮阳搁板的位置一般设置在距楼板 2.2 m 处。

2.4 寒地天然光舒适评价指标集构建

按以下步骤构建寒地天然光舒适度评价指标集：

(1)在实验室进行天然光舒适度主观评价调查，取得主观评价数据。

(2)同时同地，实测天然光物理指标，取得天然光实地测量数据。

(3)通过逻辑回归模型，确定物理指标与主观评价数据的拟合度，根据拟合度，对物理指标进行分级，选取拟合度较高的物理指标，代表主观评价数据。

(4)根据物理指标与主观评价数据的关联程度，确定物理指标的权重。

(5)整理数据，完成天然光舒适度评价指标集。

2.4.1 实测及问卷调查

2.4.1.1 测试地点设置

实测地点共两处(1 号实验室和 2 号实验室)，分别设置在哈尔滨工业大学建筑馆和哈尔滨工业大学明德楼两栋办公建筑内，两栋建筑位于东经 126.67°、北纬 45.76°，建筑馆朝向为西偏南 20°，明德楼朝向为北偏西 30°。

1 号实验室设在建筑馆三层，落地窗高 2.2 m，窗墙比为 0.4，3 个手动控制百叶窗安装在窗户内。棕黑色桌子(1.20 m×0.60 m)放置在靠近窗户处，表面反射率：前壁为 82.8%，天花板为 82.8%，地板为 16.1%，书桌为 67.6%，百叶窗（完全关闭时）为 78.8%。

2 号实验室设在明德楼一层，为玻璃幕墙，窗墙比为 0.85，桌子距离幕墙 0.8 m，墙壁反射率为 82.8%，地板为 54.3%，书桌为 67.6%，百叶窗（完全关闭时）为 78.8%。图 2.23所示为建筑楼层、室内布局及场景。

亮度实测设备及布置：两个实验室的仪器设备布局相同，带有 180°鱼眼镜头的单反相机(图 2.24)放置在与参与测试者的眼睛位置等高，用来收集多个曝光序列的 LDR 图片，以测量即时的视野亮度；垂直亮度计安装在相机机身镜头顶部，记录桌面中性灰卡上的垂直亮度数据,用以后期合成、校正 HDR 图像;照度计固定相机镜头方向和工作平面的四角及中心,可控制并存储照度数据。

图 2.23　测试实验所在办公楼及其室内场景

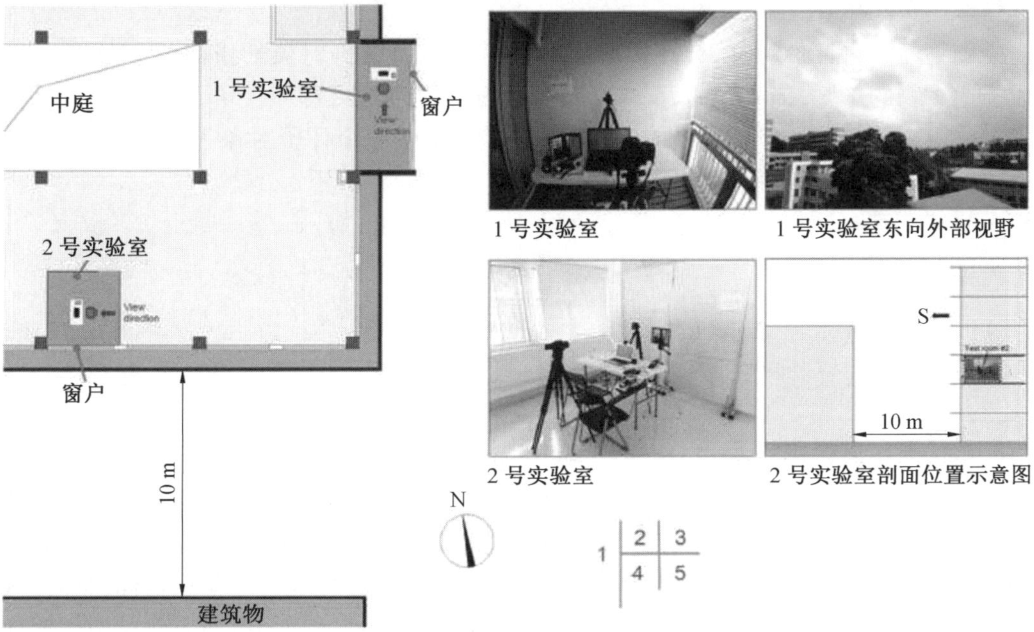

图 2.24　仪器设备布局

2.4.1.2　测试过程

(1)测试准备。在前述两个实验室进行天然光环境下的光舒适测试调查,为保证参与测试者对光环境有一定的认知,在问卷调查前向参与测试者简要介绍光环境的基础概念,以了解光环境舒适度调查问卷,减少测试误差。测试分 3 天进行,分别在 2020 年 3 月 16 日、3 月 19 日和 3 月 20 日,上午 10 时开始,下午 4 时结束。在测试前先关闭人工照明,拉开遮阳设备,保证充足的天然光进入室内。测试期间天气晴好。

(2)测试问卷。问卷主要是征求对室内天然光的满意程度,评价指标设置为天然采光环境舒适度、工作面照度、照度均匀度、环境亮度、眩光。评价尺度为 5 级,以 3 为中心对称,1 为最低值,5 为最高值。

(3)测试步骤。经研究人员 5 ~ 10 min 的简单讲解后(讲解过程允许提问),参与测试者开始答卷。问卷完成并提交后即可离开实验室,研究人员收集、记录照度计、数码相机等测试设备记录的数据,测试结束。

共收集 146 份有效问卷,1 号实验室 77 份,2 号实验室 69 份。3 089 张 HDR 图像,1 号实验室 1 602 张,2 号实验室 1 487 张。61.6% 的受测者对于光环境的满意程度低于适中,但并不会要求调整(照明或遮阳系统),由于两个办公空间均为统一照明,故对照明系统及遮阳系统的调整率非常低,仅 0.13% 的受测者(2 人次)选择会控制遮阳设备,且频率低于每周一次,遮阳设备基本处于常闭状态。

2.4.2 数据处理

2.4.2.1 模糊物元模型[112-113]

1. 模糊物元矩阵

模糊物元是将评价对象 M、评价对象的指标 C 以及评价对象的指标值 X 结合起来,构成描述事物的单元,记 $R=(M,C,X)$。若评价对象有 m 个,即 $M_1,M_2,\cdots,M_m$,则在以上评价对象中需要室内光环境质量的区域为前 k 个,后 $m-k$ 个评价对象为每个区域光环境质量评价指标等级数,则室内光环境质量评价物元矩阵 $\boldsymbol{X}_{ij}$如下:

$$\boldsymbol{X}_{ij}=(X_{ij})_{m\times n}=\begin{matrix} & M_1 & M_2 & \cdots & M_m \\ C_1 & x_{11} & x_{21} & \cdots & x_{m1} \\ C_2 & x_{12} & x_{22} & \cdots & x_{m2} \\ \vdots & \vdots & \vdots & & \vdots \\ C_n & x_{1n} & x_{2n} & \cdots & x_{mn} \end{matrix} \tag{2.11}$$

2. 从优隶属度模糊物元

在室内光环境质量评价指标体系中,每个评价指标之间的量纲和量纲单位往往不同,进行评价之前,应对每个评价指标进行规格化处理,使得评价指标的绝对量变为相对量,即为指标值的无量纲化处理。在评价时,有的指标值越大越优属于效益型指标,有的指标值越小越优属于成本型指标。例如空间自然采光满足率、照度均匀度属于效益型指标,即指标值越大越优,其无量化处理公式为

$$r_{ij}=\frac{x_{ij}-\min(x_{ij})}{\max(x_{ij})-\min(x_{ij})} \tag{2.12}$$

式中　$i=1,2,\cdots,m;j=1,2,\cdots,n$。

另一类成本型指标例如眩光值,指标值越小越优,其无量化处理公式为

$$r_{ij}=\frac{\max(x_{ij})-x_{ij}}{\max(x_{ij})-\min(x_{ij})} \tag{2.13}$$

式中　$i=1,2,\cdots,m;j=1,2,\cdots,n$。

式(2.12)和式(2.13)中,r_{ij}为无量化处理后的数值,$\max(x_{ij})=\max(x_{1j},x_{2j},\cdots,x_{mj})$ $(j=1,2,\cdots,n)$为第 j 个指标的最大指标值,$\min(x_{ij})=\min(x_{1j},x_{2j},\cdots,x_{mj})$ $(j=1,2,\cdots,n)$为第 j 个指标的最小指标值。

利用上述公式对模糊物元矩阵 $\boldsymbol{X}_{ij}$进行处理,可得从优隶属模糊物元矩阵 $\boldsymbol{R}_{ij}$如下:

$$
\boldsymbol{R}_{ij}=(r_{ij})_{m\times n}=\begin{array}{c} \\ C_1 \\ C_2 \\ \vdots \\ C_n \end{array}\begin{array}{c} \begin{array}{cccc} M_1 & M_2 & \cdots & M_m \end{array} \\ \begin{bmatrix} x_{11} & x_{21} & \cdots & x_{m1} \\ x_{12} & x_{22} & \cdots & x_{m2} \\ \vdots & \vdots & & \vdots \\ x_{1n} & x_{2n} & \cdots & x_{mn} \end{bmatrix} \end{array} \tag{2.14}
$$

3. 标准模糊物元及差幂复合模糊物元

标准模糊物元的确定一般由从优隶属度物元 $\boldsymbol{R}_{ij}$ 中选定，从各个评价对象中选择各指标中的最大值或最小值作为标准模糊物元的数值，即得出标准模糊物元公式 $\boldsymbol{R}_{0j}$ 为

$$
\boldsymbol{R}_{0j}=\begin{array}{c} \\ C_1 \\ C_2 \\ \vdots \\ C_n \end{array}\begin{array}{c} M_0 \\ \begin{bmatrix} R_{01} \\ R_{02} \\ \vdots \\ R_{0n} \end{bmatrix} \end{array} \tag{2.15}
$$

将标准模糊物元 $\boldsymbol{R}_{0j}$ 与从优隶属度模糊物元 $\boldsymbol{R}_{ij}$ 中的每项进行差幂计算，得出差幂复合模糊物元为

$$
\boldsymbol{D}_{ij}=(d_{ij})_{m\times n}=\begin{array}{c} \\ C_1 \\ C_2 \\ \vdots \\ C_n \end{array}\begin{array}{c} \begin{array}{cccc} M_1 & M_2 & \cdots & M_m \end{array} \\ \begin{bmatrix} d_{11} & d_{21} & \cdots & d_{m1} \\ d_{12} & d_{22} & \cdots & d_{m2} \\ \vdots & \vdots & & \vdots \\ d_{1n} & d_{2n} & \cdots & d_{mn} \end{bmatrix} \end{array} \tag{2.16}
$$

式中　d_{ij}——标准模糊物元与从优隶属模糊物元之间的差值，$d_{ij}=|r_{0j}-x_{ij}|^q$；

　　　q——标准模糊物元与从优隶属度物元之间的差值的幂。

2.4.2.2　指标筛选

（1）根据距窗的位置对两个实验室进行数据分组，将每组数据分别代入模糊物元模型，得到主观评价数据和实测数据的模糊平均值。

（2）采用逻辑回归（logistic regression）模型[114]，得到主观评价数据与实测物理指标的 R^2 值。

（3）从统计学角度来看，R^2 反映了回归模型对数据的拟合程度。R^2 越接近 1，说明自变量对因变量的解释力越强，回归模型的拟合程度越高；反之，R^2 越接近 0，说明自变量对因变量的解释力越弱，回归模型的拟合程度越低。一般来说，如果 $R^2>0.5$，认为模型拟合较好；如果 $R^2<0.2$，则认为模型拟合较差。据此，在实测的 22 个指标中，$R^2<0.2$ 的指标与主观感受关联度不大，在指标集中不予考虑，$R^2>0.2$ 的指标共有 9 个，见表 2.15。

表 2.15　与主观评价拟合度较高的天然光指标

拟合度排序	指标名称	符号	R^2(拟合度)
1	空间自然采光满足率	sDA300/50%	0.86
2	有效照度	UDI300-3000/50%	0.85
3	有效照度	UDI300-3000	0.75
4	自然采光满足率	DA300 average	0.72
5	自然采光系数	DF(LEEDv2)	0.62
6	照度	PTI 9am/3pm(LEEDv3)	0.47
7	照度	PTI 9am/3pm(LEEDv4)	0.42
8	空间自然采光满足率	sDA(LEEDv4)	0.40
9	自然采光系数	DFaverage	0.38

结果表明,使用者主观感受和动态光环境性能指标之间存在高度相关,sDA300/50%和 UDI300-3000/50% 在定义光环境性能方面与主观感受拟合度最高。

简单的亮度指标,在定义视觉舒适度方面与主观感受拟合度更好,垂直照度的指标比基于水平照度的指标更适合于视觉舒适度的评价,相关指标的拟合度排序见表 2.16。

表 2.16　测试的天然光指标拟合度排序

拟合度排序	指标名称	符号	R^2(拟合度)
1	1/5 窗口平均亮度	Mean L top 1/5 window	0.94
2	垂直眼部照度	Vertical EyeIlluminance	0.91
3	工作面最大亮度	Max L workplane	0.82
4	眩光指数	ASE (LEEDv2)	0.79
5	眩光指数	sDGP 7 * mean Ltask	0.78
6	眩光指数	sDGP 5 * mean Ltask	0.76
7	1/5 工作面平均亮度	Mean L top 1/5 workplane	0.67

在多元回归模型中发现,使用多个指标相比于单独的度量标准可以更好地预测建筑光舒适性能,协同以上指标,建立视觉舒适动态评价指标集,相比于单个指标拟合度最高的是 Mean L top 1/5 window,5 个指标与回归模型的拟合度上升了 4.3%。

2.4.3　天然光舒适评价指标集的构建

2.4.3.1　室内光环境质量评价指标的分级和权重

考察光环境质量物理评价指标与主观评价指标的拟合度,根据 R^2 值进行光环境物理评价指标的分级,$R^2>0.5$ 为优先级,列入天然光舒适评价指标集,$0.2<R^2<0.5$ 的指标为参考级,一般不列入指标集;$R^2<0.2$ 时认为该指标与主观评价关联性不大,在评价时不予考虑。

采用超标加权法确定室内光环境舒适性评价指标权重，超标加权法确定权重公式如下：

$$\omega_{ij}=\frac{\frac{x_{ij}}{\bar{x}_j}}{\sum_{i=1}^{m}\frac{x_{ij}}{\bar{x}_i}}\quad(i=1,2,\cdots,m;j=1,2,\cdots,n)\tag{2.17}$$

$$\bar{x}_j=\sum_{i=k+1}^{m}x_{ij}\quad(j=1,2,\cdots,n)\tag{2.18}$$

式中　ω_{ij}——第 i 个需进行光环境质量评价的区域第 j 个光环境质量评价指标的权重；

$\bar{x}_j$——第 j 个光环境质量评价指标不同光环境质量等级的平均值。

另外，权重一般需要满足归一性与非负性，即

$$\sum_{j=1}^{n}\omega_{ij}=1,\omega_{ij}>0\quad(i=1,2,\cdots,m)\tag{2.19}$$

2.4.3.2　天然光舒适评价标准模型

在天然光舒适的使用评价上，舒适性的确定主要依据使用者的感受和要求，这是一个相对指标，我们认为：在拥有足够规模的样本的情况下，可以通过调查样本来建立舒适性评价标准模型。本书所建立的标准模型见表 2.17。

表 2.17　天然光舒适评价标准模型

序号	指标名称	Ⅰ级(优)/%	Ⅱ级(较好)/%	Ⅲ级(良)/%	Ⅳ级(中)/%	Ⅴ级(差)/%
1	sDA300/50%	95	90	80	70	60
2	UDI300-3000/50%	95	90	80	70	60
3	UDI300-3000	95	90	80	70	60
4	DA300 average	95	90	80	70	60
5	DF(LEEDv2)	95	90	80	70	60
6	Mean L top 1/5 window	95	90	80	70	60
7	Vertical EyeIlluminance	95	90	80	70	60
8	Max L workplane	95	90	80	70	60
9	ASE (LEEDv2)	95	90	80	70	60
10	sDGP 7 * mean Ltask	95	90	80	70	60

模型说明如下：

(1)本模型中的指标数值以百分率为单位，最高为 100%，最低为零。

(2)模型中选用的 10 项指标均为 R^2>0.5 物理指标，与主观评价拟合程度较好，详见表 2.15 和表 2.16。

2.4.3.3 指标集构建方法简述

如前述，在天然光舒适的使用评价上，舒适性的确定主要依据使用者的感受和要求，这是一个相对指标，同时也是一个定性指标，是使用者主观感受的定性描述；另外，在天然光舒适设计中，更多地依靠物理指标来描述天然光舒适；而主观感受和客观指标的差异导致了主观因素与客观因素的矛盾，也是舒适性设计和使用的矛盾，为了解决这个问题，构建了天然光舒适评价指标集。首先通过评价天然光的多个物理指标对天然光的舒适性进行定量描述，再将使用者对舒适度的主观感受划分为 5 个等级，通过逻辑回归计算，确定主观感受与物理指标的拟合度；由拟合度确定指标的权重，得到经过拟合度修正的物理指标；建立天然光舒适评价标准模型，将修正后的实测模型与标准模型进行回归计算，确定光环境等级。从而，使用物理指标完成天然光舒适的定量评价。

不同于传统评价指标，本书所建立的严寒地区办公建筑光舒适评价模型，突破孤立指标的限制，提高了评价体系与主观感受数据的拟合度，可以更准确地表现使用者的光舒适程度，保证性能预测模型的精确性。不同于传统建筑光环境性能预测工具，该模型基于映射关系展开预测，从而将建筑光环境性能预测由“仿真模拟过程”转变为“数值计算过程”，能够显著提高严寒地区办公建筑光舒适预测运行效率，为严寒地区办公建筑光舒适优化模型研发奠定基础。

当然，本书的调查样本较小，调查时间比较集中，在一定程度上影响调查的普遍性，这些问题都有待于后续的研究解决。

第3章　寒地现代办公建筑典型模型

本章从类型学角度抽象建筑原型，提取现代办公建筑空间模式，结合对严寒地区办公建筑空间设计参数分布状况的实地调研，针对不同空间组织和面积规模，构建严寒地区办公建筑典型模型及其衍生模型，实地调研确定设计参数特征值域，根据各参数对于能耗影响程度制定相应模数，从而建立严寒地区办公建筑低能耗设计典型模型。应用于采光低能耗设计的典型模型的建立，解决了简化模型对于模拟精度影响过大的问题，奠定了本书研究内容的基础。

通过典型模型研究寒地办公建筑光舒适智慧评价与优化设计，不仅使研究过程简单化，还使其研究结果具有普遍性，可容易地推广到其衍生模型，进而应用于严寒地区办公建筑设计中。

3.1　现代办公建筑空间模式

随着生产关系发展，形成了多种办公组织结构及丰富多彩的办公模式，每一种办公模式都对应于相应的空间模式，从这种意义上，办公组织结构决定了办公模式，进而决定办公空间模式。

3.1.1　影响因素解析

办公组织结构的更新带动着办公模式发生变化，从而办公建筑的空间功能和空间组织模式也发生改变。办公空间模式的变化应迎合办公组织理念的发展，并推进公司新的管理模式的实践和应用。在将来会有很多不同的办公模式，同样也会出现一些全新的空间设计。

办公模式受到多种因素的影响，其中既有外力，如社会法规、外界经济及劳动力市场的影响，也有利润增长、行政管理及人才利用等内力的影响。同时还受到员工的执行能力、设备及工作环境等方面的影响。但最重要的是受到内部组织的影响，包括公司内部的结构、计划、流程、步骤、说明、归档及交流的影响等。

影响办公空间模式变化的主要因素包括影响办公建筑本身的要素以及影响组织结构的要素两个部分。影响办公建筑本身的要素为环境、表皮、空间及技术等因素。影响组织结构的要素为办公设备、社会进步、产业进步及其变化、管理方式的改进，管理手段的改变，信息技术的发展等因素（图3.1）。

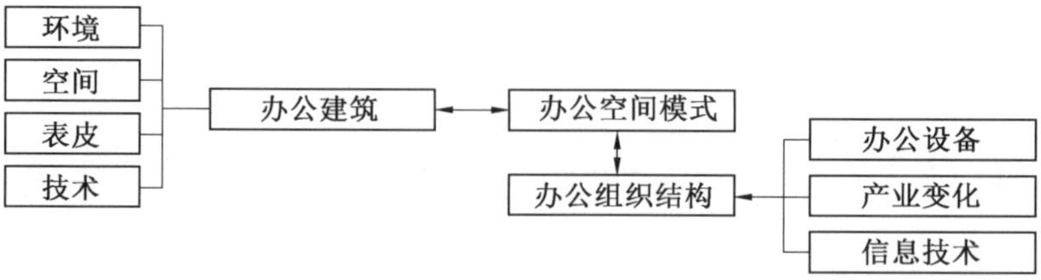

图 3.1　办公建筑空间模式及办公组织结构的影响因素

3.1.2　办公组织模式分类

办公组织模式是与组织理论和组织结构密切相关、紧密对应的。这种对应不仅反映在了发展顺序上，也反映在模式特点上。而在办公模式直接的影响下，办公空间的布局在发展上也呈现出与办公模式的对应性。

办公组织模式从工厂化和程序化发展到互动化，这种发展过程体现在信息的多项交流和管理模式的多样性及多层次性。而不论是景观式的平面布局，还是景观内嵌型的办公建筑空间，都体现出支持鼓励交流的这种趋势。当办公模式发展到团队化模式时，组合式的办公平面布局适应了这种团队化的工作方式，提供了相应的工作地点，而团队组合型的办公建筑空间满足了这种工作模式。到了个人化的办公模式时，选择式的办公平面布局和个人虚拟型的建筑空间也转向了以个人为中心的发展趋势。当然办公模式与平面布局和建筑空间的对应性并不是严格的对应关系，比如大型开敞型的办公空间也可以进行程式化的办公模式，而带状流程型的办公空间也可以进行工厂化的办公。这主要是因为布局和空间都是在模式的影响下产生，而布局和空间同时还需要保持一定的灵活性，以适应各种变化。办公建筑的平面布局和建筑空间都受到历史、环境、人文等多种因素的影响，但总体上是能够与办公模式相对应的。

（1）职能式组织。

职能式组织结构是一种强调纵向联系的组织结构。纵向联系是用来协调组织上层和下层间的活动，上、下层级之间的使用者需要较多的联系。下层级的使用者需要接受上层的指导，上层级的使用者需要对下层的工作进行验收，反而同层级之间的联系可以较弱。对应于职能式组织结构的办公模式是工厂化办公。而开放队列式办公空间就是在工厂化办公中产生的。

（2）事业部式组织。

事业部式组织结构以产品为中心，先将产品进行分类，针对不同类型的产品、服务、产品组合、主要工程或项目、地理分布、商务或利润中心来组织事业部。事业部式组织结构是一种强调横向联系的组织结构。相对于纵向联系，横向联系是为了使同层级的使用者之间消除交流障碍，更方便地实现合作协同。对应于事业部式组织结构的办公空间为程式化的办公模式。隔间式办公空间就是为了使程式化办公模式顺利进行。

（3）矩阵式组织。

矩阵式组织结构是一种能够实现横向和纵向联系的有力模式。矩阵式组织结构试图把产品部门和职能部门融合在一种组织结构中，实现优势互补。矩阵式组织结构下的办公模式为互动式办公,景观式办公空间为这样的办公模式提供了良好的条件。

(4)团队式组织。

为了应对现代工作流程以团队协作为主要方式的需求,组织结构产生了以团队为单元的形式。该种方式以打破各小单元间的界限为特点。这种结构形式用团队式的大单元替换小单元,每个大单元内部要求横向联系为使团队内部交流畅通,而大单元之间要求竖向联系,使得团队之间可交换信息。团队式组织结构对应的办公模式是团队化办公,团队化办公常用的办公布局是组合式办公。

(5)虚拟式组织。

虚拟式组织是基于现代生产关系的组织形式,依赖于现代办公技术的高度发达。规模相对小,效率高,部门化概念被极度弱化。虚拟的含义为,将各个员工用虚拟的方式联系起来,每个员工都是独立的个体,都是执行任务的全才。虚拟式组织擅于利用外部资源,仅以小规模的高层级为核心,办公职能基本由外部力量完成。虚拟式组织结构产生了个人化办公这一新颖的办公模式,与其相适应的办公空间是选择式办公。

3.1.3 办公空间模式分类

办公空间模式与办公模式、办公组织结构的对应关系如图3.2所示,办公空间模式直接受办公组织结构影响。

(1)开放队列式办公。

开放队列式办公,所有的工作成员在一个开敞的大空间中进行办公,所有员工的办公桌按照顺序排列在办公空间中,办公成员之间很容易了解彼此都在干什么,同时这样的空间组织方式也有利于组织者的监督和管理,实现工作人员之间的互相监督。因此这样的空间模式有利于提高工作效率,在早期美国的办公建筑中,尤其是高层建筑中得到广泛的使用。在办公空间的进深变得越来越大的趋势下,开放列队式空间无疑具有经济性,易于划分,没有不易使用的角落等优势。这样的空间模式能够最大效率地利用空间,在一定的办公空间中容纳最多的工作人员。

(2)隔间式办公。

隔间式办公空间是办公建筑形成初始的空间模式,表现为不同大小的隔间根据功能并行展开,小隔间是个人的工作场所,大隔间也可以容纳团队工作。典型的隔间式是两边安排有独立的办公室,中间是交通空间。每个办公室有独立的私密性,可以为一个部门提供讨论和交流的场所,从而更好地完成工作。

(3)景观式办公。

景观式办公空间的特点是交流空间与个人办公空间的混合。一般景观式办公空间需要一个开敞的大空间,其内部的个人办公空间可以依照员工自己的喜好自由安排,所以呈现自由的状态。在个人办公空间内部,混合着一些交流空间,这些交流空间为员工们在偶遇中迸发灵感提供了场所。内部的交通空间也是混乱的,没有固定的交通流线,因此每次员工行走的线路、遇到的人、进行的交流可能是不同的,在这种极具可变性、丰富性的空间内,员工可以最大限度地发挥自己的创造力。

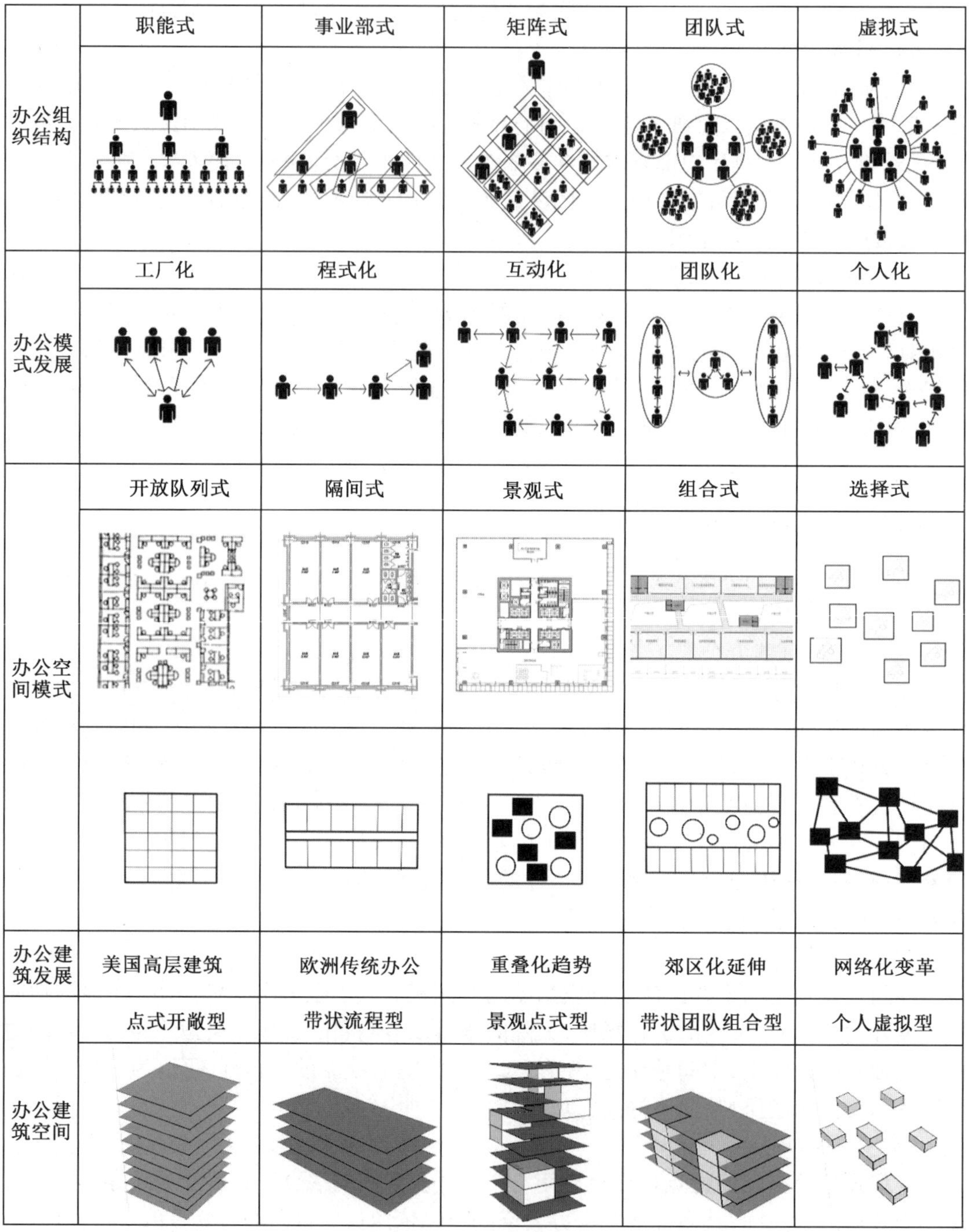

图 3.2　办公组织结构与办公空间模式的对应关系

(4)组合式办公。

组合式办公是隔间式办公和景观式办公的结合,玻璃小隔间位于建筑的外围,内部是交流空间和交通空间的混合。这种空间特点是私密空间和公共空间明确分开,公共空间处于中心,方便产生丰富自由的空间感受且交流便捷,办公空间围绕其展开,有独立的私密性,既有景观式办公的创造性,又具有隔间式办公的私密安静。

(5)选择式办公。

选择式办公只需要为员工提供定期会面的场所。其特点是工作人员没有固定的座位,可以自由地选择自己工作的地点和时间。因此在办公室内没有与员工数目相对应的座位数,而是远远小于员工数目,员工可以根据自己的时间表安排工作内容和工作地点。非领域性,是选择式办公在公司内部的空间模式的一大特点,每名员工的座位不固定,领域也不同定。这样的空间使员工不具有归属感,办公场所成了临时会面的场所。但这样的环境对于员工来说,并没有任何的压力,员工可以来去自由,可以频繁地更换座位和环境。

本书由以上办公建筑发展历程总结出办公建筑空间的多种形式,从类型学、现象学的角度分析,各种空间形式都可归纳为点状、带状这两种平面基本空间模式。根据办公空间对能耗的贡献,将办公建筑空间原型从功能上分为 4 种:办公空间、会议空间、公共空间及辅助空间。将办公空间组织关系分为 3 种:公共空间的平面及剖面形式、办公空间开放程度以及公共空间与办公空间的组织关系。据此建立现代办公建筑基础模型及其衍生模型;结合调研取得的数据库,建立严寒地区办公建筑典型模型,具体分析过程将在第 3.2 节现代办公建筑基本模式中详述。

3.2　现代办公建筑基本模式

现代办公建筑空间从功能上分为 4 种:办公空间、会议空间、公共空间及辅助空间。从平面看,公共空间的基本模式主要有两种:点状公共空间、带状公共空间。从剖面关系看则可分为 I 形、L 形、阶梯形 3 种。辅助空间形式可分 I 形、L 形、U 形和 T 形 4 种。

办公空间主要有两种形式:单元办公和开放办公。单元办公是指几何尺寸为规则模数,房间家具及设备布置相对固定;使用者的使用功能固定或相仿;办公空间表现为标准间形式的一种空间类型。开放办公的使用功能基本与单元办公相同,开放办公的办公空间是没有实体墙壁遮挡围合的大空间,与公共空间在几何尺寸和形式上类似,区别在于使用者的行为特征和使用功能。公共空间包括大厅、中庭、走廊等交往活动空间及交通空间,主要用于满足使用者心理及生理舒适度的需要。会议空间是指被单一的活动占据,使用时间较短,主要用于会议、报告、讲座等活动的专用空间。辅助空间是实现辅助功能的专用空间,包括诸如厕所、开水间、设备间等。

典型模型的空间模式来源于基本空间模式分类,空间分类标准基于两方面:一是空间的功能布局;二是空间的组织模式。空间的功能布局主要取决于其使用功能,这一点通过实地调研已经得到验证。空间的组织模式取决于公共空间与功能空间的位置及形态关系。

3.2.1 平面空间模式

3.2.1.1 基本模式

平面上公共空间与建筑功能体量间的关系可分为两种基本模式：公共空间呈点式在中心的，为点状公共空间；公共空间呈条状的，为带状公共空间。如图3.3所示，阴影部分代表内部或外部公共空间，其余部分代表建筑功能空间。对以上两种平面空间模式的衍生将得到多种空间组织形式。

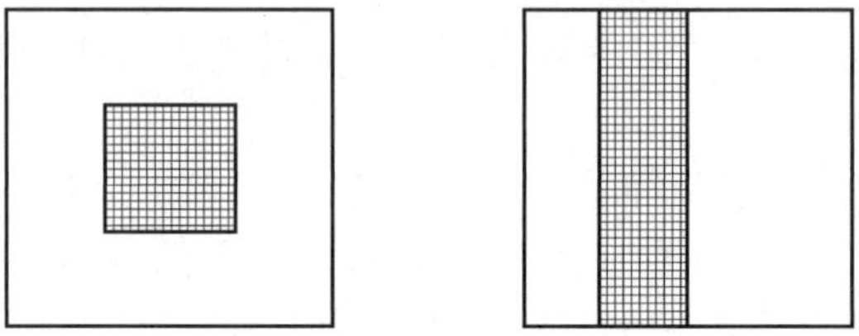

(a) 点状公共空间　　(b) 带状公共空间

图3.3　平面基本空间模式

（1）点状公共空间特点。

公共空间在建筑中心处于统领地位，其他空间围绕其布置，如果是外部公共空间，则整个建筑形成围合，建筑具有完整的形态，又有封闭的庭院。如果是内部公共空间，则可以利用中庭进行自然通风和采光，周边的空间通过中心空间可进行视线交流。

（2）带状公共空间特点。

带状公共空间在建筑中将内部空间分为两个区域，具有一定的方向性，容易和入口空间及其他公共性较强的空间形成整体，利于内部功能的组织且方式较为灵活。

3.2.1.2 衍生模式

（1）点状公共空间衍生（图3.4）。

点状公共空间位置的变化有这样几种衍生形态：偏心点式公共空间，这种公共空间形态将建筑内部空间分为有大小主次之分的两个空间区域，公共空间形成了主要办公区与辅助服务区的交界；边界点式公共空间，这样的公共空间形态一般作为入口的开放空间来使用，形成了较为开阔的入口；点式角部公共空间，这样的公共空间用于组织入口处于角部的办公建筑空间。

点状公共空间形状的变化可以衍生出诸如圆形、正多边形、扇形等不规则几何形态，建筑形体被公共空间切割出的形态只要有完整的足够使用空间即可。

（2）带状公共空间衍生（图3.5）。

带状公共空间位置的变化可形成这样几种衍生形态：偏心带状公共空间，其将整体建筑分为主次两个部分，主要部分呈块状，次要部分可以根据需要进一步处理其形态；中心带状公共空间，将整个建筑分为两个均质的部分，两部分的关系均等，没有明显的主次之分；边界带状公共空间，这样的公共空间实际上联系着建筑内的空间与外部空间和环境，这样的公共空间可以让建筑与城市进行对话；斜向带状公共空间，联系不同位置的角部空

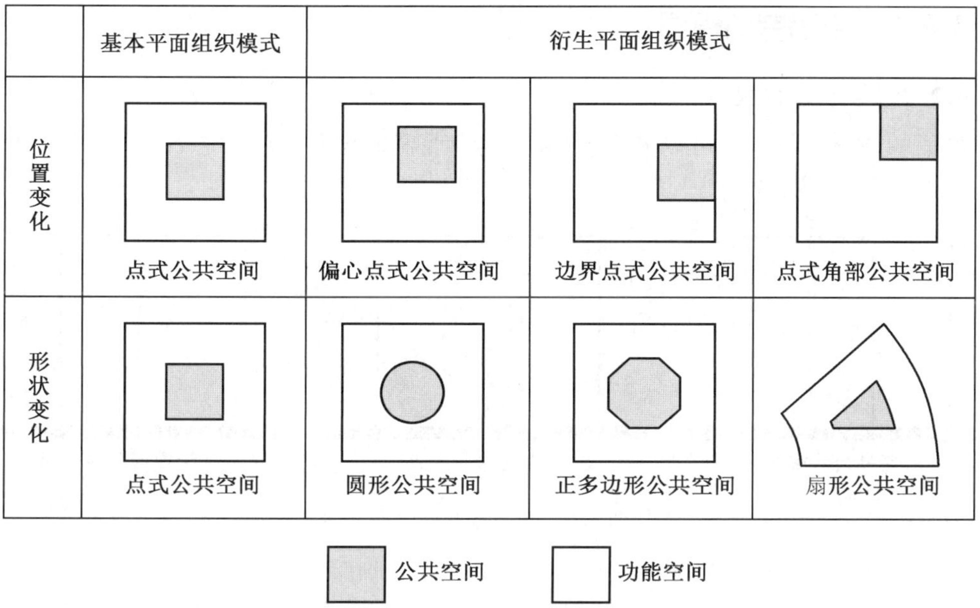

图 3.4　点状公共空间衍生示意图

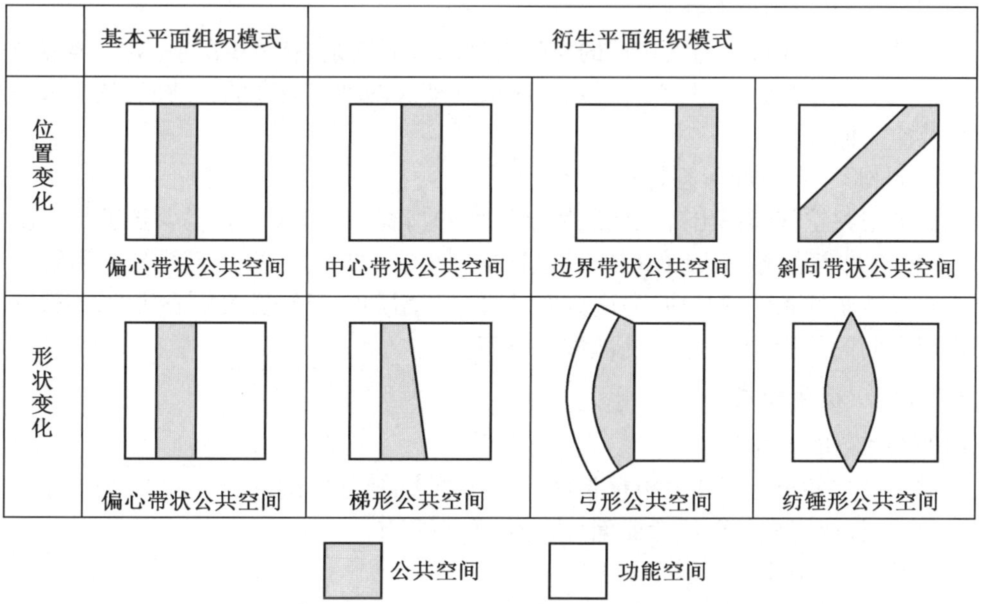

图 3.5　带状公共空间衍生示意图

间，在有特殊情况的基地内，联系远端路径，形成了内部空间通路。

公共空间形状的变化可以衍生出梯形、弓形、纺锤形等，空间的位置随着建筑师设计的需要而不同。

3.2.2　剖面空间模式

3.2.2.1　基本模式

剖面的建筑空间模式可以分为3种基本类型:竖向公共空间形态、L形公共空间形态和阶梯形公共空间形态(图3.6)。

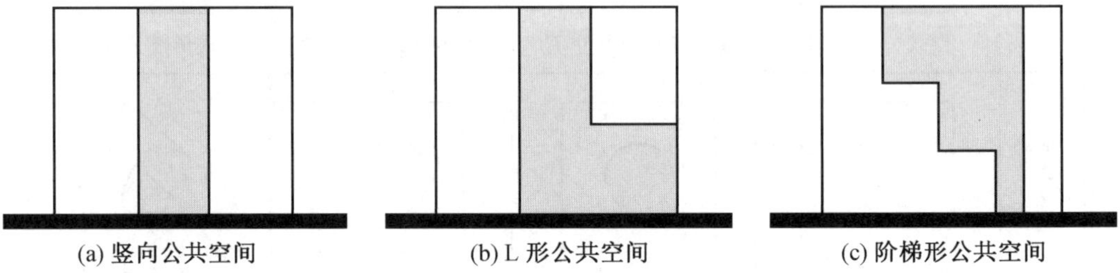

图3.6　剖面基本空间模式

(1)竖向公共空间形态特点。

联系两侧建筑体,解决大体量建筑中的采光通风,当其作为建筑的外部公共空间时则作为一条外部通道将建筑一分为二,建筑可以通过地下或者上层进行联系。

(2)L形公共空间形态特点。

这样的公共空间形态与入口层的空间有着较好的联系,有些情况下,为了增强空间的公共性,可将入口层面与公共空间联系的区域处理成两到三层高的大空间,从而增强其公共性以及空间的连贯度。

(3)阶梯形公共空间形态特点。

阶梯形公共空间形态出现在建筑体量较大的情况下,因为一般至少要进行三次退台(图3.6(c))才能形成空间上的层次。这种空间形态的出现一方面可能是因为特殊理念或出于对具体基地条件的呼应,另一方面也可能是增加空间的层次与公共性,不仅起到了组织内部空间的作用,也联系了外部城市空间。

3.2.2.2　衍生模式

(1)竖向公共空间。

竖向公共空间形态可能会根据具体的空间要求,比如空间感受、采光需要等情况进行变化,可能边界会变成斜面或者曲面,成为梯形等形态。

(2)L形公共空间。

通过L形公共空间形态的演变,可出现倒T形空间形态,这样一层的公共性更为加强,另外也有可能出现局部的L形剖面空间,只是通过空间的放大,增强局部的空间公共性。

(3)阶梯形公共空间。

阶梯形公共空间根据看台状空间的一个方向性,将建筑的顶部界面变成倾斜的,以解决因空间尺度过大结构难以落实的问题,也有可能将阶梯状的空间对称布置,形成一个向心性的看台式空间(图3.7)。

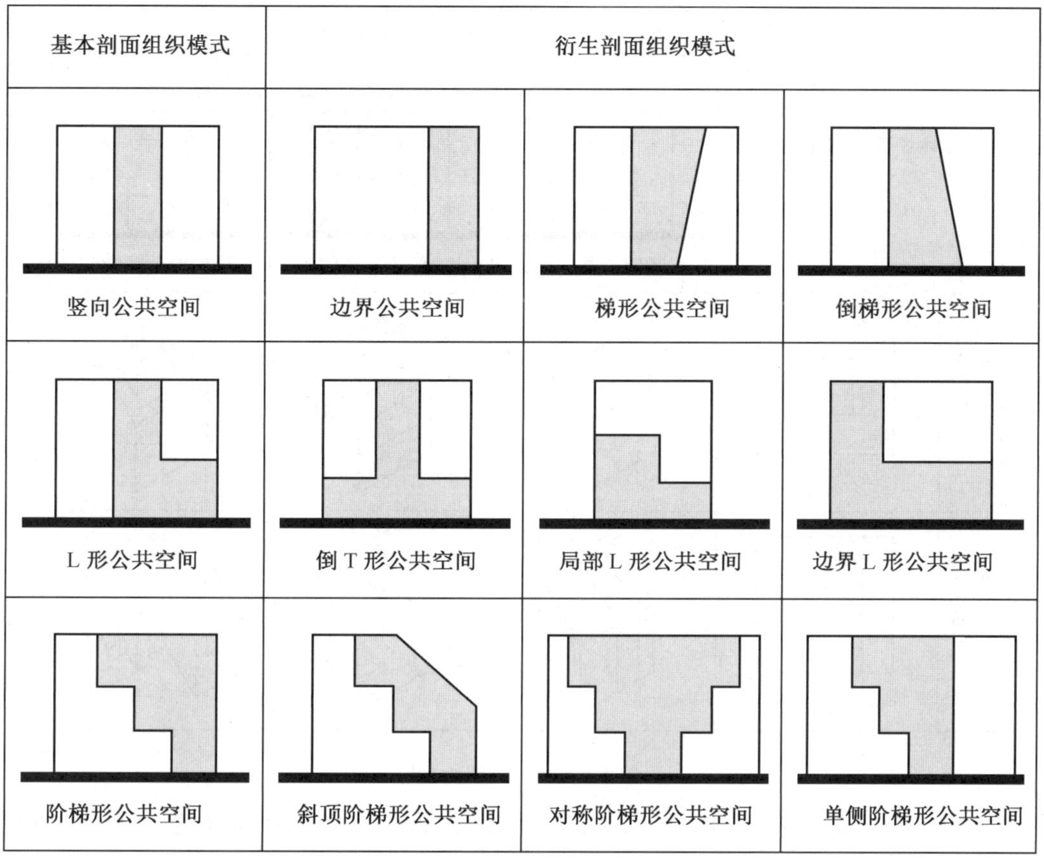

图 3.7　剖面衍生空间模式示意图

3.2.3　空间组织模式

3.2.3.1　基本模式

以内部空间组织为主，对办公建筑空间的几种基本组织模式进行归纳，图 3.8 列举了基本平面类型与剖面类型组合所形成的不同空间组织模式。

(1) 平面类型 A 和剖面类型 A、B 的组合模式。这种空间模式在办公空间组织中最符合功能特征，也是最为常见的类型之一，无论是作为内部公共空间还是外部空间都广为应用，根据具体空间位置、形态以及对内部空间的功能要求不同，空间组织方式会有较大差异。

(2) 平面类型 B 和剖面类型 A、B 的组合模式。这是众多办公建筑中采用的空间组织模式，这样的空间使用起来简单有效，但这样的空间形式一般不会单独存在，它作为空间的原型，往往会通过变形和组合产生更为丰富的空间形态，否则线性的空间形态单独存在还是有些单调的。作为室外空间时，建筑成为两个体量相联系，中间为内街穿过，这样的形式常用于特定的情况。

(3) 平面类型 A、B 和剖面类型 C 的组合模式。这样的组合在创造与外界相联系的公

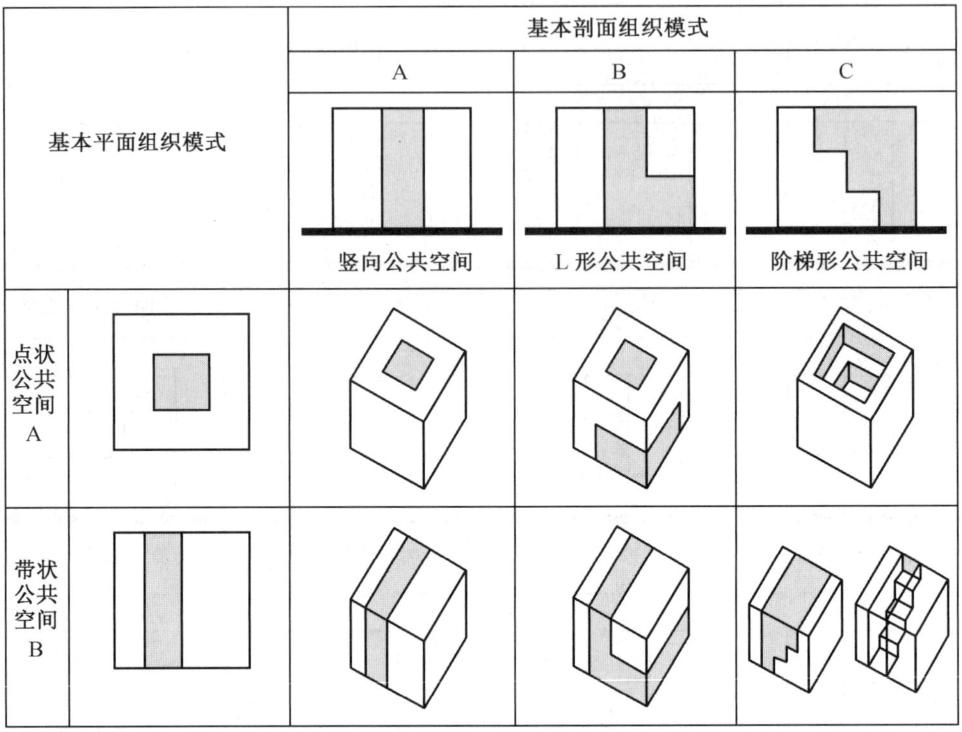

图 3.8　基本空间组织模式

共空间的同时,对建筑内部的空间也尽心处理,形成了丰富的退台,使得整个空间更加活跃,公共性更强。

3.2.3.2　衍生模式

对于大部分建筑来说,建筑体量一般都是比较规则的几何形态,当然,也可以在此基础上通过建筑设计手法对建筑形体和空间进行一些处理,从基本空间模式衍生出一系列办公空间形态。

(1)空间的旋转。对于平面比较方整的办公建筑形态来说,可以运用有规律的旋转,在原本普通的空间中创造出比较丰富的空间。

(2)形体的切割组合。对建筑形体进行切割和重组,是大型办公建筑常用的一种空间组织方式,这种方法可以创造出形体较为独特的建筑体量,成为城市的标志性建筑物。另外,对不同功能的布局和组合,也可以根据需要进行空间处理。

(3)空间的叠加。在办公建筑空间的组织中,公共空间的形态往往不是以单一的简单几何形而存在的,对于空间内的不同要求,公共空间可能会有不同形式的叠加,这些公共空间之间可能会有直接的交集,也可各自起着不同的作用。

3.2.3.3　空间模式基本功能分析

(1)平面。图 3.9 列举了几种常见的平面布局形态,其功能空间主要围绕公共空间进行组织展开,除了公共空间,其他空间也按功能进行区分。

(2)剖面。剖面的功能关系与平面的功能是关联的,以办公空间与公共空间的结合

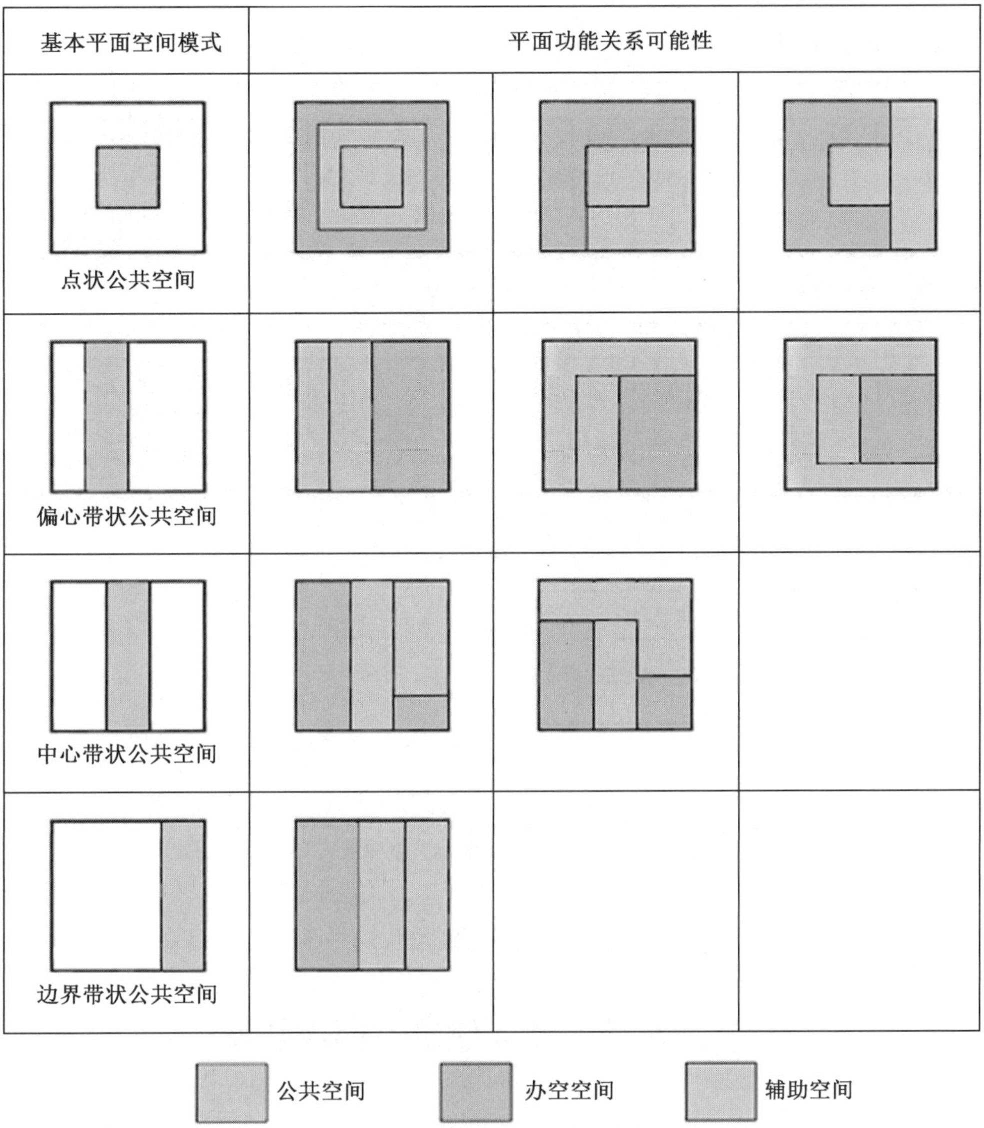

图 3.9　平面功能关系分析

为主要形式，3 种剖面基本类型如图 3.10 所示。

①竖向公共空间功能关系。竖向公共空间的功能关系主要有 3 种：辅助空间在公共空间周围；办公空间在公共空间周围，这样的功能布局有利于提升办公空间的交流和公共空间的活跃度；辅助空间与办公空间分布在公共空间两侧，通过公共空间相联系。

②L 形公共空间功能关系。L 形公共空间底层的入口及活动空间与公共空间相结合，一般底层布置的都是相对较开放的功能，主要的功能形式如图所示。

③阶梯形空间功能关系。这样的剖面形式，功能都是根据阶梯形退台的特性而布置的，退台部分都以布置办公空间为主，辅助功能布置在远离公共空间的位置。

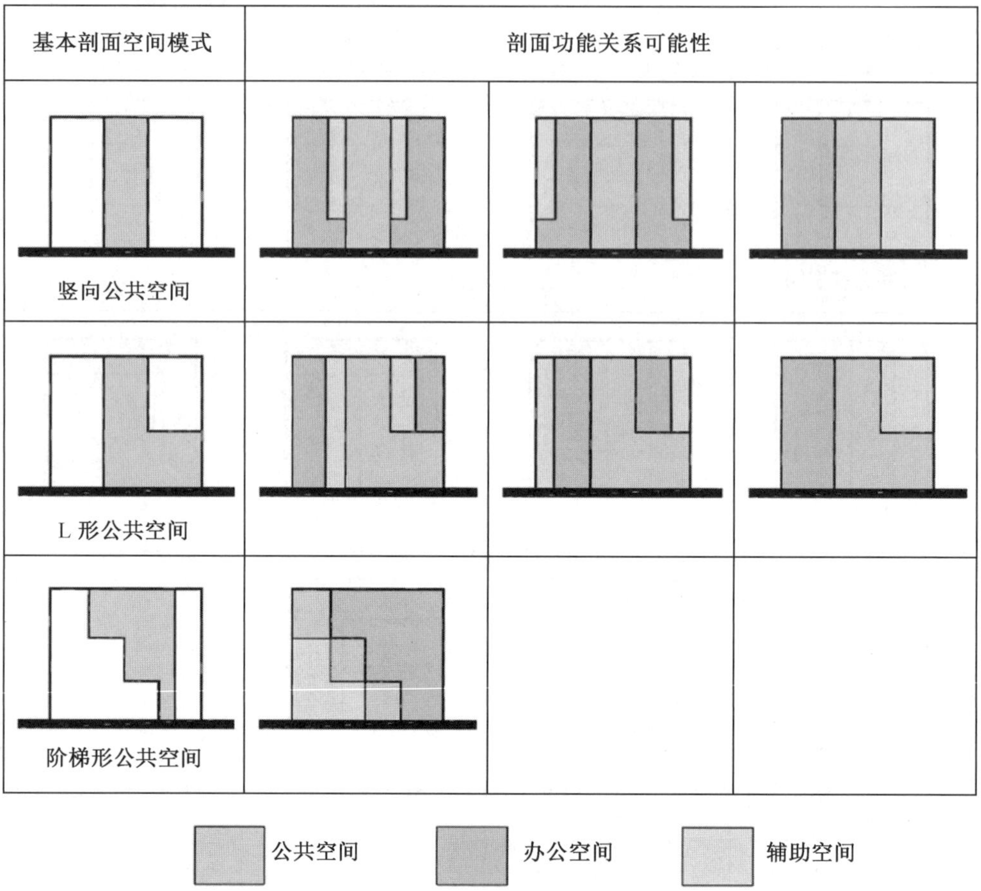

图 3.10　剖面功能关系分析

3.3　严寒地区办公建筑空间现状调查

3.3.1　严寒地区办公建筑调查

本书中的严寒地区办公建筑低能耗设计是建立在实地调研的基础之上的，为了解严寒地区办公建筑综合现状，对哈尔滨市 2003—2013 年间建成的办公建筑抽样调查。

3.3.1.1　样本框建立原则

(1)地域原则。本书中的严寒地区办公建筑综合现状调查选取哈尔滨市为代表城市。哈尔滨市是严寒地区省会城市中纬度最高的城市，冬季寒冷而漫长，冬季建筑外表面平均温度可达零下 20 ℃左右，采暖时间为 10 月 20 日至第二年 4 月 20 日，时间较其他地区长，严寒特征最为明显。哈尔滨市又是严寒地区省会城市中经度较高的城市，有丰富的太阳辐射资源，光热耦合现象明显，故选择哈尔滨市为研究对象进行实地研究。

(2)规模原则。据哈尔滨市政府公布的统计资料：2003 年到 2013 年 10 年间，哈尔滨市市区办公建筑竣工总量为 230 栋,约为同期城市建设总量的 17%。本次调查样本总量为 230 栋,为保证抽样覆盖率,采用分层随机的方法,对不同行政区划、业务类型、建设规模、建设年代分别抽样,调研量为 72 栋;置信区间取 95%,误差取 5%。调研数量占样本总量的 31.3%。

(3)类型原则。分析前述办公建筑,在建筑朝向类型上,无论东西大街还是南北大道,大多数建筑沿街而建,因此,抽取南北朝向和东西朝向的建筑各 50%;从办公建筑的使用类型上,在样本总量中,40.0% 为行政办公建筑,32.2% 为专业性办公建筑,27.8% 为出租类办公建筑。

3.3.1.2　实地调查方法

为保证调查的客观性,提高调查数据的准确性,对不同的调查内容采用不同的调查方法。对长度、宽度、空间尺寸等需要实测的数据,进行现场实地测量,测量工具包括百米绳、卷尺、测距仪等,测量对象为办公建筑基本形状尺寸、外围护结构及内部空间尺寸。对内部空间组织形式、平面布局、空间使用情况、照明设施及控制方式、遮阳设施及控制方式采用观测记录、询问、拍照等方式,则以设计调查问卷结合现场采访的方式了解办公建筑使用者行为及使用者的感受、评价、建议。调查成果总结如下:

(1)实地测量。建筑空间模式及主要设计参数实测成果包括:建筑空间形式及布局简图(平面、剖面);建筑各朝向开窗数量与窗高、宽尺寸;建筑开间、进深、跨数、层高、层数、交通空间及其他公共空间尺度等建筑形体尺寸数据。

实地调研还包括:室内温度、采暖天数等建筑热工参数,采暖期室外平均温度等气候参数,办公建筑使用人员情况、室内换气次数等功能性参数,外窗综合可见光透过比、墙体材料热工特性等建筑材料参数。限于办公建筑的调研难度,以上参数难以达到全部现场调查,为了体现严寒地区办公建筑全貌,参考现场实际情况及已经调查到的部分数据,对部分建筑功能参数、热工参数等非建筑形态数据进行了设定、补全;鉴于建筑形态数据来源于现场实地测量,这一设定对本研究的影响不大。

(2)现场拍摄与观测。对空间模式和使用状态进行记录和观察;对使用者的办公空间光环境信息如自然采光辅助设施及其控制方式、人工照明控制方式、是否有眩光现象等进行实地拍摄调查;对办公空间热环境、温度及太阳辐射强度进行拍摄记录;对办公建筑建设状况、空间布局、使用情况、外部环境等进行观测、拍照、询问并记录。

(3)问卷调查。以现场发放、现场回收的方式填写,以便了解办公建筑的使用者对办公空间光、热环境性能,人工照明控制系统,自然采光辅助设施及其控制系统等方面的主观评价信息以及对自然光的实际感受。调查结果在经过综合整理后,将作为模拟过程中确定边界条件的参考,亦可在优化设计时提供参考。

3.3.2　空间设计参数采集与分析

3.3.2.1　空间组织模式

表 3.1 为实地调研统计结果。结果表明平面带状公共空间、剖面竖向公共空间、L 形辅助空间、独立办公单元(BIL)类型的办公建筑最为普遍,是哈尔滨地区办公建筑最为典

型的空间模式，占到调研总数的 52.7%；数量次之的空间模式是平面点状公共空间、剖面Ⅰ形公共空间、U 形辅助空间、开放办公（COU）类型，占到调研总数的 25%；以下依次是平面带状公共空间、剖面Ⅰ形公共空间、U 形辅助空间、独立办公单元（BIU），占 8.3%；平面点状公共空间、剖面Ⅰ形公共空间、L 形辅助空间、开放办公（COL）类型占 5.5%；平面带状公共空间、剖面Ⅰ形公共空间、L 形辅助空间、开放办公（BOL）类型占 5.5%；平面点状公共空间、剖面Ⅰ形公共空间、U 形辅助空间、独立办公单元（CIU）类型占 2.7%。其中 BIL 和 COU 类型共占样本总数的 77.7%。

表 3.1　哈尔滨地区办公建筑空间典型模式调研表

典型空间模式	样本数量	比例
BIL	38	52.7%
COU	18	25%
BIU	6	8.3%
COL	4	5.6%
BOL	4	5.6%
CIU	2	2.8%
合计	72	100%

3.3.2.2　建筑体型尺度设计数据

（1）BIL 类型办公建筑体型尺度。由调研结果分析总结出：办公建筑 BIL 类型开间方向尺寸在 40 ~ 60 m 之间的占总调研数据的 73.8%，如图 3.11 所示，取长度在 40 ~ 60 m 值域内的样本求平均值得 56 m，因此典型建筑开间方向尺寸参数值域为 40 ~ 60 m，典型模型取值为 56 m。

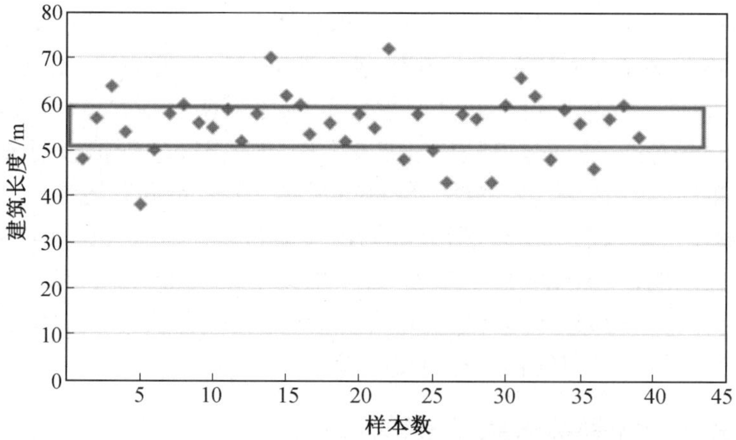

图 3.11　BIL 类型办公建筑开间尺度值域分析

BIL 类型进深尺寸在 12 ~ 18 m 之间的占调研总数的 88.3%，如图 3.12 所示，取长度在 12 ~ 18 m 值域内的样本计算平均值为 16 m，因此 BIL 类型建筑典型进深尺寸参数值域为 12 ~ 18 m,典型模型取值为 16 m。

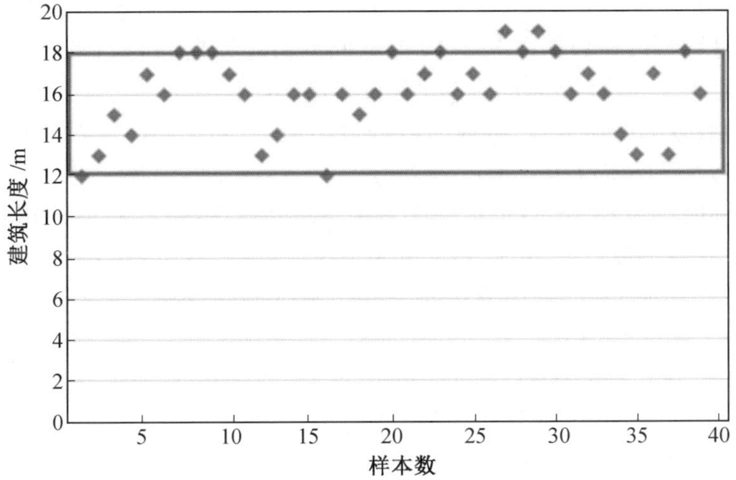

图 3.12　BIL 类型办公建筑进深尺度值域分析

(2)COU 类型办公建筑体型尺度。经调研分析可知,对于 COU 类型的办公建筑开间、进深方向相差不大,长度多在 60 ~ 80 m 之间,占总调研总数的 72.5%,如图 3.13 所示,取长度在 60 ~ 80 m 值域内的样本求平均值为 64 m,故 60 ~ 80 m 为典型建筑开间方向总长度参数值域,典型模型取值为 64 m。

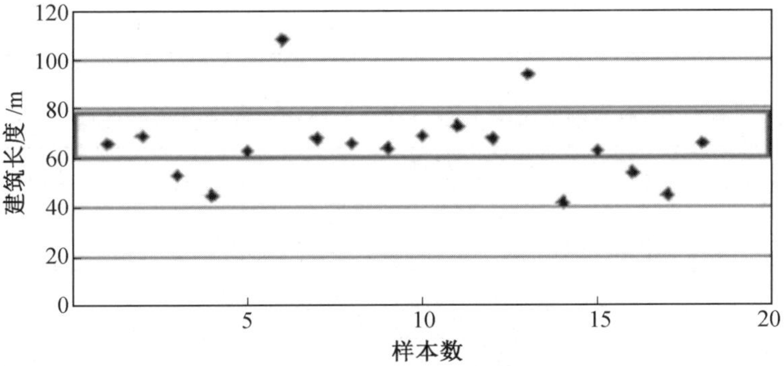

图 3.13　COU 类型办公建筑开间进深尺度值域分析

3.3.2.3　建筑层高及层数

(1)首层层高。相对于普通层,办公建筑首层层高多高于普通层,从调研结果看,各种空间类型的办公建筑首层高度未见明显区别,首层层高在 3.9 ~ 4.5 m 之间的占总调研数据的 86.1%,取其为特征值域,对值域内的样本求平均值为 4.1 m,取其为典型模型首层层高。

(2)标准层层高。BIL 类型办公建筑标准层高度在 3.3 ~ 3.9 m 之间的占总调研数据的 90.1%,取其为特征值域,对值域内的样本求平均值为 3.6 m,取其为典型模型标准层层高。COU 类型的办公建筑占调研总数 90.1% 的标准层层高在 3.6 ~ 4.2 m 之间,取其为特征值域,对值域内的样本求平均值为 3.9 m,取其为典型模型标准层层高。

（3）层数。不同空间类型的办公建筑中层数分布差异较大，对于 BIL 类型，占调研总数 77.3% 的建筑层数为 5 至 6 层，其中 5 层所占比例最高，采用 5 层为典型模型建筑层数；对于 COU 类型而言，其数据在 11 ~ 15 层之间的占总数据的 82.8%，其中建筑层数为 12 层所占比例最高，故采用 12 层为基准模拟建筑层数。

经过对采集数据的值域分析，各体型数据典型值为：对于 BIL 类型办公建筑，进深为 16 m，开间为 56 m，首层层高为 4.1 m，标准层高为 3.6 m，层数为 5 层；对于 COU 类型办公建筑，进深和开间均为 64 m，首层层高为 4.1 m，标准层高为 3.9 m，建筑层数为 12 层。依据值域分析建立各参数数据组，见表 3.2 和表 3.3。

表 3.2　严寒地区典型办公建筑空间设计参数数据组

建筑空间	建筑开间	建筑进深	建筑层高		建筑层数
BIL	40 ~ 60 m（平均值为 56 m）	12 ~ 18 m（平均值为 16 m）	首层	3.9 ~ 4.5 m（平均值为 4.1 m）	5 至 6 层（平均值为 5）
			基准层	3.3 ~ 3.9 m（平均值为 3.6 m）	
COU	60 ~ 80 m（平均值为 64 m）	60 ~ 80 m（平均值为 64 m）	首层	3.9 ~ 4.5 m（平均值为 4.1 m）	11 ~ 15 层（平均值为 12 层）
			基准层	3.6 ~ 4.2 m（平均值为 3.9 m）	

表 3.3　严寒地区办公建筑典型空间模型空间设计参数值域

空间设计参数	参数值域	模数
柱距	6.0 ~ 9.5 m	100 mm
BIL 进深	7.5 ~ 8.4 m	100 mm
BIL 进深数	2 ~ 3	1
BIL 开间	6.0 ~ 8.4 m	100 mm
BIL 开间数	6 ~ 10	1
COU 跨度	8.4 ~ 9.5 m	100 mm
COU 跨数	8 ~ 10	1

3.3.2.4　建筑开窗数据采集与值域确定

窗为光热耦合最直接的表现，其尺度变化导致的窗墙比变化也是变量研究的重点。以下为 BIL 类型办公建筑窗尺度调研数据分析。

（1）窗高。窗台高度集中率极高，基本都为 0.9 m。除首层窗台高度高于标准层之外，窗高在其他各层、各朝向未见明显差异。办公建筑首层层高一般高于其他层，首层窗台高度与标准层窗台高度也不同。首层窗高在 1.8 ~ 2.3 m 之间的占总调研数据的

79.8%，取其为特征值域，对值域内的样本求平均值为 2.2 m，取其为典型模型首层窗高。

标准层窗高在 1.6～2.1 m 之间的占总调研数据的 83.6%，取其为特征值域，对值域内的样本求平均值为 2.0 m，取其为典型模型标准层窗高。

(2)南向窗宽及窗墙比。办公建筑南向窗宽在 1.8～2.3 m 之间的占总调研数据的 82.4%，取其为特征值域，对值域内的样本求平均值为 2.0 m，取其为典型模型南向窗宽。

南向窗墙比主要数据在 0.15～0.40 之间的占总调研数据的 63.6%，取其为特征值域，对值域内的样本求平均值为 0.30，取其为典型模型窗墙比。

(3)北向窗宽及窗墙比。办公建筑北向窗宽在 1.4～1.8 m 之间的占总调研数据的 64.5%，取其为特征值域，对值域内的样本求平均值为 1.6 m，取其为典型模型北向窗宽。

北向窗墙比主要数据在 0.13～0.20 之的占总调研数据的 63.6%，取其为特征值域，对值域内的样本求平均值为 0.15，取其为典型模型北向窗墙比。

(4)东、西向窗宽及窗墙比。办公建筑东、西向窗宽在 0.9～1.5 m 之间的占总调研数据的 72.7%，取其为特征值域，对值域内的样本求平均值为 1.2 m，取其为典型模型东、西向窗宽。

办公建筑东、西向窗墙比数据在 0.13～0.25 之间的占总调研数据的 56.3%，取其为特征值域，对值域内的样本求平均值为 0.18，取其为典型模型东、西向窗墙比。

针对 BIL 类型办公建筑各朝向窗高、窗宽及窗墙比采集数据进行值域分析，建立建筑南、北向建筑开窗数据组(表 3.4)。各数据典型值为，南向办公建筑窗宽为 2.0 m、窗墙比为 0.3，北向窗宽为 1.6 m、窗墙比为 0.15，东、西向窗宽为 1.2 m、窗墙比为 0.18。

对于 COU 类型办公建筑，调研对象总数 18 栋中有 12 栋为幕墙类型，占 66.7%。故将其作为典型模型，窗墙比对于朝向变化不明显。窗墙比值域为 0.6～0.8，典型窗墙比为 0.7。

表 3.4　典型类型办公建筑开窗尺寸数据组

<table>
<tr><th>朝向</th><th colspan="2">南向</th><th>北向</th><th>东、西向</th></tr>
<tr><td rowspan="4">BIL</td><td colspan="2">宽度 1.8～2.3 m
典型值 2.0 m</td><td>宽度 1.4～1.8 m
典型值 1.6 m</td><td>宽度 0.9～1.5 m
典型值 1.2 m</td></tr>
<tr><td colspan="2">窗墙比 0.15～0.40
典型值 0.30</td><td>窗墙比 0.13～0.20
典型值 0.15</td><td>窗墙比 0.13～0.25
典型值 0.18</td></tr>
<tr><td>首层窗尺寸</td><td colspan="3">高度 1.8～2.3 m
典型值 2.2 m</td></tr>
<tr><td>标准层窗尺寸</td><td colspan="3">高度 1.6～2.1 m
典型值 2.0 m</td></tr>
<tr><td>COU</td><td colspan="4">幕墙类窗墙比 0.6～0.8
幕墙类典型窗墙比 0.7</td></tr>
</table>

3.4 寒地现代办公建筑典型模型

典型模型包括空间典型模式和空间设计参数值域两部分。其中空间典型模式是严寒地区办公建筑空间模式经归纳、整理、提炼而来，其过程如本章3.2节所述，它是对现实建筑模式的抽象。空间设计参数值域的确定如本章3.3节所述：首先根据“哈尔滨市办公建筑信息调查”的实地调研结果，确定设计参数特征值域，再根据整体能耗对该参数的敏感程度制定相应的模数，最后确定空间设计参数值域。

3.4.1 严寒地区办公建筑低能耗设计空间典型模型构建

模型系统具有合理、便利、系统的特点，可在方案设计初期即介入设计，并贯穿于整个设计过程；随着设计的深入和数据的完善，在设计的各个阶段起到优化设计、指导决策的作用。本章从建筑空间原型的概念出发，以现代办公建筑基本模型为基础，建立严寒地区办公建筑空间典型模型，再辅以各参数值域及模数，完成严寒地区办公建筑低能耗设计典型模型的建构。

建筑空间原型应具备以下特征：一是能满足基本使用要求，就是说应具有一般建筑空间的全部特性；二是属于抽象的空间形态；三是具有可扩展性，可演化为其他任何类型的空间形态。现代办公建筑空间原型应能满足以上特征，并可作为空间对象的抽象空间形态及组织形式。办公建筑空间原型是建立模型的基础，如图3.14所示。本书研究中涉及的简化性能预测模型、低能耗设计策略、严寒地区办公建筑空间典型模型等都将以空间原型作为研究基础。

模型来自于现实事物，它对事物某方面进行本质性的描述，是经梳理、提纯、精炼后的图形、数字或文字表达。模型具有一般性、可扩展性，支持定量分析和研究，并可明确反映出事物间的本质关系，可作为研究复杂事物及其变化过程的手段。

现代办公建筑基本模型是指在建筑空间原型的基础上抽象空间形态及组织形式，基本模型的建立使得研究具有典型性。根据基本模型可建立其衍生模型，衍生模型更为贴近建筑实例，具有应用普遍性。

在现代办公建筑基本模型的基础上，根据图3.8总结的严寒地区办公建筑基本空间模式及3.3节的调研结果，建立严寒地区办公建筑典型模型，见表3.5及图3.15、图3.16。典型模型深度包括梁柱体系、窗框及幕墙分隔，其他楼层的遮挡影响根据4种主要功能的不同分区计算。

典型模型是根据使用环境做出诸多限定的基本模型，基本模型的全部特征都会在典型模型中体现，换言之，典型模型也就是基本模型在某一情况下的特例。典型模型化繁为简体现出事物的本质特性，来源于现实事物的抽象体现了它的现实性，它既是基本模型的特例体现，也是现实系统的抽象、模仿。严寒地区办公建筑典型模型是指在办公建筑设计阶段可参照的抽象空间组织形式和主要空间设计参数及其特征值域，它反映了严寒地区

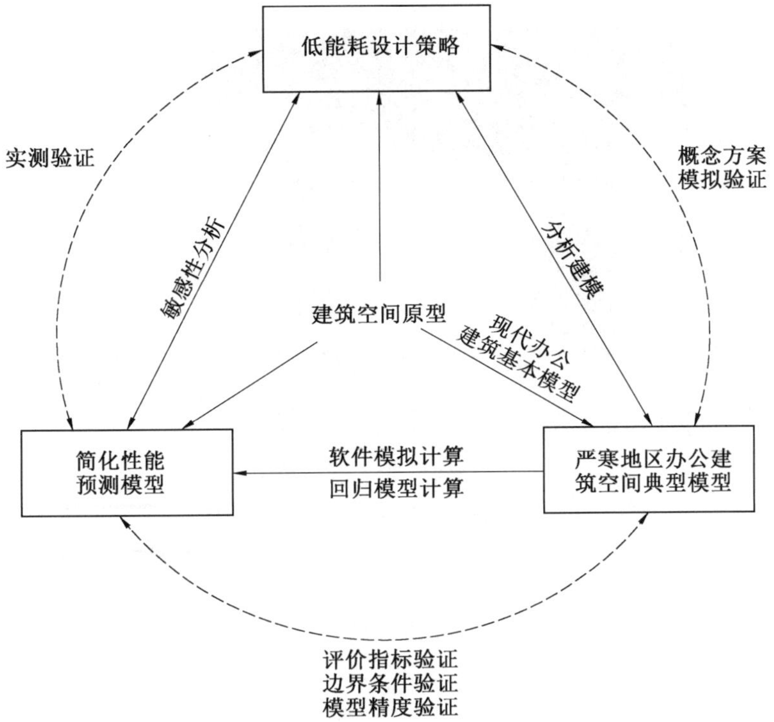

图 3.14　办公建筑空间原型在研究中的基础位置

办公建筑的本质特征,集中体现了地域性建筑主要设计参数与建筑性能之间的关系。严寒地区办公建筑典型模型作为定量分析的基础,使得动态模拟成为可能;低能耗设计方法以典型模型作为研究对象,使复杂的问题简单化,并易于拓展到一般性的问题中。

表 3.5　严寒地区办公建筑典型模型建筑信息

空间模式	BIL			COU		
典型模型	B1	B2	B3	C1	C2	C3
总建筑面积	4 480 m^2	5 440 m^2	6 480 m^2	28 224 m^2	35 721 m^2	44 100 m^2
标准层面积	896 m^2	1 088 m^2	1 296 m^2	3 136 m^2	3 969 m^2	4 900 m^2
层数	5	5	5	12	12	12
长度	56 m	64 m	72 m	56 m	63 m	70 m
宽度	16 m	17 m	18 m	56 m	63 m	70 m
窗墙比	0.15	0.3	0.45	0.6	0.7	0.8

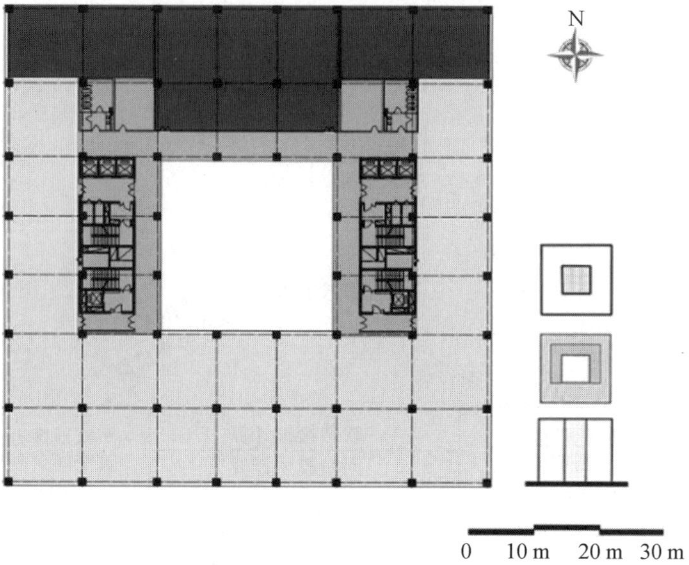

图 3.15　典型空间 COU 模式

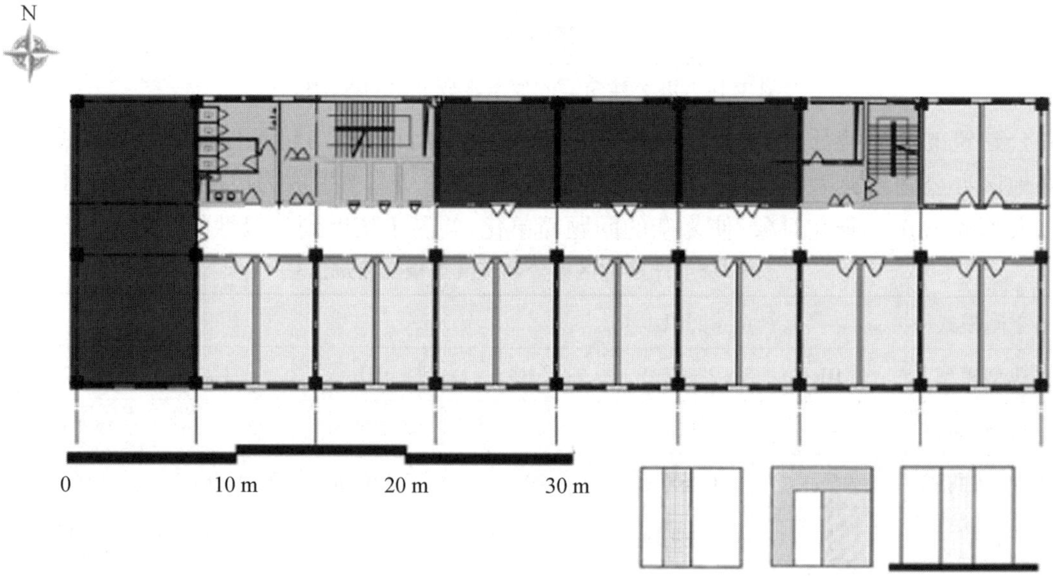

图 3.16　典型空间 BIL 模式

3.4.2　模型系统在建筑设计中的应用

国际能源署(IEA)“模拟走向应用”研究表明:建筑方案初期的规划设计阶段蕴含着40%的建筑节能潜力[115]。我国住房和城乡建设部要求:利用模型系统及建筑数据库等科学手段,优化绿色建筑发展之路。清华大学林波荣教授认为:发展绿色建筑应开展多专业协同,从建筑设计源头抓起,在方案初期即引入低能耗概念,而不是依靠绿色建筑评价体系,被动地进行审查把关[116]。

现阶段我国低能耗设计正处于探索阶段,缺乏指导性的实际案例及能耗数据。特别在方案设计前期,设计者缺少可参照的标杆。在这种情况下,引入模型系统非常必要。

3.4.3　严寒地区办公建筑典型模型系统特征

(1)替代实体建筑体现耗能特性。在方案设计阶段找出与整体能耗相关的设计要素,建立基本能耗模型,以其代替实际建筑,分析能耗设计的地域适应性,进行低能耗设计计算,在方案设计阶段指导低能耗设计。

我国的绿色建筑数据库及低能耗模型系统都处于起步阶段,缺少翔实的经验,这给低能耗设计,尤其是方案阶段低能耗设计带来很大困难。特别是在数据库资料匮乏的情况下,方案设计阶段低能耗模型系统的分析研究,可以为更多的绿色建筑设计提供参考。

(2)去繁存简筛选设计变量。低能耗建筑设计过程中,设计变量十分复杂。技术因素、功能因素、艺术因素等相互影响较大,难以确定优先顺序,典型模型可剥离出低能耗建筑设计各影响因素之间的本质联系,使各影响因素间的权衡成为可能,通过选用合理的影响因子进行分析探讨,达到低能耗设计目的。

(3)清晰可靠。设计者的"头脑风暴"是建筑设计的灵魂,同时这个过程完全依赖设计者的主观意识,也就难逃"黑箱"嫌疑。在方案设计阶段用基本能耗模型体现低能耗、绿色、可持续等现代理念,展示低能耗设计的多种技术策略及其不同的能耗方案,使得方案设计成果的检验更具有直观性、可靠性。

低能耗建筑设计具有系统性,只有对整体能耗及其性能、作用规律有了清楚的认知,才能确定主要影响因素,提出低能耗设计方案,但是,其他建筑的节能经验可能形成设计者的思维定式从而导致设计雷同,这是违背建筑设计初衷的。模型系统对达成上述两方面的统一有重要作用,通过典型模型既可对建筑设计过程中与能耗相关性强的参数进行模拟分析,使设计参数变化与能耗变化趋势的关系清晰,为设计提供深入指导;又有多种多样的衍生方式,也为设计一定程度上变动提供空间,防止方案设计的趋同。

第 4 章 天然光智慧评价技术

严寒地区办公建筑典型模型的建立为光环境动态模拟提供了较精准的建筑模型，本章在此基础上使用哈尔滨市光气候实测数据，修正 Perez 天空模型的总辐射光通量及散射辐射光通量，建立严寒地区光气候 Perez 天空模型。运用 SPSS 软件进行主成分分析，筛选光环境设计变量；运用 DIVA 软件，研究严寒地区办公建筑光环境性能、照明能耗及主要空间设计参数三者之间的关系，建立照明能耗及自然采光性能预测模型，并据此提出严寒地区办公建筑方案设计阶段的自然采光优化设计策略。

4.1 办公建筑自然采光概况

随着照明技术的日益发展，人工光源的应用范围、照明形式、照明效果都在持续更新。高新光技术带给城市绚丽多彩的同时，也存在光照过量、过密的风险，不仅增加照明能耗，还会影响人的视觉判断，导致情绪焦躁，造成“光污染”。而有关采光性能的评价体系过于陈旧，如全球使用采光系数（DF）来评价采光效果已有 100 年历史。传统的算法是根据采光系数和标准年天空统计的预测，既未考虑建筑的朝向，也未考虑地域和时间的光气候差别，因此，不能作为当时当地的实际光环境预测的精准依据。目前，很多国家已经开始使用其他动态参数（如自然采光满足率）作为评价指标替代采光系数。

地域气候设计方法（CBDM）是在标准气象数据的地域性光气候数据的基础上结合当地太阳光及天空条件以及对辐射、光照度的修正，再利用该数据进行设计的方法。这一方法已成为国际建筑采光研究领域的主流趋势，本书中光环境性能及光热耦合环境性能模拟部分就是采用的这种方法。

4.1.1 办公建筑自然采光

4.1.1.1 办公建筑自然采光必要性

自然采光对于人的舒适和健康有着重要作用。由于光的非视觉生物效应，太阳光中不可见光对人体健康有着人工光源无法替代的作用；太阳光效率较人工光源高，其中 47% 的部分为可见光，可为室内提供有效照度，资源丰富且免费可再生。对于办公建筑，白天使用多、耗能高，夜间较少使用、能耗低，能耗时间与自然光可利用时间基本吻合，因此，自然光利用率高。

（1）建筑设计美学的要求。人工照明善于创造独立于周边自然环境的室内光环境，光的运用上甚至可以做到随心所欲。而自然光则可与建筑互动，使建筑与自然交融，营造出人力无法企及的自然美景，透过玻璃窗，室内人员可以融入周边自然环境之中，欣赏自然风光。优秀的建筑师善于利用自然光沟通室内外联系，不仅仅丰富室内光环境，而是把建筑融于自然，把自然引入室内，孰高孰低，毋庸置言。

(2)建筑节能设计的要求。自然光是取之不尽的绿色能源,充分利用自然光,可以全部或是部分关闭人工照明设施,这不仅可以节约能源,也可以减少照明设施向室内的散热量,降低空调负荷。节电的同时还减少了电能的环境污染。办公建筑照明能耗在整体能耗中占有重要比例,合理设置布局、开窗及照明控制系统,可从照明、采暖、制冷等多方面大幅度降低办公建筑能耗需求。且充分利用自然光,可在一定程度上调节、控制用电负荷的峰值和形式。

(3)使用者健康舒适的要求。使用绿色能源、倡导贴近自然是时代的追求,也是健康舒适的要求,将自然光引入室内,可丰富办公空间,提高工作效率,创造舒适健康的办公环境。

4.1.1.2　办公建筑自然采光方式

(1)侧向采光。侧向采光是办公建筑中最为普遍的采光方式。其在高度布置上又可分为高侧窗、中侧窗、高低侧窗及低侧窗。

(2)顶部采光。在以下几种情况时都有可能采用顶部采光:受条件限制无法采用侧向采光;室内使用功能对光线有特殊要求;仅靠侧面采光不能满足要求。顶部采光最常见的形式就是天窗,天窗采光的阳光射入量在不同季节、不同时段、不同地区差异很大,严寒地区太阳高度角较高,容易产生眩光,所以天窗采光在严寒地区中鲜有应用。

(3)中庭采光。中庭即为建筑内部的庭院,是一种将建筑融合于自然的空间设计手法,布局虽显奢华,却为自然采光创造了很好的条件。设计得当能营造出舒适、健康、温暖、明亮的室内光环境。

4.1.1.3　办公建筑自然采光性能要素

自然光不能只限于满足视觉需求,这就是所说的非视觉生物效应,自然光的优劣评价是多指标权衡的结果(表4.1)。值得注意的是:“使用者的行为及系统控制”在自然采光性能构成要素中占有重要地位,受到视觉舒适的限制,直接影响能耗和对自然光的利用(图4.1),是目前的研究热点。

表4.1　自然采光性能构成要素

自然采光性能	评价指标
自然光可用性	自然采光系数 DF
	自然采光满足率 DA
	有效照度 UDI
视觉舒适性	直射日光
	自然采光眩光指数 DGP
	外向视野
能耗	全年照明能耗
	遮阳控制
	太阳辐射贡献量

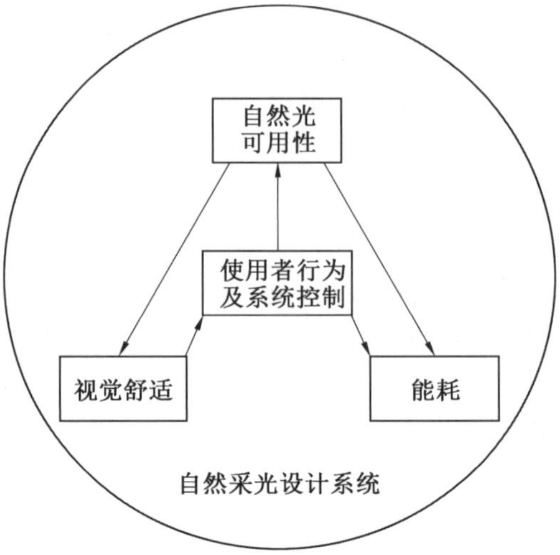

图 4.1　自然采光设计系统构成要素分析

4.1.1.4　办公建筑自然采光现状

办公建筑的特点之一就是进深大，在侧窗采光时，照度值随进深加大急剧下降，临窗处照度值过高，易产生眩光；室内深处照度值过低，满足不了视觉要求。光线过暗或眩光大多都是由照度均匀度导致的。照度均匀度差，是困扰自然采光的主要问题。

实地调研时，样本选定的哈尔滨市 72 栋办公建筑普遍采用侧面采光方式，室内深处照度不足，临近窗口处却产生了眩光。调查发现：大多数办公室一面拉上窗帘以遮挡眩光，另一面使用人工照明来提高工作空间照度，形成了“拉着窗帘开灯”的问题。这不仅是能源的浪费，也是对自然光资源的浪费(图 4.2)。

图 4.2　办公空间自然采光状况调查

一般情况下，设计上改善照度均匀度的常用方法是：在具备条件时，利用天窗、中庭或采光井解决进深大、深处采光不足的问题，但这种方法，在严寒地区办公建筑中较难实现。另一方法，就是设计辅助采光系统，比如遮阳百叶、遮阳板等。遮阳设施不仅遮蔽部分直射光，防止靠窗位置产生眩光，还将直射光的一部分导入空间内部，达到提高空间深处照度水平的目的。

4.1.2　办公建筑室内光环境国家标准

办公建筑采光设计必须遵循国家标准，我国办公建筑室内光环境国家标准主要包括《建筑采光设计标准》(GB 50033—2013)、《建筑照明设计标准》(GB/T 50034—2024)以及《公共建筑节能设计标准》(GB 50189—2015)。

4.1.2.1　《建筑采光设计标准》

依据《建筑采光设计标准》(GB 50033—2013)，办公建筑的采光标准值不应低于表 4.2 的规定。采光系数及照度以第Ⅲ光气候区为基准，使用中需乘以光气候系数 K(表4.3)，哈尔滨地区处于第Ⅳ光气候区，室内采光系数标准值需乘 1.1(光气候系数 K 取值)。

表 4.2　办公建筑采光标准值

采光等级	场所名称	侧面采光	
		采光系数标准值/%	室内自然光照度标准值/lx
Ⅱ	设计室、绘图室	4.0	600
Ⅲ	办公室、会议室	3.0	450
Ⅳ	复印室、档案室	2.0	300
Ⅴ	走道、楼梯间、卫生间	1.0	150

表 4.3　光气候系数 K 值

光气候区	Ⅰ	Ⅱ	Ⅲ	Ⅳ	Ⅴ
K 值	0.85	0.9	1.0	1.1	1.2
室外天然光设计照度值 E_s/lx	18 000	16 500	15 000	13 500	12 000

4.1.2.2　《建筑照明设计标准》

《建筑照明设计标准》(GB/T 50034—2024)规定了办公建筑照明、统一眩光值 UGR、照度均匀度应符合表 4.4 的规定。

表 4.4　办公建筑照明设计标准值

房间或场所	参考平面及其高度	照度标准值/lx	UGR	照度均匀度 U_0	Ra
普通办公室	0.75 m 水平面	300	19	0.60	80
高档办公室	0.75 m 水平面	500	19	0.60	80
会议室	0.75 m 水平面	300	19	0.60	80
视频会议室	0.75 m 水平面	500	19	0.60	80
接待室、前台	0.75 m 水平面	200	—	0.40	80
服务大厅	0.75 m 水平面	300	22	0.40	80
设计室	实际工作面	500	19	0.60	80

续表 4.4

房间或场所	参考平面及其高度	照度标准值/lx	UGR	照度均匀度 U_0	Ra
文件整理、复印、发行室	0.75 m 水平面	300	—	0.40	80
资料、档案室	0.75 m 水平面	200	—	0.40	80

注:①垂直照度不宜低于 300 lx;

②此表适用于所有类型建筑的办公室照明;

③Ra 为一般显色指数。

可见,对于同样的空间,照明标准较采光标准略高,也证明了自然光的生物效率是比较高的。根据以上标准,本节对于人工照明条件下的办公空间、会议空间的工作面照度选用 450 lx 作为标准,交通空间和辅助空间选用 150 lx 为标准。

4.1.2.3 《公共建筑节能设计标准》

《建筑照明设计标准》(GB/T 50034—2024)规定了办公空间室内各表面的反射比宜符合表 4.5 的规定。

表 4.5　办公空间室内表面反射比标准值

表面名称	反射比
顶棚	0.60～0.90
墙面	0.30～0.80
地面	0.10～0.50
桌面、工作台面、设备表面	0.20～0.60

《公共建筑节能设计标准》(GB 50189—2015)规定人员长期停留的房间内,表面可见光反射比宜满足表 4.6 要求。

表 4.6　办公空间室内表面反射比标准值(人员长期停留的房间内)

表面名称	反射比
顶棚	0.70～0.90
墙面	0.50～0.80
地面	0.30～0.50

根据以上标准的要求,结合实地调研中对于办公建筑空间表面材料的观察,确定各种表面反射比的典型值:地面为 0.4、顶棚为 0.8、外墙为 0.5、内墙为 0.7、桌面为 0.2、门为 0.2。玻璃或其他透光材料的可见光透射比,直接影响自然采光效果和人工照明能耗。根据《公共建筑节能设计标准》(GB 50189—2015)规定,透光围护结构的可见光透射比不得小于 0.4[91]。本书中可见光透射比为重要影响因素,综合考虑节能标准和材料特性,选其典型值域为 0.40～0.90。

4.1.2.4　我国《公共建筑节能设计标准》与其他国家相关标准比较

依照美国、日本、俄罗斯等国家的节能标准进行国内外办公建筑照度标准值对比，具体见表 4.7。由表可知，我国节能标准中对于照度的要求较其他国家相对较低，可见随着发展我国办公建筑对照度的要求还有提升空间，因此在设计中需要考虑适当增加照度。

表 4.7　国内外办公建筑照度标准值对比

房间或场所	GB 50189—2015	CIE S 008/E—2001	美国 IESNA -2000	日本 JIS Z 9110-1979	德国 DIN50 35-1990	俄罗斯 $CH_{M\ II}$ 23-05-95	GBJ I33-90
普通办公室	300	500	500	300 ~ 750	300	300	100 ~ 200
高档办公室	500	—	—	—	500	—	—
会议室、接待室、前台	300	500	300	300 ~ 750	300	200	100 ~ 200
辅助	—	300	500	200 ~ 500	—	300	—
服务大厅、营业厅	300	—	300	750	—	—	100 ~ 200
重要营业	—	—	500	1 500	—	—	—
设计室	500	750	750	750 ~ 1 500	750	500	200 ~ 500
文件整理、复印、发行室	300	300	100	300 ~ 750	—	400	50 ~ 100
资料档案室	200	200	—	150 ~ 300	—	75	50 ~ 100

4.2　基于 HDR-I 的光环境实测技术

本书使用的 DIVA 软件是以 Radiance 为计算内核，众所周知：Radiance 是权威的光环境分析模拟软件，已经过多方验证，而 DIVA 也是经验证、可信任的模拟软件。因此，本节仅需验证所建立的建筑模型及其边界条件，即可保证光环境模拟结果的正确性。本书即使用 HDR-I 的光环境实测技术，验证严寒地区办公建筑典型模型及其边界条件的设置正确性。

4.2.1　测点布置及多曝光时间 LDR 图像拍摄

（1）测量对象：哈尔滨某幕墙类办公建筑。

（2）测量时间：2014 年 10 月 11 日上午 10：10（晴），2014 年 12 月 05 日上午 10：52

（阴）。

（3）测点分布。实测一栋幕墙类办公建筑的自然采光分布情况，该办公建筑的空间模式符合典型模型中的点状平面、I 形剖面公共空间、H 形辅助空间、开放办公、COU 模式，在该办公建筑中取 9 个取景点，景点分布如图 4.3 所示，以其功能及使用者的不同作为取点依据。场景 1 和场景 2 在入口的接待台处，是从办公人员站立的高度看向室外，从这个视角和高度来拍摄他们视野里的亮度分布。场景 3 至场景 8 这 6 个位置是办公位置，以办公人员坐高的角度向外拍摄，在保证使用者坐姿视角的高度与相机镜头高度相等的前提下，拍摄工作状态中的视野内景象。场景 9 是行人位置，用于考察大厅中两处通高的玻璃幕墙造成的眩光干扰，选取正对幕墙以站立的高度向外拍摄。9 个视角拍完图片后，经处理取得的数据结果如图 4.4 所示。其中，彩色数据代表其亮度值高于临界值，被定义为眩光位置。本书为方便眩光比较，综合考虑 3 种不同的眩光标准（DGP、DGI、UGR），将眩光的等级定义为 4 个等级，从低到高分别为：无法察觉、可察觉、干扰性及无法忍受。在图 4.4 中不同颜色的数据代表不同等级的眩光：红色代表最严重的眩光情景（无法忍受），橙色代表干扰性眩光，黄色代表能够可察觉到的眩光，而黑色则代表没有眩光问题的存在（无法察觉）。

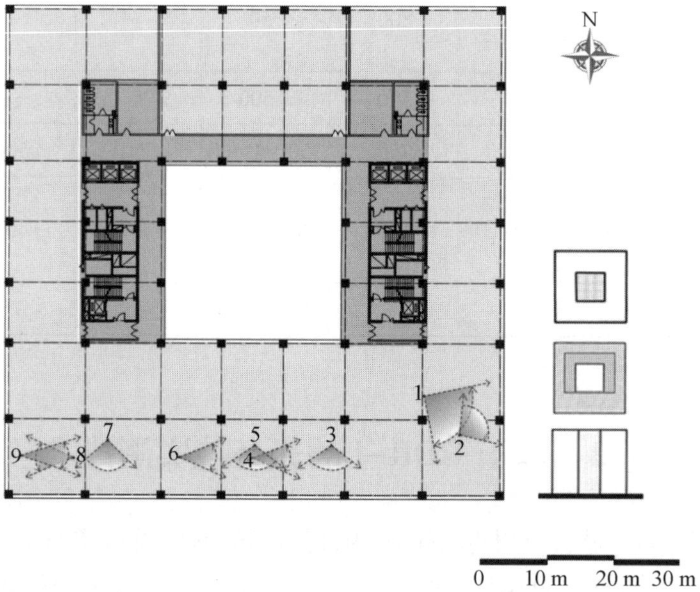

图 4.3　HDR-I 测点布置

在晴天和全阴天两种情况下各选择一次进行照片的拍摄，分别从以上 9 个场景进行 LDR 图像的拍摄，并同时在室外拍摄天空的 HDR-I，用于对比模拟使用。

SCENE	$HDRSD_{3000}$	$HDRSD_{7X}$	$HDROD_{3000}$	$HDROD_{7X}$
S1	1.00	1.00	0.52	0.49
S2	1.00	1.00	0.17	0.17
S3	1.00	1.00	0.30	0.30
S4	0.72	0.72	0.16	0.16
S5	0.92	0.89	0.33	0.33
S6	0.65	0.65	0.19	0.19
S7	1.00	1.00	0.44	0.43
S8	0.50	0.42	0.22	0.23
S9	0.67	0.67	0.19	0.19

图 4.4　HDR-I 实测的 DGP 值

4.2.2　实测与软件模拟数据比较

模拟数据仍为 4.2.1 中建立的模拟情景组、参数设定及其模拟结果；实测数据如图 4.4 所示。图 4.5 所示为 9 个场景下的 HDR-I 中计算得到的 DGP 值与同时刻、同天空状况下经 DIVA 模拟得到的 DGP 值，经图中比较可知，HDR-I 计算得到的 DGP 值略高于模拟仿真值。结果表明，在晴天条件下，9 个场景中的 8 个存在着无法忍受程度的严重眩光；在全阴天条件下也有 7 个场景存在可察觉程度的眩光。

SCENE	$HDRSD_{3000}$	$SIMSD_{3000}$	$HDRSD_{7X}$	$SIMSD_{7X}$	$HDROD_{3000}$	$SIMOD_{3000}$	$HDROD_{7X}$	$SIMOD_{7X}$
S1	1.00	1.00	1.00	1.00	0.52	0.20	0.49	0.20
S2	1.00	0.68	1.00	0.65	0.17	0.20	0.17	0.20
S3	1.00	1.00	1.00	1.00	0.30	0.19	0.30	0.21
S4	0.72	1.00	0.72	1.00	0.16	0.18	0.16	0.18
S5	0.92	0.47	0.89	0.47	0.33	0.20	0.33	0.21
S6	0.65	1.00	0.65	1.00	0.19	0.14	0.19	0.15
S7	1.00	0.62	1.00	0.61	0.44	0.20	0.43	0.20
S8	0.50	0.38	0.42	0.37	0.22	0.18	0.23	0.19
S9	0.67	1.00	0.67	1.00	0.19	0.15	0.19	0.15

图 4.5　HDR-I(HDR)计算的 DGP 值与 DIVA 模拟(SIM)的 DGP 值
(图中第 2~5 列为晴天条件下数值，第 6~9 列为全阴天条件下数值)

图 4.6 所示为场景 8 在晴天和全阴天两种条件下的 HDR-I 和 DIVA 模拟结果对比，可见伪彩图中二者有着相当类似的亮度分布和阴影。HDR 图像和 DIVA 模拟仿真的对比结果表明：DIVA 模拟所得是反映真正的照明环境的结果，且在晴天阳光直射的条件下计算误差更小更精确。

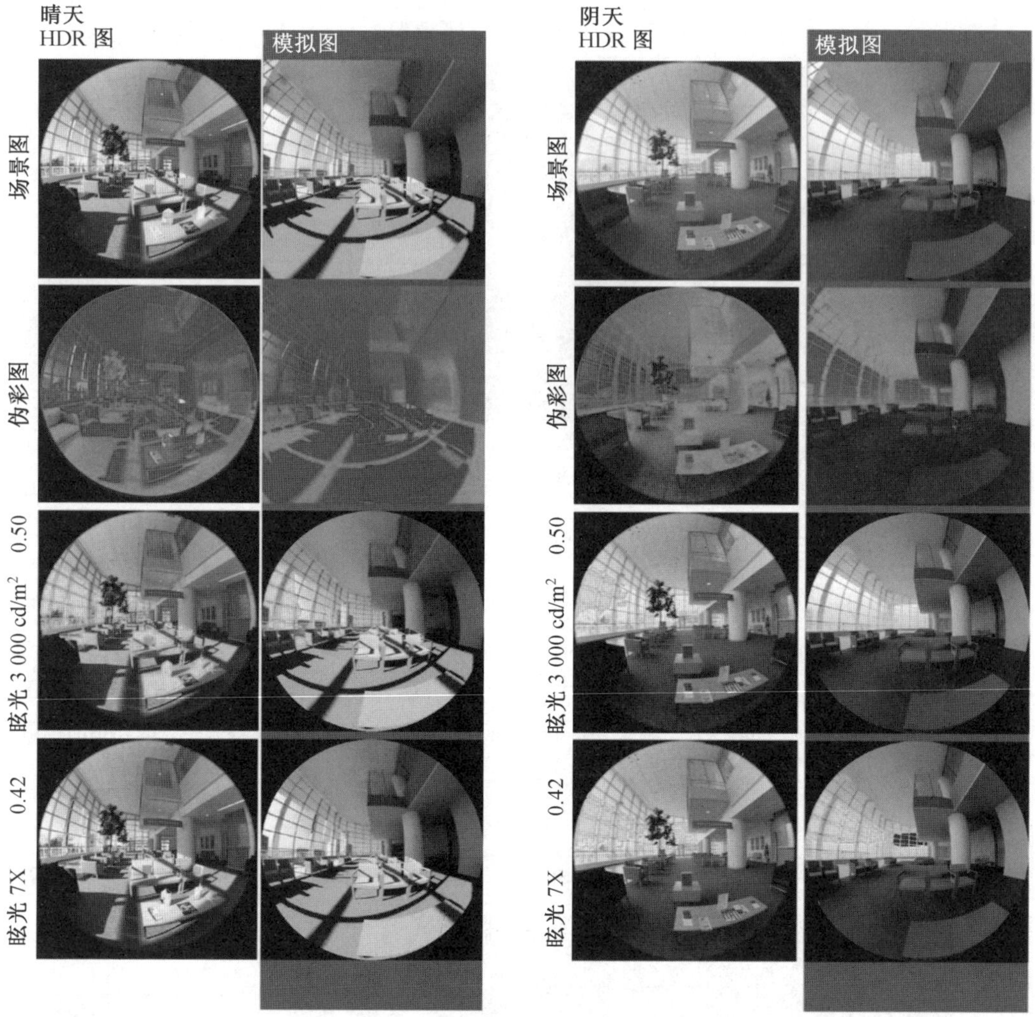

图 4.6　场景 8 HDR-I 实测与 DIVA 模拟结果比较

4.2.3　T 检验及其结果

为了判断模拟数据与实测数据是否相关,或者说 DIVA 的模拟结果是否可靠,本书使用 SPSS 进行 T 检验(student's t test)。T 检验是用于小样本(样本容量小于 30)的两个平均值差异程度的检验方法,采用 T 分布理论来推断差异发生的概率,从而判定两个平均值的差异是否显著。设计了配对比较实验,比较晴天和全阴天两种条件下的 HDR-I 和建模模拟渲染的 DGP 值之间的关系。

根据计算,表 4.8 列出了实测的代表性晴天和全阴天的 HDR-I 与 DIVA 模拟计算的 DGP 值相比较的 T 值,$n=9$,df=8(自由度,degree of freedom,df$=n-1$),$\alpha=0.01$。$T(8)$刚好为 3.355,是两组数据测试的临界值,若 $T(8)<3.355$ 即说明两组数据没有明确差异概率。看表可知,所有数据均小于 3.355,证明了 DIVA 的动态采光计算结果是可靠的,反映的是真正的照明环境,模拟结果可以用于预测模型的建构。

表 4.8　HDR-I(HDR)与 DIVA 模拟(SIM)DGP 值的 T 值

对比组	T 值
$HDRSD_{3000}$ & $SIMSD_{3000}$	0.260
$HDRSD_{7X}$ & $SIMSD_{7X}$	0.511
$HDROD_{3000}$ & $SIMOD_{3000}$	2.814
$HDROD_{7X}$ & $SIMOD_{7X}$	2.758

4.3　基于访谈及问卷调查的光舒适调查技术

4.3.1　办公空间光环境舒适情况调查

(1)光舒适调查的目的。

本书的自然光舒适性能评价分为照度满足程度和使用者的感觉满足程度两个方面:采用有效照度 UDI 来作为照度满足程度评价指标;使用者的感觉满足程度评价,采用 DGP_{3000} 及 DGP_{7X} 作为眩光评价指标,但 DGP 作为使用者满足程度的评价指标是不充分的。

郝洛西等总结光对人类的影响作用有三个方面:一是足够的光照让我们看清目标,这是光的视觉作用;二是日出日落的自然光照维持我们身体的生物钟,如睡眠和觉醒的周期,这是光的节律作用;三是光能够影响人们的情感和心理,起到情绪调节作用[117]。吴硕贤院士在 2017 年提出的光景概念[118]从光环境与空间构成、材料分布结合的角度来衡量光环境的品质,并基于光源的种类分为自然光景和人工光景。光景概念的提出和光景学的建立,表明仅从充足度和舒适度两方面评价视觉功效的局限性,对光环境研究起到了重要的指导作用[119]。总结以上观点,以 DGP 作为使用者满足程度的评价指标存在以下不足。①不同的人群对炫光的感受或称忍受程度是不同,物理评价指标无法精准表达不同人群的眩光感受;②物理评价指标无法难以评价光环境的情绪调节作用;③光景的概念更不是物理评价指标所能评述的。

为了弥补上述物理评价指标的不足,本节讨论基于访谈及问卷调查的光舒适调查技术。

(2)光舒适调查问卷的构成(表 4.9)。

调查问卷分为四部分:个人信息、光环境舒适度评价、自然采光设计基础信息和自然采光辅助系统使用情况。个人信息包括性别和年龄、职业等问题;办公空间光环境舒适度分为完全不舒适、不舒适、适中、舒适、完全舒适 5 个单项选择;自然采光设计基础信息主要调查人工照明、自然采光辅助系统、控制方式及办公室利用自然采光的频率;办公空间自然采光辅助系统主要调查辅助系统的使用习惯和使用情况。

表 4.9　办公空间光环境设计及舒适情况调查问卷

一．个人信息

1. 性别　□男　□女

2. 年龄　□<21　□21～30　□31～40　□41～50　□>50

3. 职业　□建筑设计相关行业　□政府公务人员　□业务办公

二．办公空间光环境舒适度

4. 您觉得您所在的办公空间自然采光环境舒适程度

□完全不舒适　□不舒适　□适中　□舒适　□完全舒适

5. 您觉得您所在的办公空间工作面照度是否满足舒适度

□完全不舒适　□不舒适　□适中　□舒适　□完全舒适

6. 您觉得您所在的办公空间环境亮度是否满足舒适度

□完全不舒适　□不舒适　□适中　□舒适　□完全舒适

7. 您觉得您所在的办公空间工作面照度均匀度是否满足舒适度

□完全不舒适　□不舒适　□适中　□舒适　□完全舒适

8. 您觉得您所在的办公空间是否有眩光情况，程度如何

□完全不舒适　□不舒适　□适中　□舒适　□完全舒适

三．办公空间自然采光设计基础信息

9. 您觉得对自然采光设计效果影响最大的是

□建筑设计人员　□室内设计人员　□设备控制系统　□办公空间使用者

10. 您所在的办公空间人工照明控制方式

□使用者控制开关　□连续调节　□自动感应

11. 您所在的办公空间自然采光辅助（遮阳）系统

□遮阳窗帘　□遮阳百叶　□遮阳搁板　□其他室外遮阳设施　□其他室内遮阳设施

12. 您所在的办公空间利用自然采光的频率

□大部分时间　□经常　□有时　□很少　□从不

13. 如果上文选择很少或从不，您不利用自然采光的原因

□工作面照度不够　□眩光　□过热　□调整遮阳设施麻烦　□其他

四．办公空间自然采光辅助系统使用情况

14. 您所在的办公空间目前人工照明系统是否开启

□开启　□关闭，靠自然采光

15. 您开启人工照明是由于

□工作面照度不够　□环境亮度不够　□眩光□平时总是开启　□遮阳设施控制麻烦

16. 您在办公时间中途离开时会关闭人工照明系统吗

□会关闭　□没有注意

17. 您在下班离开时会关闭人工照明系统吗

□会关闭　□没有注意

18. 您所在的办公空间目前遮阳系统是否在使用状态

□使用中　□关闭，靠自然采光

19. 您开启遮阳系统是由于

□眩光　□过热　□调整遮阳设施麻烦　□没有注意控制　□其他

20. 您平时控制遮阳系统的频率

□每天多次　□每天一次　□3、4 天一次　□每周一次　□没有注意过

4.3.2　严寒地区办公建筑参数测量采集

严寒地区办公建筑参数测量采集见表 4.10。

表 4.10　严寒地区办公建筑参数测量采集表

建筑空间几何参数			
主要功能用房	房间进深	房间开间	房间高度
功能用房一			
功能用房二			
功能用房三			
辅助功能用房	房间进深	房间开间	房间高度
辅助功能用房一			
辅助功能用房二			
辅助功能用房三			
交通空间	房间进深	房间开间	房间高度
中庭空间一			
中庭空间二			
中庭空间三			
走廊空间一			
走廊空间二			
建筑内部门	门高	门宽	门位置(距最近墙体)
A 型门			
B 型门			
柱距及柱的尺寸			
交通核尺寸			
空降组织形式(以图示简要表达)			

续表 4.10

建筑基本信息					
工程名称				建筑规模	
采集人、采集时间				设计时间	
建设地点				建筑类型	
建筑形态几何参数					
建筑朝向		建筑层数		建筑层高	
建筑开间		建筑高度		建筑高度	
建筑平面形式简图					
建筑外窗	南向	北向	东向	西向	总计
每开间窗数					
窗宽					
窗高					
可开启扇参数	南向	北向	东向	西向	总计
尺寸					
个数					
建筑外观照片					
	南向	北向	东向	西向	总计
建筑外墙面积					
建筑窗面积					
建筑窗墙比					
建筑屋顶面积		体形系数		建筑基底部面积	
备注					

续表 4.10

<table>
<tr><td colspan="7">建筑场地气候参数</td></tr>
<tr><td>场地经纬度</td><td colspan="2"></td><td colspan="2">气候区类型</td><td colspan="2"></td></tr>
<tr><td>地貌环境</td><td colspan="2"></td><td colspan="2">采暖期室外均温</td><td colspan="2"></td></tr>
<tr><td>空气比热容</td><td colspan="2"></td><td colspan="2">下空气密度 t_e</td><td colspan="2"></td></tr>
<tr><td>场地日照辐射强度</td><td colspan="2"></td><td colspan="2">最冷月室外均温</td><td colspan="2"></td></tr>
<tr><td>场地全年主导风向</td><td colspan="2"></td><td colspan="2">最热月室外均温</td><td colspan="2"></td></tr>
<tr><td>过渡季及夏季
盛行风、风向、风速</td><td colspan="2"></td><td colspan="2">冬季盛行风、
风向、风速</td><td colspan="2"></td></tr>
<tr><td colspan="7">建筑热工设计参数</td></tr>
<tr><td>采暖期天数</td><td colspan="2"></td><td colspan="2">室内设计温度</td><td colspan="2"></td></tr>
<tr><td>建筑空调系统类型</td><td colspan="2"></td><td colspan="2">建筑采暖系统</td><td colspan="2"></td></tr>
<tr><td>灯罩隔热系数</td><td colspan="2"></td><td colspan="2">灯具类型</td><td colspan="2"></td></tr>
<tr><td>灯具数量</td><td colspan="2"></td><td colspan="2">灯具照明效率</td><td colspan="2"></td></tr>
<tr><td colspan="7">建筑热工设计参数</td></tr>
<tr><td>采暖期天数</td><td colspan="2"></td><td colspan="2">室内设计温度</td><td colspan="2"></td></tr>
<tr><td>建筑空调系统类型</td><td colspan="2"></td><td colspan="2">建筑采暖系统</td><td colspan="2"></td></tr>
<tr><td>灯罩隔热系数</td><td colspan="2"></td><td colspan="2">灯具类型</td><td colspan="2"></td></tr>
<tr><td>灯具数量</td><td colspan="2"></td><td colspan="2">灯具照明效率</td><td colspan="2"></td></tr>
<tr><td>传热系数</td><td>南向</td><td colspan="2">北向</td><td colspan="2">东西</td><td>西向</td></tr>
<tr><td>外墙面传热系数</td><td></td><td colspan="2"></td><td colspan="2"></td><td></td></tr>
<tr><td>外窗传热系数</td><td></td><td colspan="2"></td><td colspan="2"></td><td></td></tr>
<tr><td>屋面传热系数</td><td></td><td colspan="2">总传热系数</td><td colspan="3"></td></tr>
<tr><td>外墙面构造
形式与材料</td><td colspan="6"></td></tr>
<tr><td colspan="7">建筑功能设计参数</td></tr>
<tr><td>每周使用天数</td><td colspan="2"></td><td colspan="2">每日使用时间</td><td colspan="2"></td></tr>
<tr><td rowspan="2">建筑使用人数</td><td colspan="2">平时：</td><td colspan="2" rowspan="2">换气次数</td><td colspan="2" rowspan="2"></td></tr>
<tr><td colspan="2">高峰时：</td></tr>
<tr><td>建筑内部产热</td><td colspan="2">单因子功耗</td><td colspan="2">数量</td><td colspan="2">产热时间</td></tr>
<tr><td>电子设备</td><td colspan="2"></td><td colspan="2"></td><td colspan="2"></td></tr>
<tr><td>人员</td><td colspan="2"></td><td colspan="2"></td><td colspan="2"></td></tr>
<tr><td>其他设备</td><td colspan="2"></td><td colspan="2"></td><td colspan="2"></td></tr>
</table>

4.4 基于软件模拟的光舒适仿真技术

4.4.1 模拟软件及其应用

为了准确把握光环境的效果、照明系统的性能和运行情况，我们对 Radiance、Daysim、DIVA 等光环境模拟软件进行比较分析，从中选定适用本书的模拟软件。

4.4.1.1 模拟软件

(1) Radiance。

Radiance 是一款计算机模拟软件，广泛应用于建筑光环境性能模拟评价。在自然采光设计领域，通过对物理真实环境的模拟，实现光环境预测，主要预测成果包括：具有真实感的图片、自然光利用时间、眩光指数、室内亮度、室内照度、人工照明的使用情况等，其预测成果计算精度好、准确性高，在确定以下光环境设计变量时可作为参考：建筑朝向、窗户尺寸及其类型、遮阳设施类型及其控制方式、玻璃类型、照明控制方式、室内表面材料、房间布局等。鉴于 Radiance 软件的开源性以及在光环境模拟领域的权威性，多位学者对其进行过对比验证[120-122]，本节选择的软件 DIVA for Rhino，也是以 Radiance 为计算核心。

(2) Daysim。

Daysim 是一种全年动态自然采光模拟软件，它基于 Radiance 计算内核，采用 Tregenza 提出的日光系数(DC)法计算室内照度，它能够综合计算直射光、漫射光与地面反射光对室内自然采光的影响，并适于全年的阴天、晴天和多云天空等各种天空条件。

(3) DIVA for Rhino。

DIVA for Rhino 以基于地域的光气候模型作为评估光环境的基础，DIVA for Rhino 是在 Radiance 和 Daysim 的基础上，以 Radiance 为计算核心，是目前公认其精确性的光环境性能模拟软件，本书中使用的是 DIVA 2.1.1 版本，2017 年已经更新到 4.0 版本。DIVA 的计算原理和模拟框架如图 4.7 所示。

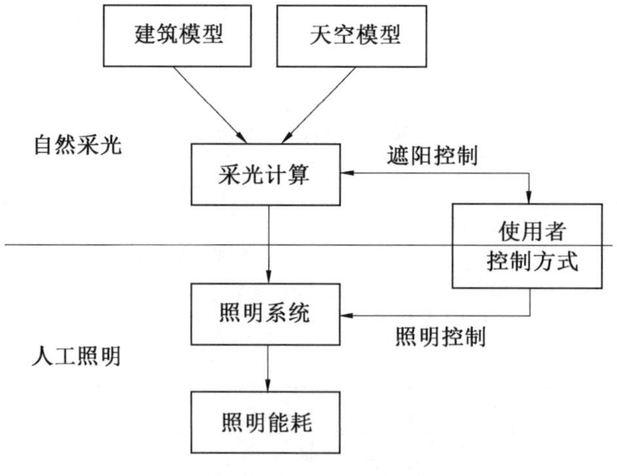

图 4.7 DIVA 的计算原理和模拟框架

DIVA for Rhino 的主要优势如下。

①DIVA for Rhino 以 Radiance、Daysim 为计算核心，计算精度和方法经过多位学者验证，证明结果准确可行；②该软件直接使用 Rhino 的强大建模功能，并可与 Grasshopper、Sketch 等主流建模软件交互体验；③支持多种天空模型如 CIE、Perez，并支持基于地域性光气候的模拟计算；④既能进行全年逐时动态光环境模拟预测，也能进行即时静态光环境模拟预测，尤其是以基于地域性的气候模型作为模拟基础；⑤界面友好、简单易学，适合设计、研究人员学习使用。其模拟的流程如图 4.8 所示。

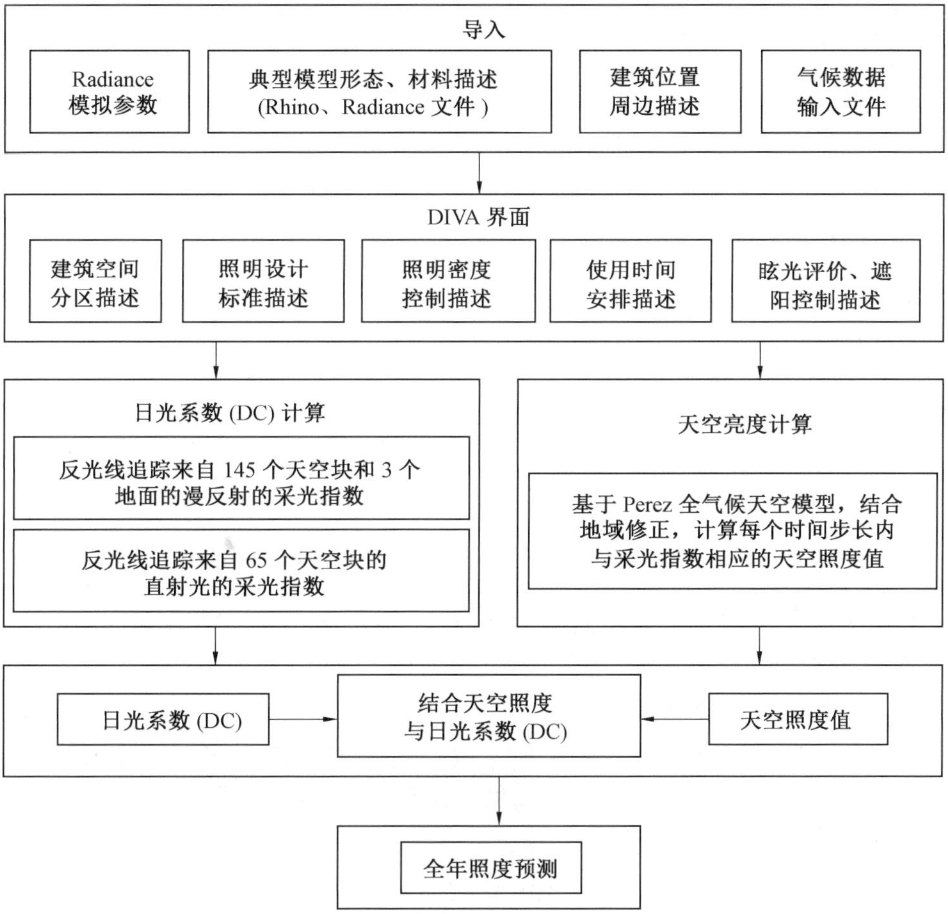

图 4.8　DIVA 的模拟流程

4.4.1.2　模拟软件比较确定

每一款软件都具有各自独特的使用性能和相应的应用领域，直接比较无法确定孰优孰劣，表 4.11 列出了前述 3 种软件的使用特性、应用领域，通过分析比较，结论如下。

(1) Radiance 是一款比较专业的软件，功能强大但使用复杂，其强大的可扩展性和精确性适宜于对复杂场景进行模拟和渲染，常被用于其他界面友好软件的计算内核。

(2) Daysim 软件采用 Skartveit- Olseth 模型，主要用于照明能耗分析，计算速度稍慢。

(3) DIVA 软件在 Radiance 和 Daysim 的基础上，对算法和模型进行了进一步简化，改进了计算方法,在保证精确性的前提下提高了运算速度,可应用于建筑全年的采光动态分析和照明能耗计算等领域,以基于地域性的光气候模型为基础。

表 4.11 各软件比较分析

软件	软件性能						应用领域	使用者
	计算能力			易用性	数据接口	可扩展性		
	核心算法	计算速度	计算精度					
Radiance	蒙特卡洛采样	慢	高	差	RAD 文件输入、DATA \ PIC 文件输出	好	光环境模拟仿真	研究人员、设计人员
Daysim	Perez 天空模型及计算模型、Skartveit - Olseth 模型	中	高	好	图形界面、图形文件输入	—	照明能耗分析	研究人员、设计人员
DIVA	蒙特卡洛采样、Perez 天空模型及计算模型	快	高	好	Rhino 建模、支持数据库	—	光环境模拟仿真及能耗分析	设计人员、研究人员

经比较分析,考虑到光线追踪方法、界面友好程度、运算时间等因素,选择 DIVA for Rhino 作为本书光环境模拟软件。

4.4.1.3 室内照度计算方法

本书以日光系数法(DC)作为室内照度计算方法。其原理是:将天空半球划分为若干个天空面元,认为室内给定的某点 P,必与某一天空面元相对应(图 4.9),日光系数 DC 可以描述 P 点照度与某面元间的关系:

$$\mathrm{DC}_i = \frac{E_i}{L_i \Delta S_i} \tag{4.1}$$

式中 S_i——第 i 个天空面元的立体角(°);

L_i——第 i 个天空面元的亮度($\mathrm{cd/m^2}$);

E_i——第 i 个天空面元在该点形成的照度(lx)。

因此,整个天空在 P 点形成的照度可用下式表示:

$$\boldsymbol{E} = \sum_{i=1}^{n} \mathrm{DC}_i \cdot L_i \cdot \nabla S_i \tag{4.2}$$

$$\boldsymbol{E} = \sum_{i=1}^{n} \mathrm{DC}_i \cdot L_i \cdot \nabla S_i + \sum_{j=1}^{m} \mathrm{DC}_j \cdot L_j \cdot \nabla S_j + \sum_{k=1}^{l} \mathrm{DC}_k \cdot L_k \cdot \nabla S_k \tag{4.3}$$

在最原始的 DC 方法中,$n=145$,$m=1$,$i=65$。

用矢量 $\boldsymbol{D}=[D_1,D_2,\cdots,D_n]$ 表示 n 个天空面元的日光系数，用矢量 $\boldsymbol{E}=[E_1,E_2,\cdots,E_m]^{\mathrm{T}}$ 表示室内照度，则日光系数 $\boldsymbol{D}$ 也可写成 $m\times n$ 矩阵：

$$\begin{bmatrix} E_1 \\ E_2 \\ \vdots \\ E_m \end{bmatrix} = \begin{bmatrix} D_{11} & D_{12} & \cdots & D_{1n} \\ D_{21} & D_{22} & \cdots & D_{2n} \\ \vdots & \vdots & & \vdots \\ D_{m1} & D_{m2} & \cdots & D_{mn} \end{bmatrix} \times \begin{bmatrix} S_1\ L_1 \\ S_2\ L_2 \\ \vdots \\ S_n\ L_n \end{bmatrix} \tag{4.4}$$

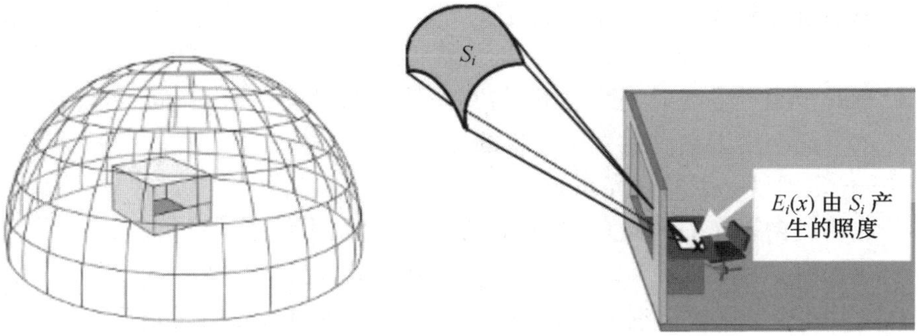

图 4.9　日光系数法概念

用 DIVA 软件计算室内照度时，将整个天穹细分为 145 个天空面元，选用 3 个附加面元表示地面反光，选取 65 个太阳位置代表直射日光，由于因素考虑周密，从理论上讲，日光系数法计算室内照度适用于任意天空状态（图 4.10）。公式如下：

$$\boldsymbol{E} = \sum_{i=1}^{145} \mathrm{DC}_i \cdot L_i \cdot \Delta S_i + \sum_{j=1}^{1} \mathrm{DC}_j \cdot L_j \cdot \Delta S_j + \sum_{k=1}^{65} \mathrm{DC}_k \cdot L_k \cdot \Delta S_k \tag{4.5}$$

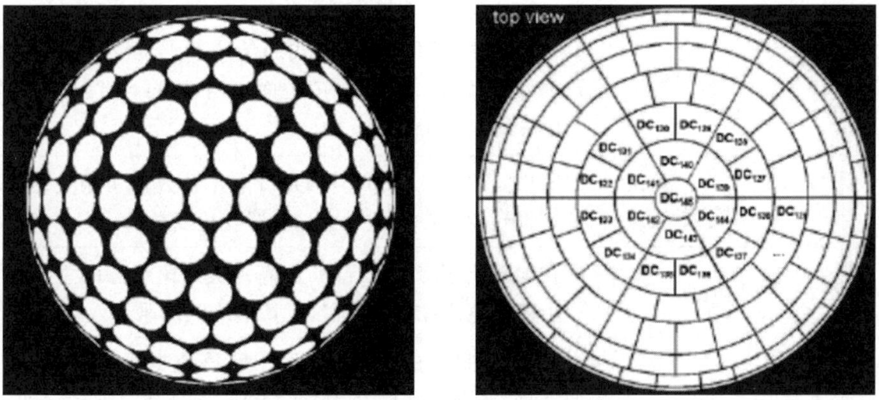

(a) Tregenza 等划分方法　　(b) Reinhart 等划分方法

图 4.10　天空面元划分方法

4.4.2　模拟参数设定

4.4.2.1　办公建筑空间光环境设计影响因素

办公建筑采光设计是以保证室内工作面照度为基本目标。故可根据自然采光条件下的室内工作面照度计算方法分析影响室内光环境的空间设计要素。

计算室外自然光条件下某点的照度：

$$E_w = \alpha \cdot \sin \theta \tag{4.6}$$

式中 E_w ——全阴天空漫射光情况下，在室外无遮挡水平面上由天空漫射光所产生的照度，lx；

θ ——太阳距水平面的高度角，(°)；

α ——太阳总辐射照度，lx。

计算室内自然光条件下某点的照度：

$$E_n = C \cdot E_w \tag{4.7}$$

式中 E_n——全阴天空漫射光照射下，与室外某点照度同一时间、同一地点、室内计算平面上由天空漫射光所产生的照度，lx；

C——室内某一点的采光系数。

办公建筑侧窗采光的采光系数，考虑的是最小值，可按下式计算：

$$C_{min} = C'_d \cdot (\tau \cdot \tau_c \cdot \tau_w) \cdot K'_\rho \cdot K_w \cdot K_c K_f \tag{4.8}$$

式中 C_{min} ——全阴天空漫射光照射下，计算平面上侧窗采光的采光系数最小值；

C'_d ——侧窗窗洞口的采光系数，与窗台高度、计算点至窗户宽度及建筑长度相关，具体数值可查表。

表 4.12 自然采光影响因素分析表

	序号	影响因素	对自然光照度的影响
重要影响因素	1	建筑所在地的经纬度、计算日期	太阳高度角的变化较大，且会对室内光环境产生较大影响；太阳高度角与建筑所在地的经纬度、计算日期密切相关
	2	建筑朝向	立面的朝向会较大地影响自然采光效果和照明能耗，特别是在 ON/OFF 照明控制模式的条件下。通常情况下，自然采光的效果为南立面>东立面>西立面>北立面，即 $DA_S > DA_E > DA_W > DA_N$
	3	窗墙比	窗户面积、窗户朝向与采光口采光系数密切相关，且在办公建筑设计中窗户面积与窗户位置变化复杂
	4	窗高	在窗墙比不变的情况下，窗高是决定窗形态的主要因素，决定了窗的宽高比，很大程度上影响房间的采光效果
	5	层高进深比	即房间净高与房间进深的比值，该值也影响着全年采光满足率，层高进深比越大，DA 和 DA_{con} 均越高。限制房间深度是一项传统的采光经验法则，在侧向采光的建筑中，整体房间的深度有一个限度
	6	跨度	房间跨度在窗尺寸不变的情况下直接影响到窗地比，也是影响自然采光效果的重要因素
	7	窗的综合可见光透过比	对室内自然采光照度影响很大，且在建筑设计中取值范围较大，在 0.2~0.9 之间

续表 4.12

	序号	影响因素	对自然光照度的影响
一般影响因素	8	材料反射比	玻璃反射比、墙面反射比、天花板反射比、地板反射比在《建筑采光设计标准》(GB 50033—2013)中对于办公建筑设计中取值范围在 0.1 ~0.2 之间,波动很小,因此影响较小
	9	建筑长度	建筑长度对办公建筑能耗影响较大,但由于公共建筑节能标准中对于建筑的体形系数有严格要求,建筑长度不可能无限制发展,故其对自然采光影响有限
	10	窗结构的挡光折减系数	严寒地区的窗结构多选取双层、三层玻璃,其窗结构的挡光折减系数在规范的上下浮动范围在 0.1 ~0.2 之间,波动很小,因此影响较小
	11	室内构件的挡光折减系数	在《建筑采光设计标准》(GB 50033—2013)中适用于办公建筑的钢筋混凝土实体梁与网架的取值差仅为 0.1,因此影响较小
可忽略影响因素	12	时间	本书是动态全年模拟,可不考虑日差别
	13	晴天方向系数	我国严寒地区属Ⅳ类光气候区,可不考虑晴天方向系数
	14	污染折减系数	公共建筑窗玻璃的污染折减系数取值固定
	15	墙面面积、天花板面积、地板面积	墙面面积、天花板面积、地板面积是由建筑高度、跨度、长度决定的,且影响方向一致,不做重复考虑
	16	室外建筑物挡光折减系数	本书不做考虑,可在具体设计中酌情取值

根据以上自然采光条件下的室内工作面照度计算公式分析得到影响室内光环境的建筑空间设计要素,包括窗墙比、建筑朝向、层高进深比等 22 项。从实际设计的角度分析该 22 项影响室内自然采光的因素,可按其与设计的相关性、可变范围及重要程度分为重要、一般、可忽略三大类。与设计行为直接相关、取值范围较大或对室内光环境影响程度大的因素归类为重要影响因素;与设计行为间接相关、取值范围较小或对室内光环境影响不大的因素归类为一般影响因素;可忽略影响因素是指与设计无关、有固定取值或影响程度有限可在设计中忽略的因素。

4.4.2.2 基于地域性光气候的天空模型

光环境动态模拟影响因素众多、运算过程复杂,其中包含随机性变化,使其精度很难保证。在本书中应用 Trnsys 软件,通过插入法获得短步长光气候数据,利用地域性光气候实测数据(包括辐射光照度、照度、太阳辐射和亮度等天空及太阳参数)来修正 Perez 天空模型，以期最大限度地提高光环境动态模拟的准确性和精度。

（1）辐射光照度观测。

本书从实际观测出发，使用实测数据修正 Perez 天空模型及计算模型生成反映哈尔滨市真实天空状态的天空模型。再利用典型气象年数据步长（1 h），使用 Trnsys 软件用插入法计算得到较短时间步长（15 min）的室外直射照度、散射照度和天空亮度分布等地域性光气候数据，以此作为动态采光计算的基础。

由于本书研究工作的需要，建立室外气候观测站（设备为锦州阳光 PC-3 便携式气象站），设在哈尔滨工业大学建筑学院食堂楼顶（N45°75′，E126°64′）。光气候观测设备主要为照度观测系统，其设计参数符合 CIE 相关技术文件的要求。

通过分析，给出 2015 年 9 月至 2016 年 8 月的月平均总辐射照度和散射照度分布图，如图 4.11所示。

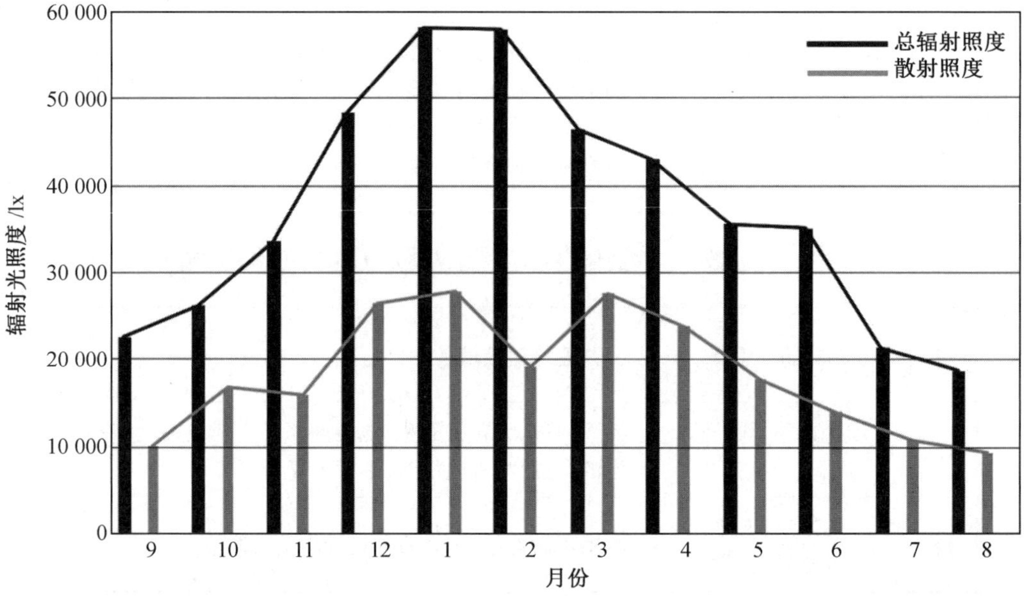

图 4.11　哈尔滨市 2015 年 9 月至 2016 年 8 月的月平均总辐射照度和散射照度分布图

（2）辐射光照度计算模型。

辐射光照度模型是地域性光气候之中最基础的模型。其主要目的是根据已有的太阳辐射照度数据获得相应的光照度数据。

辐射照度数据是可以被观测的天空状况客观因素，在气象部门也可以取得资料，天空辐射照度和光照度的关系可用下式表示：

$$K = \frac{E}{G} = \frac{K_m \int_{380}^{780} G_\lambda \ V_\lambda d\lambda}{\int G_\lambda \mathrm{d}\lambda} \tag{4.9}$$

式中　E——光照度；

　　　G——辐射照度；

G_{λ} ——太阳辐射光谱分布；

V_{λ} ——光谱光视效率；

λ ——波长；

K_{m}——明视觉条件下的最大光谱光视效率，取值 683 lm/W，对应波长为 555 nm。

分析公式(4.9)可知光照度是根据天空辐射照度及辐射光照度模型计算得到的。故如何确定辐射照度及光效或辐射光光效模型的选择就直接决定光照度数据的准确。

采用以 1 h 为步长的气候数据进行模拟运算在建筑领域应用较多，常见的模拟软件如 EnergyPlus 提供的逐时典型年气候数据就是以 1 h 为步长，DIVA 可以利用该数据进行计算。此处不采用年为步长气候数据主要两方面原因：一方面国外测得的我国气候数据未必准确，并且有气候要素缺项；另一方面我国幅员辽阔，光环境气候与地域性联系极大，天空状态瞬息万变，不适宜以典型年数据作模拟计算的基础。

故本书中辐射照度的选用是以 EnergyPlus 提供的逐时典型年气象数据为基础，并用实测光照度加以修正。本书采用的光效模型为 Perez 等人提出的辐射光光通量效率模型（简称辐射光光效模型），该模型基于4个主要参数的影响：太阳天顶角 θ_z、空气中的降水量 W、天空明亮度 Δ、天空清洁度 ε。具体公式如下：

$$K = a_i + b_i W + c_i \cos\theta_z + d_i \ln\Delta \tag{4.10}$$

$$\Delta = m\frac{E_d}{E_o} \tag{4.11}$$

式中　K——总辐射光通量 lm/W；

m——大气光学质量；

E_d——地面散射辐射照度或光照度；

E_o——大气层外的辐射照度；

a_i、b_i、c_i、d_i——根据天空清洁度 ε 确定的系数。

$$\varepsilon = \frac{[(E_d + E_b)/E_d] + k\theta_z^3}{1 + k\theta_z^3} \tag{4.12}$$

式中　ε——天空清洁度；

E_b——地面法向辐射照度或光照度；

k——θ_z 以(°)为单位时 k 取 5.535×10^{-6}。

图4.12所示为通过 Trnsys 处理后，步长分别为 1 min 和 1 h 的辐射总量数据对比。由图可知，1 h 步长较大，时间步长的数据描述信息更丰富，但时间步长过大会造成最终运算结果误差较大。根据辐射照度、辐射光照度模型按上述方法计算得到的数据步长为 1 h，为提高光环境性能模拟精度以及满足照明控制系统的模拟要求，需要步长为 15 min 的光气候数据。因此，本节模拟中采用了插入法，利用 Trnsys 软件获得短时间步长光气候数据，这在一定程度上弥补了细节，减小误差。

(3)天空模型。

根据光效模型及辐射照度数据所计算得到的数据不足以完成室内光环境性能的模拟运算，还需要以某种天空模型为载体获取亮度数据。目前较为权威的天空模型有 CIE 和 Perez 两种。

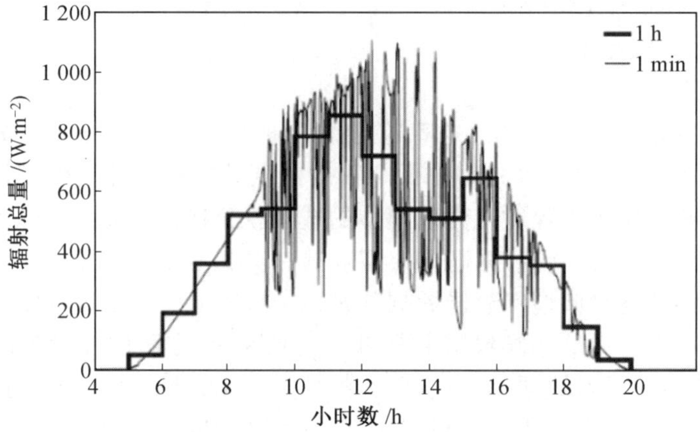

图 4.12　1 h 步长与 1 min 步长数据对比

国际照明委员会(CIE)很早就分别提出了全阴天和全晴天的标准天空模型(1942年、1972年)。并于1991年在实测全球各地光照度、天空亮度、辐射照度等数据基础上,结合大气吸收函数和散射函数,提出了15种标准天空,基本可以覆盖常见的天空类型。为了确定CIE标准天空是否符合哈尔滨市的光气候特征,以下讨论哈尔滨市标准天空构成,以及不同标准天空的出现频率。

对任一时刻,通过实测的每点天空亮度除以天顶亮度如式(4.13)所示,再计算相应的太阳高度角和方位角,得到该时刻的天空亮度,即为公式(4.14)。

$$L_n = \frac{L_a}{L_z} \tag{4.13}$$

$$L_{ij} = \frac{L_{aj}^i}{L_z^i} = \frac{f(x_j) \cdot \varphi(Z_j)}{f(Z_s) \cdot \varphi(0)} \tag{4.14}$$

计算天空实测亮度值与各标准天空的标准差,标准差最小的即为当前的天空类型,计算公式如下:

$$rms_i = \sqrt{\frac{1}{145}\sum_{j=1}^{145}(L_{ij} - L_n)^2} \tag{4.15}$$

通过以上计算方法,可按月份给出15种标准天空出现的频次,得到表4.13。可见15种CIE标准天空出现频次分布并不均等的,第1、9、10号标准天空出现的频次均大于25%,而第14、15号标准天空出现的频次均小于1%;在1月份占主导的第9号标准天空在8月份就较少出现,6、7月份出现第1号标准天空的频次更高,而3、4月份各天空类型分布较平均。

Perez天空模型可以反映不同气候条件下某地的天空亮度分布的全气候天空亮度模型。该天空模型基于地域性辐射照度的实测值,为了提高光环境模拟精度,考虑到太阳天顶角 θ_z、天空明亮度 Δ、晴朗指数£ 、可降水量 W 等因素影响后,建立天空亮度模型,该模型反映当地天空特性,适合用于动态光环境性能的模拟。

表 4.13　哈尔滨市 2015.09—2016.08 不同月份的天空类型分布频率

	9 月	10 月	11 月	12 月	1 月	2 月	3 月	4 月	5 月	6 月	7 月	8 月
1	9.6	7.1	12.9	12.4	21.7	6.4	16.5	18.9	16.2	22.2	40.4	11.5
2	1.7	1.4	0.3	0.0	2.5	2.6	3.0	1.6	1.4	4.1	3.9	1.9
3	14.6	4.6	9.1	13.9	13.5	11.0	10.0	7.1	2.5	11.9	3.2	19.2
4	5.2	1.9	0.3	0.0	0.8	4.0	2.7	5.4	11.0	19.9	5.3	13.5
5	5.2	14.2	25.3	21.4	7.1	15.5	8.5	1.7	0.4	3.3	0.9	1.3
6	3.1	8.4	1.7	1.6	0.3	1.2	6.3	4.7	3.7	12.2	7.1	9.0
7	1.3	1.0	1.2	1.3	1.6	1.2	2.1	8.0	9.1	4.2	7.7	9.2
8	0.9	0.0	0.0	0.0	1.6	1.0	0.4	4.0	4.7	0.4	5.7	0.4
9	10.0	44.9	43.6	42.0	40.1	41.1	12.6	3.0	7.6	4.9	4.1	2.6
10	23.3	11.3	0.2	0.0	3.1	7.1	15.4	6.5	24.8	12.0	7.6	20.5
11	10.6	2.2	1.7	1.6	1.7	1.5	5.4	15.7	7.8	2.2	4.3	9.6
12	14.4	0.8	1.2	2.0	1.6	1.8	14.6	20.6	9.7	2.3	8.0	0.9
13	0.0	1.8	0.9	1.8	1.6	2.3	1.1	0.5	0.5	0.6	0.7	0.4
14	0.0	0.5	0.9	1.3	1.6	2.0	0.7	1.3	0.4	0.0	0.6	0.0
15	0.0	0.0	0.5	0.5	1.4	1.3	0.7	1.0	0.2	0.0	0.5	0.0
总	100	100	100	100	100	100	100	100	100	100	100	100

$$L_z = E_d[a_i + b_i\cos Z_s + c_i\exp(-3Z_s) + d_i\Delta] \tag{4.16}$$

式中的各个待定系数可按表 4.14 确定。

其中 a_i、b_i、c_i、d_i 共 4 个系数待定值可以统一用以下公式表示：

$$x = x_1 + x_2 Z_s + \Delta(x_3 + x_4 Z_s) \tag{4.17}$$

$$c = \exp[(\Delta(c_1 + c_2 Z_s))^{c3}] - 1 \tag{4.18}$$

$$d = -\exp[\Delta(d_1 + d_2 Z_s)] + d_3 + \Delta d_4 \tag{4.19}$$

式中各待定系数见表 4.14。

表 4.14　天顶亮度待定系数表

编号	天空类型	天空晴朗指数		天顶亮度待定系数			
		下限	上限	a	b	c	d
1	全阴天空	1	1.065	40.86	26.77	-29.59	-45.75
2		1.065	1.23	26.58	14.73	58.46	-21.25
3		1.23	1.5	19.34	2.28	100	0.25
4		1.5	1.95	13.25	-1.39	124.79	15.66
5		1.95	2.8	14.47	-5.09	160.09	9.13
6		2.8	4.5	19.76	-3.88	154.61	-19.21
7		4.5	6.2	28.39	-9.67	151.58	-69.39
8	全晴天空	6.2	—	42.92	-19.62	130.8	-164.08

为了验证 Perez 天空模型的适应性，开展了如下实测验证工作。从 2015 年 9 月至 2016 年 8 月，以哈尔滨市为代表对严寒地区的总辐射照度、散射辐射照度进行了实测。观测地点设在哈尔滨工业大学建筑学院食堂楼顶(图 4.13)。

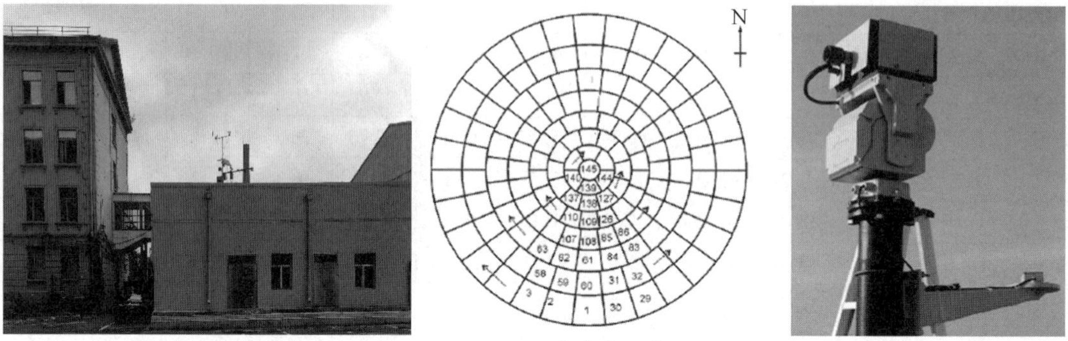

(a) 照度观测装置　　(b) 天空亮度测点　　(c) 光谱式天空扫描亮度计

图 4.13　哈尔滨市光气候观测站

根据上述分析，在 15 种 CIE 模型中，全阴天空的天空亮度分布与太阳位置无关，L_z/E_d 近于常数在 0.4 左右；对于其他天空，L_z/E_d 随太阳高度角增减而变化，其值在 0.2 ~ 0.4 之间。由于在非阴天空条件下，L_z/E_d 随太阳高度角的增加有明显变化，这些变化均符合 Kittler 等人的研究结果，证明了 Perez 天空模型较适合在我国的光气候条件下使用。

为了验证 Perez 天空模型是否适用于我国严寒地区光气候条件，用实测的光气候数据(总辐射照度效率及散射辐射照度效率)与 Perez 天空模型典型年数据进行比较。计算时间为办公建筑使用时间与自然采光可利用时间吻合的部分(8:00 ~ 17:00)的全年平均值，见表 4.15。

表 4.15　根据 Perez 模型计算的照度值与实测值的偏差

	总辐射照度效率	散射辐射照度效率
实测值($lm \cdot W^{-1}$)	94.7	124.2
Perez 模型($lm \cdot W^{-1}$)	99.9	119.7
平均相对偏差	5.2%	-4.4%

使用实测辐射光通量效率数据(2015.09—2016.08)修正 Perez 模型系数，修正后的系数见表 4.16。

表 4.16　经修正的 Perez 模型系数

编号	天空类型	ε		总辐射光系数				散射辐射光系数			
		下限	上限	a_i	b_i	c_i	d_i	a_i	b_i	c_i	d_i
1	全阴天空	1	1.07	85.28	-11.81	10.53	-13.04	70.37	-11.4	21.49	-20.95
2		1.06	1.23	78.00	1.67	14.88	-12.35	80.26	3.01	18.83	-15.79
3		1.23	1.50	69.09	0.53	19.09	-16.66	81.90	2.01	14.32	-20.27
4		1.50	1.95	81.56	0.94	19.81	-4.22	81.38	1.14	33.09	-20.23
5	中间天空	1.95	2.80	60.56	1.98	23.31	-14.85	53.49	1.11	36.26	-39.59
6		2.80	4.50	73.92	2.29	26.38	-3.89	79.22	1.93	6.88	-29.66
7		4.50	6.20	48.82	2.56	27.49	-14.89	114.75	3.83	-26.44	-20.62
8	全晴天空	6.20	—	60.63	2.83	22.13	-9.35	146.45	2.50	-32.06	-7.24

南向水平照度模拟值和实测值的拟合点沿 x 轴分布，分布于 x 轴上方的数据点较多，可知模拟值较实测值普遍偏大，拟合点距离 x 轴较大（图 4.14），可见 Perez 天空模型对于南向水平照度的模拟误差相对较大。从修正后与实测值的拟合关系看，修正后的模型拟合点距离从 x 轴较原模型小，说明哈尔滨市光气候更接近于修正后的 Perez 模型。

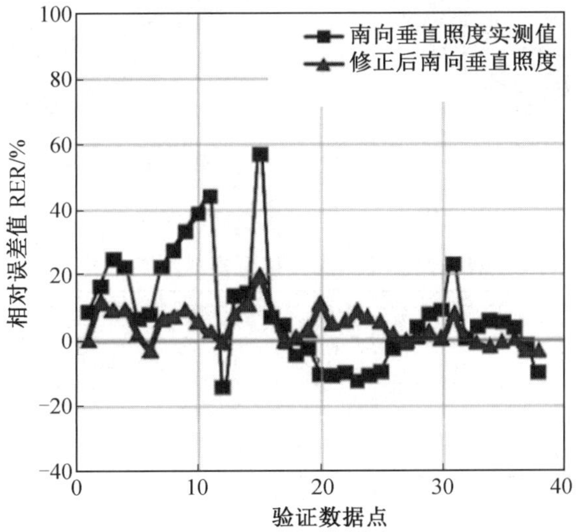

图 4.14　天空模型水平南向照度相对误差分析图（来源：作者自绘）

4.4.2.3　模型精度验证及其他参数设定

（1）模型提取及精度确定。

提取第 3.3.3 节中建立的严寒地区办公建筑典型模型及参数值域，在 Rhino 中建立典型模型。

采光分析使用的软件 DIVA 是以采光系数法为计算依据，模型的深度会很大程度上影响计算结果，为了保证模拟结果的可靠性，首先建立 3 组不同深度的模型（图 4.15），再根据模拟结果与实测值之间的误差来确定最终典型模型的建模深度。3 组模型的深度区别标准是，有无梁柱体系及幕墙分隔、有无其他楼层影响以及有无建筑内部分区和辅助空间分隔墙，其他设置均相同。经模拟计算，第 1 组和第 3 组与实测误差百分比相差 64%（表 4.17），可见模型深度对于计算结果的影响不容小觑。本书选用距实际结果最相近的第 3 组，模型深度作为模拟计算的典型模型深度。

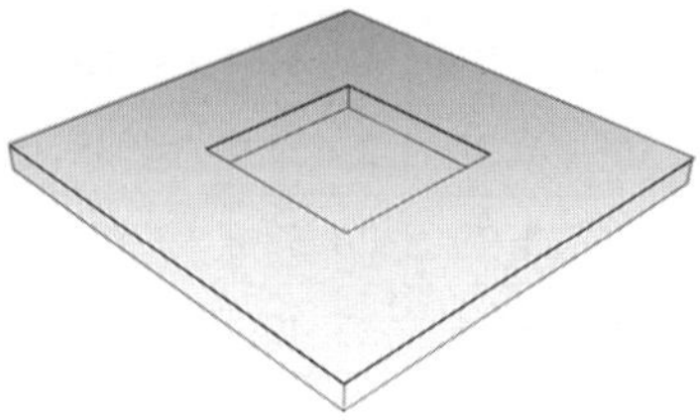

(a) 第 1 组单层无柱无幕墙分隔无分区

(b) 第 2 组 9 层有柱有幕墙分隔无分区

(c) 第 3 组 9 层有柱有幕墙分隔有分区

图 4.15　典型模型建模深度

表 4.17　不同深度模型模拟数值分析

实验组号	柱子及幕墙分隔条	分区数	建筑层数	平均值 DA	与实测误差百分比
1	无	1	1	84.2%	70%
2	有	1	9	74.5%	50%
3	有	3	9	52.5%	6%

（2）参数设定。

根据不同模型复杂程度以及遮阳系统状态的不同需要选择恰当的参数设置，参数设置过高会使模拟计算时间指数级别增长，参数设置过低会使模拟结果不稳定、误差较大。本书中 Radiance 参数设定以相同条件做 10 次模拟，误差不超过 5% 为基准，具体参数设定见表 4.18。

表 4.18　系统参数设置

参数	描述	最小	精确	非常精确	最大	选取数值	时间影响	渲染影响
-ab	环境反射次数	0	2	5	8	2	数值增倍,计算时间增加 1 倍	数值低,光线在阴影区过于平滑
-aa	环境精度	0.5	0.15	0.08	0	0.15	数值增倍,计算时间增加 4 倍	阴影边缘不规则,减小 1/4 的值
-ar	环境分辨率	8	128	512	0	128	依据不同场景,数值增倍,计算时间增加 4 倍	出现阴影错误,则成倍或 4 倍增加参数值
-ad	环境分样值	0	512	2 048	4 096	512	数值增倍,计算时间增加 1 倍	如出现较多光斑点,成倍增加参数值
-as	环境超采样值	0	256	512	1 024	256	数值增倍,计算时间增加 1 倍	如出现较多光斑点,增加 - ad 值的 1/2

使用 DIVA for Rhino 计算可使用自然采光区域的大小。DIVA 的优势在于直接与 Rhino 强大的建模功能相结合,并且 DIVA 的动态计算采用的是 Perez 全气候天空亮度模型,观测数据显示哈尔滨市全年天空情况仅有 7.1% 为全阴天的情况,故哈尔滨市实际的天空状况并不适合用 CIE 全阴天天空模型描述。

本书的研究对象为我国严寒地区办公建筑,调研工作主要针对哈尔滨市办公建筑,建筑模型的地理位置选定在哈尔滨。使用的典型年气候数据来源于 EnergyPlus 数据库(LOCATION, HARBIN, CHN, IWEC Data, 509530, 45.72, 126.68, 8.0, 143.0)TMY2 数据格式。

照明功率密度值根据调研成果,按不同分区、不同功能、不同朝向选择,取值见表 4.19。其他模拟参数设定见表 4.20。

表 4.19　各分区照明功率密度分布　　W/m²

朝向	公共空间	开放式办公	办公室	会议室
北	6.6	18	13	15
南	3.4	15	10	13

表 4.20　模拟参数设定

工作面高度	0.85 m
办公空间工作面照度要求	≥450 lx
会议空间工作面照度要求	≥450 lx
公共空间照度要求	≥150 lx
墙面反射系数	地面：40%
	外墙：50%
	内墙：70%
	天花板：80%
	门：20%
	桌面:20%
计算网格	1 m×1 m
典型模型层数	9（中心公共空间）
	5（带状公共空间）
UDI	100～2 000 lx

本书中研究所有照度及能耗数据仅限于正常工作时间早 8 点至晚 5 点(8 A. M to 5 P. M.),因此在 8 A. M. 之前或者 5 P. M. 之后发生的照度及照明能耗变化本书不予考虑。由于自然光不断变化,室内照度也随之改变,为了保证照明质量,需要对人工照明进行控制以辅助自然采光,常见的照明控制系统主要有以下几种:①手动开关式(manual control,ON/OFF),由使用者根据需要进行控制,在软件的计算方式中为工作面照度大于规范值(300 lx)时关闭人工照明,在工作面照度低于 250 lx(Reinhart,2002 light switch study)时开启人工照明。②连续调节式(automated control,DIMMING),相比手动开关的控制方式,自动连续调节控制方式的节能潜力更大,根据使用者设定的照度值(300 lx)进行自动控制,但在软件的计算方式中存在镇流器损失系数(ballast loss factor)和感应器待机能耗(sensor standby power)。③感应式(occuancy sensors),通过感应自动开闭,分为两种:一种是感应到使用者进入时连续开启,感应到离开时关闭;另一种是人进入时手动开启,感应到人离开时延时关闭。两种方式同样有感应器待机能耗。这种控制方式能做到人走灯灭,但本书考虑的办公建筑使用时间为早 8:00 至晚 5:00 的连续时段,所以不予选择。

综上,本书研究中的人工照明控制系统选择手动开关式和连续调节式两种。

4.4.3　基于光环境性能的办公建筑照明能耗预测模型

4.4.3.1　主成分分析法筛选光环境设计变量

表 4.10 所列的重要影响因素中,除纬度和计算日期在本书中已确定为固定值而不予考虑外,使用 DIVA 对 BIL 及 COU 空间模式的严寒地区办公建筑照明能耗分别进行模拟计算,将模拟数据输入统计学软件 SPSS 做主成分分析,得出 BIL 空间模式办公建筑主成分分析表见表 4.21。把特征值作为主成分影响程度的衡量指标,特征值大于 1 的主成分全部提取,从表 4.21 可知,最大的两个特征值为 2.143 和 1.520,朝向累积贡献率为

61.050%，即综合可见光透过比和朝向包含了超过60%的原始数据信息，窗墙比和层高进深比的特征值都大于1，予以提取，特征值小于1的则可忽略。

表4.21 BIL空间模式办公建筑能耗影响因素主成分分析表

成分 (component)	初始特征值 (initial eigenvalues)			提取平方和载入 (extraction sums of squared loadings)		
	特征值	方差贡献率 /%	累积贡献率 /%	合计	方差贡献率 /%	累积贡献率 /%
综合可见光透过比	2.143	35.717	35.717	2.143	35.717	35.717
朝向	1.520	25.333	61.050	1.520	25.333	61.050
窗墙比	1.020	17.000	78.050	1.020	17.000	78.050
层高进深比	1.008	16.800	94.850	1.008	16.800	94.850
窗高	0.305	5.083	99.933	—	—	—
建筑跨度	0.004	0.067	100.000	—	—	—

由于综合可见光透过比、朝向、窗墙比、层高进深比的初始特征值均大于1，说明此4项是影响总能耗的重要变量；窗高及建筑跨度的初始特征值小于1，可忽略。也就是说，对于严寒地区办公建筑BIL典型模型，综合可见光透过比、朝向、窗墙比及层高进深比对建筑能耗的影响较大，故以此4项系数为变量，回归得到数学模型。

同理，COU空间模式办公建筑主成分分析表见表4.22。其中有3个特征值超过1，即2.087、1.529和1.270，累计方差贡献率为81.433%，即综合可见光透过比、层高进深比、朝向3项包含了原始数据超过80%的信息且其特征值均大于1，予以提取，其他特征值小于1的主成分予以忽略。

表4.22 COU空间模式办公建筑主成分分析表

成分 (component)	初始特征值 (initial eigenvalues)			提取平方和载入 (extraction sums of squared loadings)		
	特征值	方差贡献率 /%	累积贡献率 /%	合计	方差贡献率 /%	累积贡献率 /%
综合可见光透过比	2.087	34.783	34.783	2.087	34.783	34.783
朝向	1.529	25.483	60.266	1.529	25.483	60.266
层高进深比	1.270	21.167	81.433	1.270	21.167	81.433
窗墙比	0.788	13.133	96.566	—	—	—
窗高	0.205	3.417	97.983	—	—	—
建筑跨度	0.121	0.201	100.000	—	—	—

综合可见光透过比、朝向、层高进深比的初始特征值均大于1,说明这3项是影响总能耗的重要变量。窗墙比、窗高及建筑跨度的初始特征值小于1,可忽略。也就是说,对于严寒地区办公建筑COU典型模型,朝向、综合可见光透过比及层高进深比对建筑能耗的影响较大,故以此3项系数为变量,回归得数学模型。

4.4.3.2 建筑光环境设计变量的模拟情景

根据表4.21,选取BIL类型办公建筑自然采光水平设计参数为:朝向、窗墙比、外窗综合可见光透过比和层高进深比,因为办公建筑的窗台高度变化不大,数值集中性很高,一般为0.9 m,所以窗墙比可表征窗宽。根据表4.22,考虑到COU类型空间模式的办公建筑多为幕墙类建筑,开间减去窗间墙即为窗宽,窗高可用窗墙比来表征,因此,影响这类建筑的采光因素有朝向、外窗综合可见光透过比和层高进深比。

根据主成分分析结果、典型模型及其特征值域,设定主要变量取值及模拟序列见表4.23。

表4.23 模拟参数设置

典型空间模式	典型模型(长×宽)	层高/m	窗宽/m	窗高/m	外窗综合可见光透过比	窗墙比	控制方式
BIL	B1(9 m×7 m)	3.3	W1 1.6	H1 (0.9,2.7)	T1 0.3 T2 0.4 T3 0.5 T4 0.6 T5 0.7 T6 0.8 T7 0.9	WWR1 0.15	开关 连续
	B2(9 m×8 m)		W2 1.8			WWR2 0.30	
	B3(9 m×9 m)		W3 2			WWR3 0.45	
			W4 2.5			—	
			W5 3.1			—	
COU	C4(8 m×8 m)	3.6	W6 7	H2(0.5,3.0)		WWR4 0.6	开关 连续
	C5(9 m×9 m)		W7 8	H3(0.5,3.3)		WWR5 0.7	
	C6(10 m×10 m)		W8 9	H4(0.3,3.5)		WWR6 0.8	

由于Radiance的计算规则,其中外窗综合可见光透过比输入时需要经过以下公式换算[123],即公式(4.20)。

$$T_N=\frac{[\mathrm{sqrt}(0.840\,252\,843\,5+0.007\,252\,223\,9\times T_n\times T_n)-0.096\,653\,066\,1]\times T_n}{0.003\,626\,111\,9} \tag{4.20}$$

式中 T_N——输入Radiance中的外窗综合可见光透过比;

T_n——实际外窗综合可见光透过比。

4.4.3.3 照明能耗预测模型

在不考虑人工照明和工作时间的情况下,自然采光满足率决定单位面积照明能耗,即公式为

$$E_{light}=\mathrm{DA}\cdot F\cdot \rho\cdot h \tag{4.21}$$

式中　E_{light}——照明能耗(kW · h)；

DA——自然采光满足率；

F——采光面积(m^2)；

ρ——人工照明功率(kW/m^2)；

h——全年工作时间(h)。

各功能空间使用时间、照明功率、照度要求各不相同。因此，照明能耗应按功能分区分别计算后再求和，公式如下：

$$E_{light} = \sum (1 - DA_i + UDI_{2000i}) \cdot \rho_i \cdot F_i \cdot h \tag{4.22}$$

式中　E_{light}——照明能耗(kW · h)；

DA_i——各朝向某空间自然采光满足率；

F_i——某分区采光面积(m^2)；

ρ_i——某空间人工照明功率(kW/m^2)；

UDI_{2000i}——各朝向某空间超过 2 000 lx 以上的有效照度；

h——全年工作时间(h)。

运用 Rhino 建模和 DIVA 动态模拟，以 DA 和 UDI 作为采光性能评价指标，对不同设计参数的多个案例模拟计算并将计算结果线性拟合，得到 DA 和 UDI 值，再将其拟合成设计参数(外窗综合可见光透过比 δ 和层高进深比 h/r)的数学模型：

$$DA_i = \beta_1 + \beta_2 \times (h/r) + \beta_3 \times T + \beta_4 \times (h/r)^2 + \beta_5 \times T^2 \tag{4.23}$$

$$UDI_{2000i} = 1 - [\beta_6 + \beta_7 \times (h/r) + \beta_8 \times T + \beta_9 \times (h/r)^2 + \beta_{10} \times T^2] \tag{4.24}$$

(1)BIL 类型办公建筑。

对于 BIL 空间类型的办公建筑，自然采光满足率及有效照度与外窗综合可见光透过比、层高进深比的关系式见公式(4.23)；在模拟窗墙比分别为 0.15、0.30 和 0.45 的情况下，引入表 4.23 的模拟情景，拟合得到系数 β 值，见表 4.24 ~ 4.26。将 DA_i、UDI_{2000i} 代入公式(4.22)，即得到照明能耗 E_{light}。

表 4.24　BIL 类型办公建筑 DA 及 DA_{con} 拟合系数(窗墙比为 0.15)

拟合系数	β_1	β_2	β_3	β_4	β_5
S DA_{con}	56.59	-9.22	97.28	10.93	-60.52
N DA_{con}	-73.67	101.91	332.12	-77.67	-203.07
E DA_{con}	-28.58	80.34	261.43	-60.12	-167.52
W DA_{con}	-31.85	74.37	256.65	-57.24	-159.43
S DA	24.06	43.82	-187.08	2.31	220.65
N DA	67.32	-9.08	-230.43	18.18	197.58
E DA	-50.81	-7.52	68.46	44.23	33.13
W DA	69.06	-12.57	-250.02	33.26	228.91

续表 4.24

拟合系数	β_6	β_7	β_8	β_9	β_{10}
S DA_{con}	50.85	-8.28	87.48	9.81	-54.45
N DA_{con}	-72.12	99.86	325.45	-76.04	-198.94
E DA_{con}	-27.36	77.08	250.94	-57.69	-160.80
W DA_{con}	-29.25	68.35	236.07	-52.62	-146.64
S DA	23.28	42.48	-181.39	2.23	213.98
N DA	60.57	-8.16	-207.36	16.29	177.75
E DA	-40.64	-6.97	54.46	35.36	26.48
W DA	63.48	-11.5	-230.72	30.54	209.85

表 4.25　BIL 类型办公建筑 DA 及 DA_{con} 拟合系数(窗墙比为 0.30)

拟合系数	β_1	β_2	β_3	β_4	β_5
S DA_{con}	42.17	50.73	91.21	-41.40	-55.18
N DA_{con}	-19.21	86.85	218.72	-69.93	-136.24
E DA_{con}	22.26	54.42	135.14	-42.97	-82.42
W DA_{con}	21.28	65.29	133.36	-53.52	-81.71
S DA	-91.81	514.75	90.43	-48.28	220.66
N DA	42.32	5.10	-203.57	18.35	209.24
E DA	-65.24	81.88	56.18	-29.72	50.27
W DA	36.37	23.38	-213.25	16.29	223.15
拟合系数	β_6	β_7	β_8	β_9	β_{10}
S DA_{con}	45.76	-7.45	78.73	8.82	-49.00
N DA_{con}	-69.24	95.86	312.43	-73.00	-190.98
E DA_{con}	-25.17	70.92	230.86	-53.08	-147.93
W DA_{con}	-28.37	66.30	228.98	-51.04	-142.24
S DA	20.95	38.23	-163.25	2.00	192.58
N DA	48.45	-6.48	-165.88	13.03	142.20
E DA	-39.42	-5.82	52.76	34.29	25.68
W DA	58.40	-10.58	-211.60	28.10	193.06

表 4.26　BIL 类型办公建筑 DA 及 DA_{con} 拟合系数(窗墙比为 0.45)

拟合系数	β_1	β_2	β_3	β_4	β_5
S DA_{con}	56.76	39.73	62.82	-33.09	-37.22
N DA_{con}	26.53	35.35	140.87	-26.82	-88.06
E DA_{con}	47.92	23.29	94.23	-16.84	-57.63
W DA_{con}	55.27	26.92	74.80	-20.87	-159.42
S DA	-120.81	123.53	168.22	-51.01	-7.05
N DA	96.30	-1717	-248.43	189.82	258.52
E DA	-45.57	-58.14	104.15	102.94	22.86
W DA	63.82	-145.10	-184.52	183.46	229.82
拟合系数	β_6	β_7	β_8	β_9	β_{10}
S DA_{con}	51.08	35.76	56.54	-29.78	-33.50
N DA_{con}	25.47	33.94	135.24	-25.75	-84.54
E DA_{con}	44.09	21.43	86.69	-15.49	-53.02
W DA_{con}	53.61	26.11	72.56	-20.24	-154.64
S DA	-108.73	111.18	151.40	-45.91	-6.35
N DA	88.60	-1579.64	-228.56	174.63	237.84
E DA	-36.46	-46.51	83.32	82.35	18.29
W DA	58.71	-133.49	-169.76	168.78	211.43

若窗墙比改变,采用插值法计算系数矩阵。例如窗墙比为 0.32 时,采光系数计算公式为:

$$\beta_{WWR\,0.32}=\frac{0.32-0.30}{0.45-0.30}\beta_{WWR\,0.45}+\frac{0.45-0.32}{0.45-0.30}\beta_{WWR\,0.30} \tag{4.25}$$

(2)COU 类型办公建筑。

若目标建筑为符合 COU 空间类型的办公建筑,则按式(4.23)和式(4.24)直接代入表 4.27 ~ 4.29 中的拟合系数即可。

表 4.27　COU 类型办公建筑 DA 及 DA_{con} 拟合系数(窗墙比为 0.6)

拟合系数	β_1	β_2	β_3	β_4	β_5
S DA_{con}	-34.05	67.14	340.42	-48.19	-260.63
N DA_{con}	-114.42	105.92	551.97	-82.63	-417.65
E DA_{con}	-51.13	56.35	391.32	-37.56	-294.27
W DA_{con}	-87.37	76.96	499.34	-54.58	-382.33
S DA	-86.04	144.32	102.85	-83.93	53.79
N DA	17.08	100.93	-259.27	-64.92	327.63
E DA	-43.12	75.26	15.72	-33.55	107.96
W DA	-19.29	134.94	-167.48	-82.93	274.04
拟合系数	β_6	β_7	β_8	β_9	β_{10}
S DA_{con}	-30.64	60.39	306.36	-43.29	-234.54
N DA_{con}	-112.11	103.78	540.86	-80.94	-409.24
E DA_{con}	-49.05	54.04	375.64	-36.85	-282.43
W DA_{con}	-80.31	70.74	459.35	-50.14	-351.71
S DA	-83.42	139.97	99.71	-81.38	52.08
N DA	15.38	90.81	-233.28	-58.41	294.84
E DA	-34.48	60.16	12.56	-26.86	86.32
W DA	-17.66	124.10	-154.00	-76.26	252.08

表 4.28　COU 类型办公建筑 DA 及 DA_{con} 拟合系数(窗墙比为 0.7)

拟合系数	β_1	β_2	β_3	β_4	β_5
S DA_{con}	-34.05	67.14	340.42	-48.19	-260.63
N DA_{con}	-114.42	105.92	551.97	-82.63	-417.65
E DA_{con}	-51.13	56.35	391.32	-37.56	-294.27
W DA_{con}	-87.37	76.96	499.34	-54.58	-382.33
S DA	-86.04	144.32	102.85	-83.93	53.79
N DA	17.08	100.93	-259.27	-64.92	327.63
E DA	-43.12	75.26	15.72	-33.55	107.96
W DA	-19.29	134.94	-167.48	-82.93	274.04

续表 4.28

拟合系数	β_6	β_7	β_8	β_9	β_{10}
S DA_{con}	-30.64	60.39	306.36	-43.29	-234.54
N DA_{con}	-112.11	103.78	540.86	-80.94	-409.24
E DA_{con}	-49.05	54.04	375.64	-36.85	-282.43
W DA_{con}	-80.31	70.74	459.35	-50.14	-351.71
S DA	-83.42	139.97	99.71	-81.38	52.08
N DA	15.38	90.81	-233.28	-58.41	294.84
E DA	-34.48	60.16	12.56	-26.86	86.32
W DA	-17.66	124.10	-154.00	-76.26	252.08

表 4.29　COU 类型办公建筑 DA 及 DA_{con} 拟合系数(窗墙比为 0.8)

拟合系数	β_1	β_2	β_3	β_4	β_5
S DA_{con}	-34.05	67.14	340.42	-48.19	-260.63
N DA_{con}	-114.42	105.92	551.97	-82.63	-417.65
E DA_{con}	-51.13	56.35	391.32	-37.56	-294.27
W DA_{con}	-87.37	76.96	499.34	-54.58	-382.33
S DA	-86.04	144.32	102.85	-83.93	53.79
N DA	17.08	100.93	-259.27	-64.92	327.63
E DA	-43.12	75.26	15.72	-33.55	107.96
W DA	-19.29	134.94	-167.48	-82.93	274.04
拟合系数	β_6	β_7	β_8	β_9	β_{10}
S DA_{con}	-30.64	60.39	306.36	-43.29	-234.54
N DA_{con}	-112.11	103.78	540.86	-80.94	-409.24
E DA_{con}	-49.05	54.04	375.64	-36.85	-282.43
W DA_{con}	-80.31	70.74	459.35	-50.14	-351.71
S DA	-83.42	139.97	99.71	-81.38	52.08
N DA	15.38	90.81	-233.28	-58.41	294.84
E DA	-34.48	60.16	12.56	-26.86	86.32
W DA	-17.66	124.10	-154.00	-76.26	252.08

4.4.3.4 预测模型验证

某办公建筑设计提出以下6个设计方案(图4.16):方案一、二、三属于BIL类型,区别主要在体型比例和立面窗型上;方案四、五、六属于COU类型,区别主要在体型变化。为了验证预测模型的准确性,将按预测模型进行计算的结果与使用DIVA进行模拟得到的结果进行比较。外窗综合可见光透过比设为0.6,照明控制方式设为开关控制,内部房间分隔按典型模型代入,其余项均取方案实际数据。经比较,预测模型计算结果与软件模拟结果之间的最大误差为7%(表4.30)。

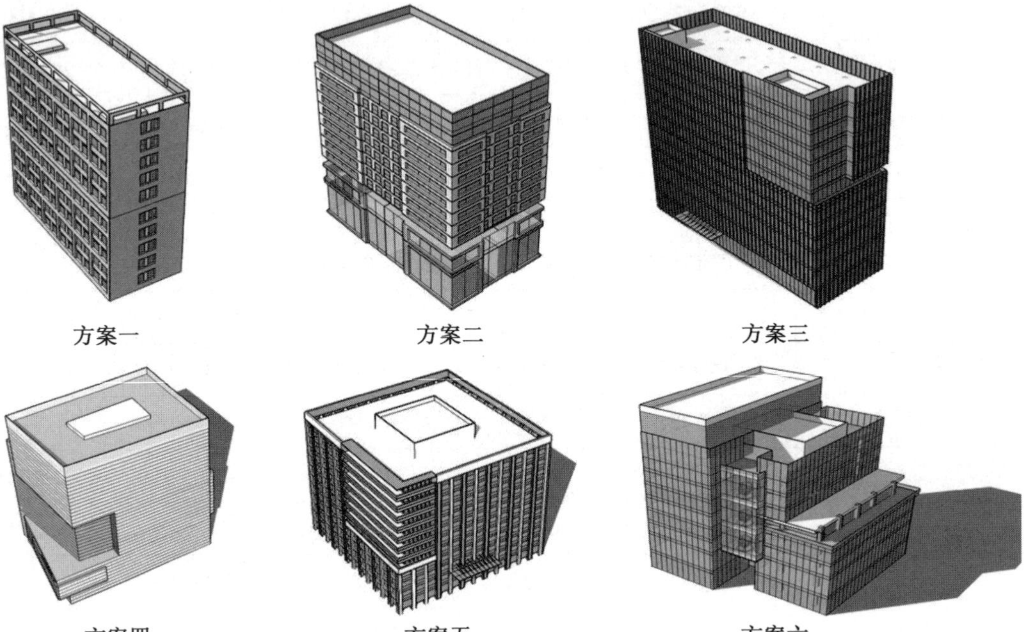

图4.16 验证方案描述

表4.30 模拟软件及预测模型计算结果对比

项目	方案一	方案二	方案三	方案四	方案五	方案六
DA模拟结果	40.91%	37.45%	44.87%	78.06%	74.45%	83.43%
DA预测模型结果	41.65%	38.79%	45.99%	74.16%	71.03%	78.01%
DA误差	1.8%	3.6%	2.5%	5.0%	4.6%	6.5%
$UDI_{100\text{-}2000}$指数值模拟结果	57%	54.64%	58.49%	71.78%	72.84%	64.24%
$UDI_{100\text{-}2000}$指数值预测模型结果	58.14%	56.71%	60.07%	67.9%	69.27%	59.93%
$UDI_{100\text{-}2000}$误差	2.0%	3.8%	2.7%	5.4%	4.9%	6.7%
照明能耗模拟结果/$(kW\cdot h\cdot m^{-2})$	120.3	134.4	102.1	55.3	52.5.	48.6

续表 4.30

项目	方案一	方案二	方案三	方案四	方案五	方案六
照明能耗预测模型结果/(kW · h · m^{-2})	118.7	129.0	99.1	58.5	55.3	52.1
照明能耗误差	1.3%	4.0%	2.9%	5.8%	5.3%	7.2%

经数据分析确认,误差主要来源于两方面:一是典型模型的普及性问题,由于需要将模型简化到典型模型的使用限定范围,导致了渲染计算中的差异,这说明简化过程需要规范操作的支持;二是由于尺度引起误差,因为典型模型的细节构件尺度都是使用最为普及应用的尺度,但实际方案中的尺度比例还是会根据需求有不同的组合变化,因此导致了数据间的误差。

通过验证表明:在方案设计阶段,简便易行的建筑性能预测方法可以准确地体现出能耗以及性能表现随设计参数的变化趋向,从这种意义上讲,简化所造成的微小误差是可以接受的。

4.5　多方法结合的天然光舒适动态评价技术

4.5.1　基于 HDR-I 技术的光环境实测

HDR-I 技术是一种光环境性能实测技术,目前光环境实测方法主要有两种:一种是使用光度仪和亮度仪进行现场实测;另一种是 HDR-I 技术,即利用数码相机拍摄光环境场景,存储环境的亮度、照度、色坐标、色温及眩光等光环境信息,并可通过技术处理提取。

通过多曝光时间场景图像的获取、相机亮度反应函数的确定、HDR-I 合成、相机刻度校准及镜头渐晕校准五步骤技术流程,实现了 HDR-I 的准确合成,并在合成图片的基础上,利用 HDR Scope 软件对光环境性能进行分析,实现对环境亮度的实测及分析。

4.5.2　基于地域性光气候的光环境模拟

基于地域性光气候的建筑室内光环境模拟可提高设计效率并对方案的可行性进行预判,其首先开展建筑采光模拟模型建构,进一步设置采光模拟所需的边界条件等相关参数,随后开展建筑性能参数化模拟计算,并将计算结果反馈及进行可视化分析。

(1)采光参数化模拟模型建立。

采光参数化模拟模型建立包括建筑模型和天空模型的建立,设计者需首先明确性能模拟问题,明晰性能参数化模拟需计算的具体指标,了解天然光模型算法与数学原理;同时,设计者还需根据模拟工作服务的设计阶段,确立性能模拟模型建构的精细度,方案阶段常用"鞋盒"模型进行初步估算,且内部表面和玻璃可使用参考材料系数,模型精细度对于采光模拟计算的精度影响很大,但建模时间和性能仿真计算耗时也越长。

(2)采光模拟参数设置。

采光模拟参数包括材质特性、光气候参数、边界条件参数、模拟引擎计算参数等,若性能模拟旨在服务方案创作阶段,其模拟计算引擎的反射次数宜设置为较低数值,以便高效率地对多方案进行自然采光性能比较[125]。

(3)采光模拟计算。

采光模拟计算过程,多由建筑性能模拟计算引擎自动执行,设计者需关注模拟计算过程中各阶段完成情况反馈信息,以便更好地理解建筑性能参数化模拟计算结果。模拟耗时受模型精细度、模拟参数设置、场景复杂程度等多因素影响。

(4)数据反馈与分析。

模拟可将计算数据列表反馈至参数化设计平台,进行数据管理、编辑与可视化分析。反馈的数据能以时间维度进行数据列表,如逐时室内照度水平;也能以空间维度进行数据列表,如室内工作面逐点照度分布。计算性采光设计可基于性能参数化模拟反馈的数据列表,通过二维与三维绘图、伪彩图渲染等方式展开建筑性能可视化分析,为设计者提供更加直观的决策支持。

第 5 章　基于光舒适的寒地办公建筑优化设计方法

5.1　设计工具

在数字化时代背景下，随着计算机辅助设计技术的不断发展，建筑参数化设计越来越广泛地应用在建筑设计中。作为一种技术工具，参数化设计将影响建筑设计的因素，包括外部环境和内部功能设计参量等，将其均看作变量，建立参数化设计逻辑，通过算法执行获得多种建筑设计方案的过程。这一设计工具的运用，可使设计者更为便利地实现设计目标，为建筑形态和空间表现形式提供更多可能。

5.1.1　参数化建模工具

参数化辅助设计软件是进行参数化建模的基础工具，其核心功能是能够将模型信息转化为参数信息并实现量化控制。通过在参数化辅助设计软件中进行各种操作，建立不同参数之间的参数化关联，并由少数的核心参数控制整体形态，形成一套完整的建立逻辑；进而借由修改少数参数达到控制整体形态变化的目的。同时此类软件均建立于传统建模平台之上，可以拾取建模平台中的元素作为逻辑中的一环，其生成的形态也将同步至建模平台中进行后续调整。常用参数化建模工具见表 5.1。

表 5.1　常用参数化建模工具

工具类型	工具名称	建模平台	支持脚本语言
节点式编程	Grasshopper	Rhinoceros	Python, VB, C#
	Dynamo	Autodesk Revit	Python, C#
	Generative Components	Microstation	—
脚本式编程	Monkey	Rhinoceros	Rhinoscript
	MEL	Autodesk Maya	Maya Embedded Language
	Maxscript	Autodesk 3ds Max	Maxscript

在上述参数化建模工具中，节点式编程工具是在脚本式编程工具基础上针对设计者开发的友好型参数化建模工具。而在节点式编程工具中，Rhinoceros 平台下的 Grasshopper 工具以及 Autodesk Revit 平台下的 Dynamo 工具以其卓越的性能和充分的可拓展性，正逐步成为参数化建模主流工具平台。

5.1.2 建筑采光参数化模拟工具

1. DIVA

DIVA for Rhino(DIVA)是基于 Rhinoceros 平台的建筑自然采光参数化模拟分析工具,其由哈佛大学克里斯托夫·赖因哈特(Christoph Reinhart)教授团队研发,之后由 Solemma LLC 公司发行。DIVA for Rhino 可将模拟结果导入 Grasshopper 平台进行数据编辑和管理,最终还能以动画形式呈现模拟过程,实现生形、模拟的可视化同步[126],辅助设计者实现多建筑设计方案采光性能比较分析。DIVA 建筑光环境模拟功能全面,计算引擎精度高,其光环境模拟分析精度已被国内外学者广泛验证,是广泛应用的建筑自然采光性能参数化模拟工具[127]。DIVA 不仅可高效、准确地仿真太阳轨迹及建筑投影情况,还可准确分析建筑室内外太阳辐射、建筑室内外照度分布等,同时可承载建筑全年动态采光、人眼视野范围下的逐时眩光、全年建筑眩光模拟分析(图 5.1)。设计者根据其反馈的模拟结果数据,能以时间维度和空间维度生成建筑自然采光渲染图和建筑眩光伪彩图。

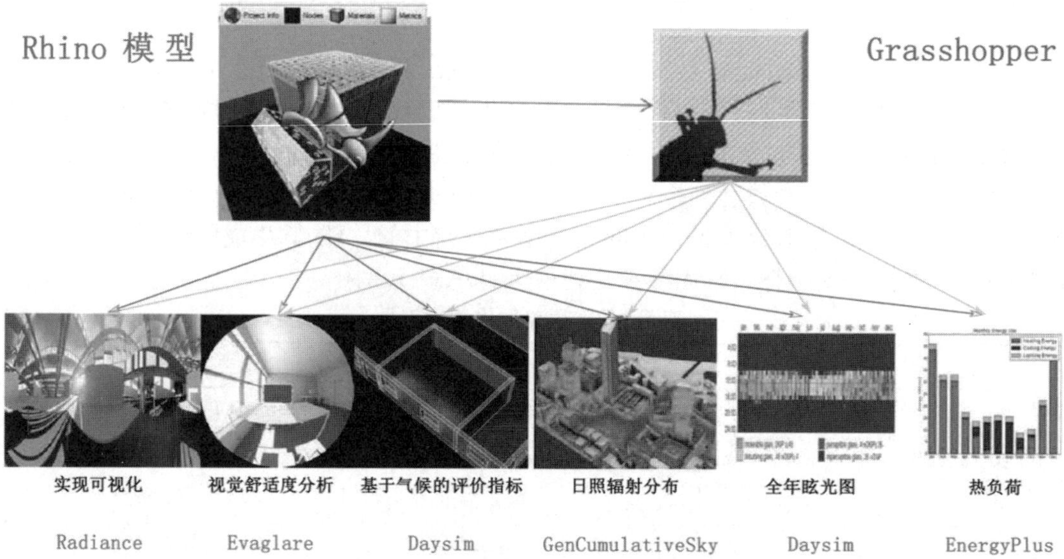

图 5.1 实现参数化模拟平台与多种性能模拟软件的连接[128]

2. Radiance

Radiance 软件是由美国劳伦斯伯克利国家实验室(Lawrence Berkeley National Laboratory, LBNL)开发的建筑自然采光模拟工具。Radiance 作为自然采光模拟计算引擎,被大多数既有建筑自然采光参数化模拟工具所整合,能够精确模拟自然采光和人工照明条件下的建筑室内外光环境。2004 年,根据加拿大国家研究委员对采光领域学者、建筑师及工程师的调查数据统计表明 Radiance 是应用最为广泛的建筑自然采光性能模拟计算引擎。

Radiance 以蒙特卡洛采样和反射光线追踪算法为自然采光模拟核心算法,基于辐射照度缓存技术,可避免不可见点的计算资源消耗,而仅考虑可见点辐射亮度计算,简化了计算流程，在保证计算精度的同时大幅减少计算耗时。计算时，Radiance 对直射、镜面非直接和漫射非直接光线进行计算，为增加渲染效率、提高计算精度，窗户和天窗被作为二次光源处理，如图 5.2 所示为 Radiance 软件对光线的计算方式示意图。

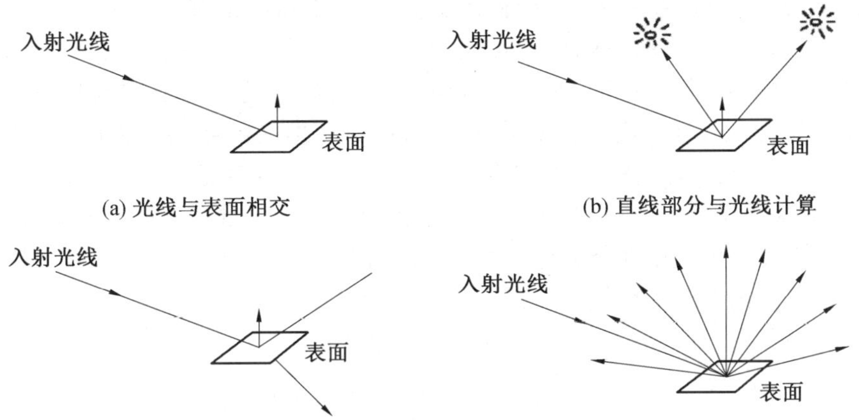

(a) 光线与表面相交　(b) 直线部分与光线计算　(c) 镜面反射部分光线计算　(d) 漫射部分光线计算

图 5.2　Radiance 软件的光线计算方式

5.1.3　多目标优化工具

随着计算机科学的发展与用户使用体验度优化需求的提高，多目标优化工具逐步由数学模型和程序代码发展为具有友好用户界面的软件工具，其可显著提高多目标优化设计效率和精度，改善用户体验。经多年发展，多目标优化工具体系日益完善，其中尤以 Octopus、Matlab 遗传优化工具箱应用最为广泛（表 5.2）。

表 5.2　优化工具对比表

目标	工具名称	概述
单目标	GenOpt	2004 年，美国劳伦斯伯克利国家实验室基于 JAVA 开发了 GenOpt，其可与任何支持文本输入输出的模拟程序整合
	Galapagos	2011 年，David Rutten 开发了 Galapagos，其基于 Grasshopper 平台展开优化，具有友好的人机交互界面
多目标	Matlab 遗传算法优化工具箱	Matlab 遗传算法优化工具箱支撑多类型优化算法，适用于多样化的建筑优化问题，应用较为广泛
	Octopus	Octopus 基于 Grasshopper 平台，可承载多类型进化算法展开多目标优化问题求解
	modeFRONTIER	modeFRONTIER 由 ESTECO 开发，是基于遗传算法的多目标优化工具
	MultiOpt	MultiOpt 是 Chantrelle 等基于遗传算法开发的优化设计工具，其可与 Trnsys 模拟工具协同运行

5.2 设计流程

本书从研究办公建筑空间发展历程入手,从类型学角度抽象建筑原型、提取现代办公建筑空间模式,结合对严寒地区办公建筑空间设计参数分布状况的实地调研,确定设计参数特征值域,计算参数敏感系数,制定相应模数,构建严寒地区办公建筑典型模型。以典型模型为研究对象,通过光热动态模拟,充分考虑严寒地区能耗构成特征,对办公建筑照明能耗、采暖供冷能耗以及光环境性能、光热耦合下的环境性能进行分析,筛选出影响办公建筑整体能耗的设计变量;再通过主成分分析计算设计变量对整体能耗的特征值、方差贡献率,忽略不足以影响整体能耗的参数,总结归纳出严寒地区办公建筑整体能耗预测模型及数学公式;提出基于光热耦合的严寒地区办公建筑低能耗设计流程,如图 5.3 所示。

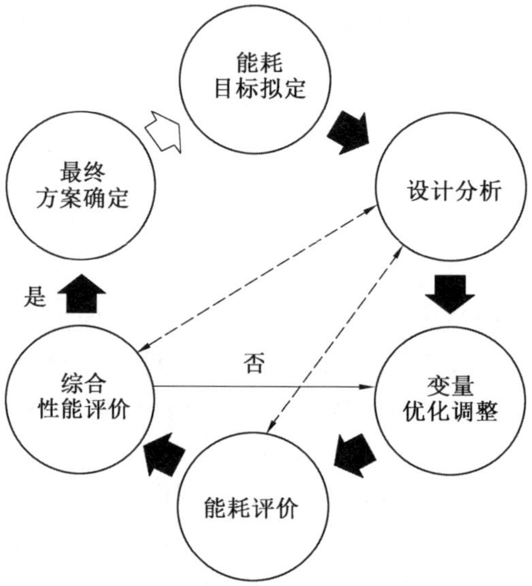

图 5.3 严寒地区办公建筑低能耗设计流程示意图

低能耗设计流程主要包含基地与环境信息参数的集成、变量系统与评价体系的映射关系,以及变量系统的优化调整、能耗评价、综合性能评价 5 个部分。

(1)拟定能耗设计目标。首先应遵循国家和地方相关政策及设计标准,考虑城市总体规划及建设目标,考虑业主建设目的及建设成本要求,根据严寒地区办公建筑典型模型的能耗表现,拟定能耗设计目标。

(2)设计分析及方案形成。通过大量的建筑信息实际调查,收集建筑设计信息,根据不同的需求,比如气候条件、建筑功能、地域习惯等对信息进行分类,以典型模型的方式构建信息模型。并通过能耗分析确定建筑性能评价体系(室内光、热及光热耦合性能),并通过物理模型从不同层面上明确严寒地区办公建筑空间设计主要变量及基础变量(建筑外部环境设计变量、建筑空间设计变量、围护结构设计变量及自然采光辅助系统变量),在此基础上完成一个或多个设计方案。

(3)优化调整设计变量。在一般层面上确定各变量间及其与整体能耗的相互作用关系，确定对于建筑性能评价体系有重要影响的主成分（变量），其中主要变量为性能及能耗预测模型的输入端，基础变量则选取办公建筑空间典型模型中的典型值；由设计者根据设计要求进行选择调整，明确优化重点及优化收益。计算变量对性能评价参数影响的敏感性系数，用以快速直观简单地实现变量优化。

（4）方案比较及能耗评价。可采用简化模型计算整体能耗，或基于建筑能耗模拟的评价方法，进行综合的方案评比及方案筛选，必要时还应进行方案综合。通过对多方案进行比较、筛选及综合，明确主要设计变量，辨析其相互间的作用关系，理清设计思路，指导下一循环的设计优化。

（5）室内性能综合评价。以变量优化调整后的设计方案为基础，进行光环境性能、热环境性能及光热耦合性能的详细模拟，以了解室内环境的综合性能。若性能综合评价满足设计要求，则可将该方案确定为最终方案，其成果可用于其他方案的能耗目标拟定中；若性能综合评价不能满足设计要求，则需将评价结果中不合乎要求的部分反馈，重新回到设计分析，对各参数重新进行优化调整，能耗评价和性能综合评价的循环优化过程，直至得到符合要求的方案为止。这一流程区别于传统的低能耗设计流程，是循序渐进的过程，低能耗设计策略以典型模型和简化预测模型的方式于方案初始阶段即介入设计，增加了设计的优化深度，避免了无谓的重复劳动，大大提高了低能耗设计的效率。

5.3　光舒适动态预测

5.3.1　敏感性分析法确定需优化的设计参数

敏感性系数提供了各参数变动率与评价指标变动率之间的比例关系，它表示评价指标对参数的敏感程度。敏感性系数数值越大，表示参数对评价指标的影响程度越大。使用4.4.3节所建立的照明能耗预测模型，对主要空间设计参数进行敏感性分析，计算其对于照明能耗的敏感性系数，计算结果见表5.3。通过比较计算结果得出以下结论。

表5.3　典型模型空间设计参数对照明能耗的敏感性分析

空间类型		COU			BIL		
朝向	控制模式（开关/连续）	可见光综合透过比 δ	层高进深比 h/r	窗墙比 WWR	可见光综合透过比 δ	层高进深比 h/r	窗墙比 WWR
南	DA_{con}	0.402	0.418	0.045	0.231	0.037	0.031
北	DA_{con}	0.600	0.200	0.032	0.333	0.181	0.022
东	DA_{con}	0.500	0.141	0.029	0.333	0.133	0.018
西	DA_{con}	0.598	0.222	0.027	0.312	0.121	0.016
南	DA_{max}	0.828	0.564	0.498	0.750	0.305	0.398
北	DA_{max}	0.720	0.300	0.130	0.383	0.281	0.042
东	DA_{max}	0.605	0.180	0.152	0.392	0.235	0.038
西	DA_{max}	0.628	0.261	0.235	0.535	0.205	0.375

(1)外窗可见光综合透过比。

无论在 BIL 还是 COU 空间类型的办公建筑中,外窗可见光综合透过比都是对照明能耗影响最大的设计参数,换言之,外窗可见光综合透过比对于照明能耗的影响最为重要。

(2)层高进深比。

增加层高进深比会增加单位面积照明能耗。DA_{con} 随层高进深比的增加而降低,这与照明控制方式无关。但相对于采用开关控制方式,连续调节的照明控制方式可有效降低大进深建筑的整体照明能耗;换言之,大进深办公建筑的照明控制方式采用连续调节,可有效地降低照明能耗。

(3)窗墙比。

窗墙比的影响可分为两种情况:在连续调节控制方式下,增减窗墙比所引起的能耗变化不大,在此方式下,盲目地依靠增加窗墙比追求自然采光效果,将会增加整体能耗,并增加产生眩光的可能性;在开关控制方式下,窗墙比对能耗的影响程度增加,不过仍低于外窗可见光综合透过比的影响。

(4)朝向。

在不同朝向和不同照明控制方式下,空间设计参数对于照明能耗的影响程度变化很大,在设计中可针对具体情况(空间模式、照明控制方式)按图 5.4 提供的曲线读取照明能耗的数值。

5.3.2 针对外窗可见光综合透过比的设计策略

外窗可见光综合透过比是对全年自然采光满足率和全年照明能耗影响最大的因素,随着外窗可见光综合透过比增加,全年自然采光满足率增高、全年照明能耗相应减小。如图 5.4 所示,在外窗可见光综合透过比的影响下,全年能耗变化率不同且有值域限制,其优化形式应区别典型模型、照明控制方式、建筑朝向等情况,下面进行分别讨论。

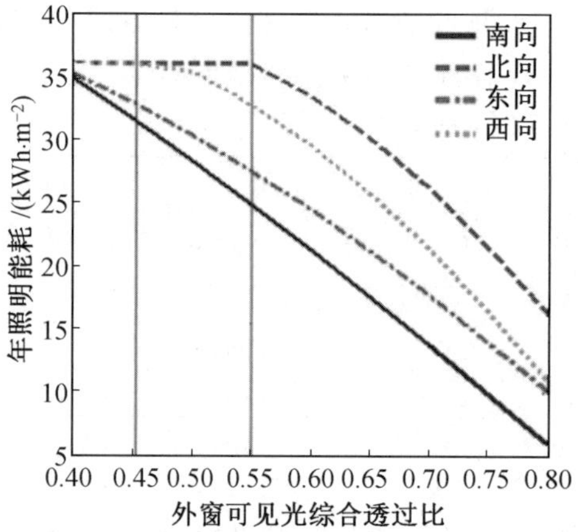

(a) 开关控制 COU

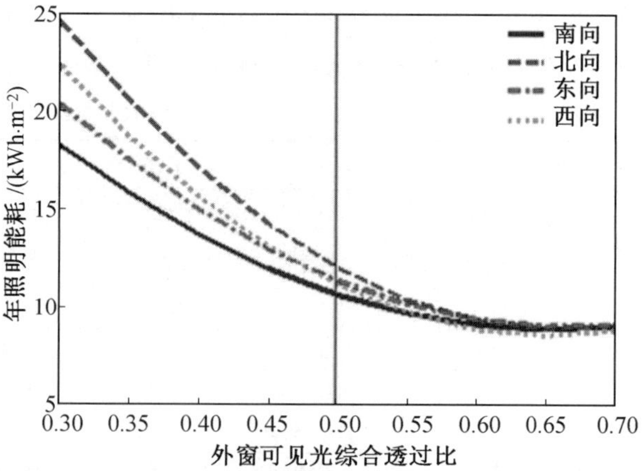

(b) 连续控制 COU

图 5.4 外窗可见光综合透过比对照明能耗的影响程度

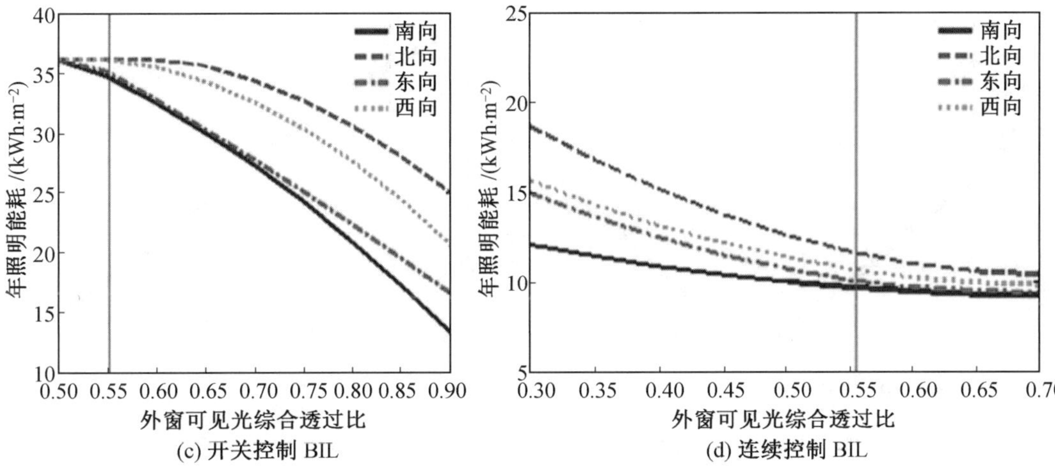

续图 5.4

(1)全年照明能耗变化率的变化趋势由照明控制方式确定,开关控制模式下,外窗可见光综合透过比越大,全年照明能耗变化率越大;连续调节控制模式下,外窗可见光综合透过比越大,全年照明能耗变化率越小。这对于不同的典型模型和不同的建筑朝向无差别。

(2)收益限值:照明连续调节控制模式下,外窗可见光综合透过比超过某一数值后,再继续增加,收益变化不大,我们称这一数值为收益限值。对 COU 典型模型,收益限值为0.50;对 BIL 典型模型,收益限值为0.56。在连续调节控制模式下,建筑朝向影响全年照明能耗但与收益限值无关。

(3)收益起始值:照明开关控制模式下,建筑朝向对全年照明能耗变化率有影响,对于北向、西向,外窗可见光透过比只有超过一定数值时,收益才会有变化,我们称这个数值为收益起始值。对 COU 典型模型,北向收益起始值为0.55,西向为0.45;对 BIL 典型模型,北向、西向收益起始值均为0.55;对南向及东向,两种模型中均无明显收益起始值。

5.3.3 针对层高进深比的设计策略

层高进深比为房间净高与房间进深的比值,该值也影响着全年自然采光满足率及照明能耗。对于严寒地区办公建筑典型模型,房间净高取典型模型特征值为3 m,层高进深比可通过进深来表征。利用 DIVA 模拟计算结果如图5.5所示。

(1)对于开关控制 BIL 模型办公建筑,全年自然采光满足率变化趋势为折线形,采光区进深对照明能耗的优化形式为中间最优,这是因为进深过小时,室内局部自然采光满足率虽高,但由于眩光出现的概率很大,有效照度减小,反而会增加照明能耗。如图5.5(a)所示,中间最优采光区进深为8~8.5 m。

(2)对于开关控制 COU 模型办公建筑,全年自然采光满足率变化趋势为线性。如图5.5(b)所示,单侧最优采光区进深为10 m。

(3)对于连续控制 BIL 模型办公建筑,全年自然采光满足率变化趋势为按二阶多项式拟合的趋势线。如图5.5(c)所示,中间最优采光区进深为8~8.5 m。

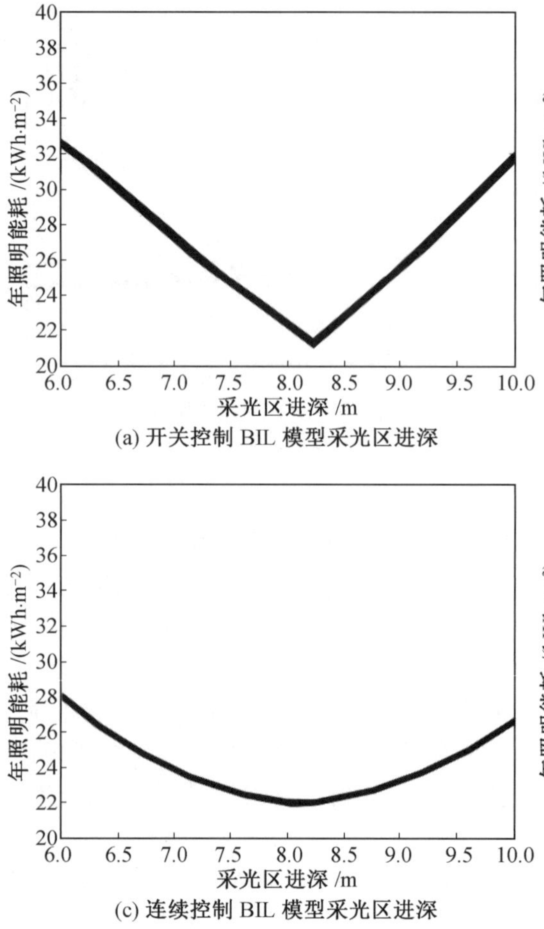

图 5.5 采光区进深对照明能耗的影响程度

(4)对于连续控制 COU 类型办公建筑,全年自然采光满足率变化趋势也为按二阶多项式拟合的趋势线。如图 5.5(d)所示,单侧最优采光区进深为 10 m。

故在设计条件允许的情况下,应尽量尊重采光需求,根据设计要求将层高进深比(采光区进深)控制在优化范围内,若无法达到时则应用照明控制方式加以调节,并根据图 5.5中的曲线选择相对较优的进深数值。

5.3.4 针对窗墙比的设计策略

对于 BIL 模型办公建筑而言,窗墙比是继可见光综合透过比、层高进深比之后对整体能耗影响较大的设计变量,由图 5.6(b)可知,对于 COU 模型办公建筑,窗墙比对整体能耗影响不显著,以下针对 BIL 模型进行讨论。

(1)窗墙比对整体能耗的影响程度可由其变化斜率的大小来表征,斜率越大,影响程度越大。各朝向窗墙比斜率由大到小排序为:西向、东向、南向、北向。影响程度的排序与之相同。

(2)优化趋势在优化值域内除北向以外,包括南向以及东、西朝向的窗墙比均为中间最优，北向窗墙比为单向最小最优。因此，南向宜选择 0.35～0.4 之间，东向宜选 0.4，西向宜选 0.3，北向选择满足采光的最小值。

(3)设计决策典型模型调研过程中，窗立面位置及窗高呈现出极度集中分布，窗台位置均为 0.9 m，标准层窗高为 2 m。出于保证室内光环境性能的考虑，窗墙比取值：南向选择 0.38，东向选 0.4，西向选 0.3，北向选择 0.2。

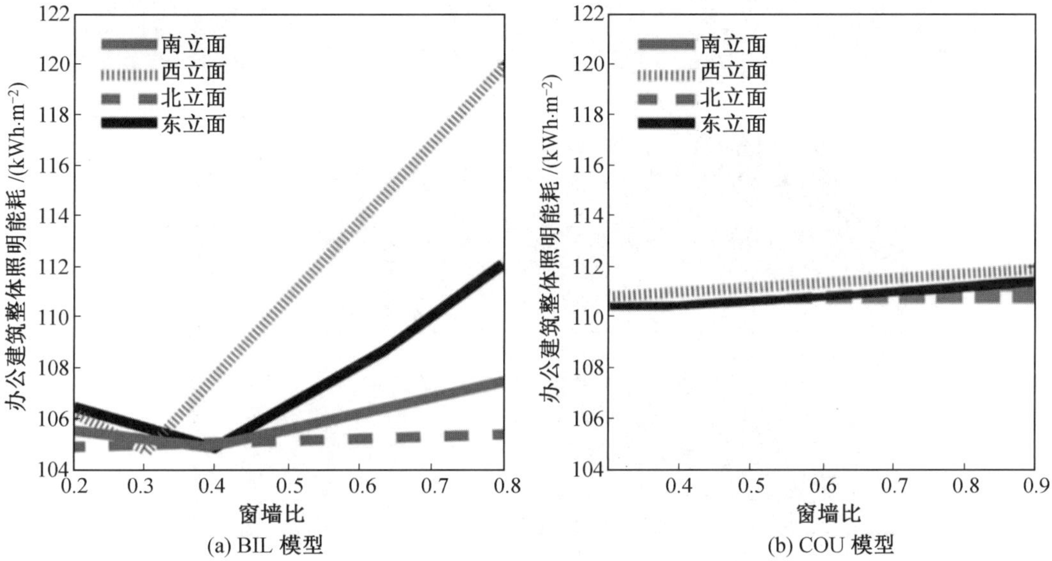

图 5.6　窗墙比对照明能耗的影响程度

5.3.5　针对建筑平面布局的设计策略

采光性能的评价包括两个方面：一是满足要求照度；二是控制眩光产生。DIVA 支持动态和静态计算，动态计算包括自然采光照度分布(DA)和全年眩光计算，据此可算得全年照明能耗及全年采光性能分布；静态计算某一特定时间的各点照度及眩光产生情况。

图 5.7 所示为 COU 模型和 BIL 模型办公建筑在不同参数设置下模拟计算得到的自然采光照度分布。不同颜色表示不同等级的照度值：红橙色代表自然采光充足，蓝紫色代表需要补充人工照明。根据这一结果，设计者可以直观地理解采光分布情况，从而合理地进行室内功能和家具布局设计。采光充足处应安排为办公空间，采光不足处可安排为辅助、交通或者公共空间，从而有利于降低能耗。

(1)对于 COU 空间类型办公建筑，当柱网尺度为 L3(9 m×9 m)，层高进深比 h/r = 0.36，窗墙比 WWR=0.8 的情况下，当外窗可见光综合透过比 δ=0.8 时，辅助空间宜成 L 形位于中庭东北角最为有利；当外窗可见光综合透过比 δ=0.7 时，辅助空间宜成 U 形位于中庭北侧最为节能；当外窗可见光综合透过比 δ=0.6 时，辅助空间成口形环绕中庭一周相对合理，具体如图 5.7(a)所示。

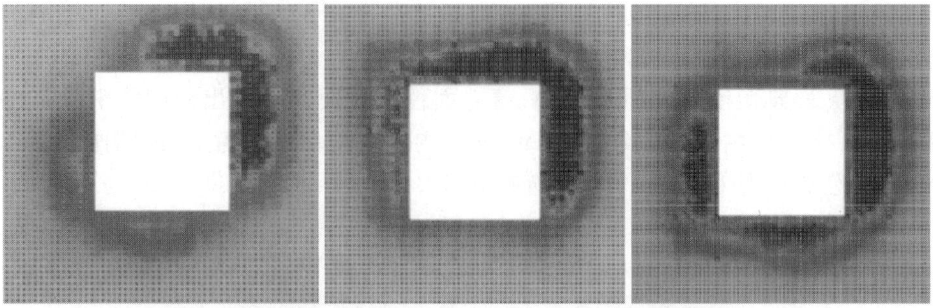

(a) COU(L3, h/r=0.36, WWR=0.8, δ=0.8, 0.7, 0.6)

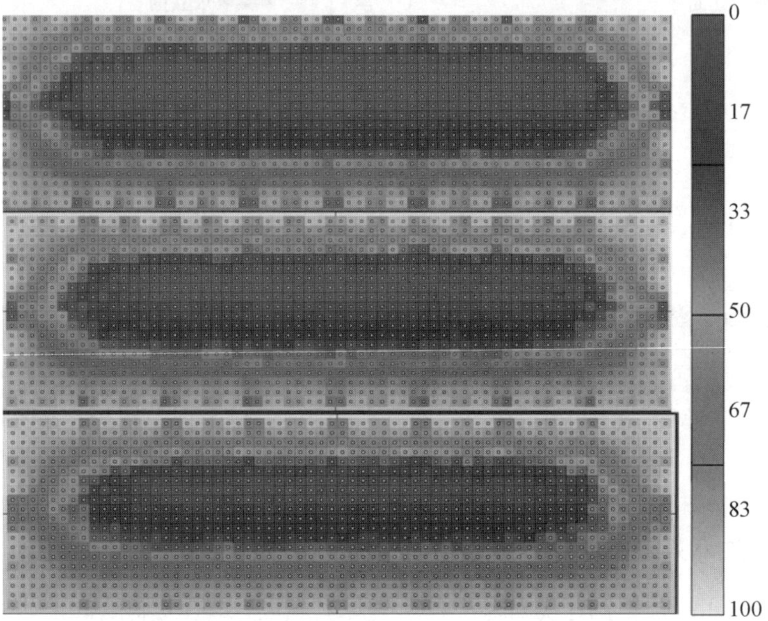

(b) BIL(B1、B2、B3, h/r=0.36, WWR=0.45, δ=0.6)

图 5.7　两种典型模型自然采光照度分布

(2)对于 BIL 空间类型办公建筑,在外窗可见光综合透过比、层高及窗墙比不变的情况下,产生眩光的机会均等;进深越大,自然采光效率越低;采光效果南向优于东向,东向优于西向,西向优于北向,但由于西向眩光情况相对严重,故占据西北两向的 L 型辅助空间的布置是最为节能合理的(图 5.7(b))。

5.4　光舒适设计策略

光和热难以分割,需进行综合考虑、统一权衡,这就是光热耦合。考虑光热耦合主要应考虑光的发热,这可以分为两方面:一是自然采光在满足采光需要的同时也产生了热量,人工照明在发光的同时也会产热,这必然会增加室内冷负荷;二是使用自然采光辅助系统在避免眩光的同时也减少了室内的辐射得热量并改变其分布。

本章使用以 Radiance 为计算内核的 DIVA 软件,对办公空间进行光热耦合下的动态模拟,以 COU 模式下的自然采光辅助系统为模拟情景;以自然采光满足率 DA、有效照度

UDI 及眩光指数 DGP 为评价指标；以遮阳百叶、遮阳窗帘、遮阳搁板为对象，研究严寒地区办公建筑的光热耦合现象。提出基于光热耦合的严寒地区办公建筑低能耗设计策略。

5.4.1　自然采光辅助系统

光热耦合的核心是窗系统，由表 4.21 和表 4.22 主成分分析可知，对于严寒地区办公建筑，光热耦合即影响照明能耗，也影响采暖供冷能耗。在现当代的建筑设计中，自然采光辅助设施已经成为建筑立面设计要素之一，也是影响光热耦合的核心因素。而眩光作为光热耦合最极端的室内不舒适现象，是光热耦合性能的表现。

5.4.1.1　眩光及其评价流程

(1)眩光及自然采光辅助系统。眩光与光热耦合相关联，不仅会恶化光环境性能、造成局部过热、影响室内空间正常使用，还常会引发使用者切断一切与自然采光相关的设计，从而大幅增加照明及供冷能耗。这一问题最直接有效的解决方法就是自然采光辅助系统。

特别在夏天，针对太阳直接照射产生的过热或眩光，常在室内临时采取内遮阳措施，如遮阳窗帘、遮光板等，临时内遮阳设施或者隔断阳光，有时遮阳效果不好，既不舒适，也不节能。而自然采光辅助系统可以区分光的不同波长，分别予以吸收、反射或透过，避免了眩光及直射光产生的不良光环境，缓解室内过热现象。因此，无论从环境舒适还是从降低能耗考虑，都应重视自然采光辅助系统。

(2)创建亮度分布图。评价眩光需先创建亮度分布图。统计亮度分布的传统方法是以手持光度计进行记录和测量，这一方法容易实现，但缺点显著：逐点测量工作量大，需要较长时间完成；在日光条件下，天空环境不断变化，测量易出错；并且受实验条件限制只能收集均布有限数据点，进行亮度分布分析时常出现局部数据点测量分布过粗。

HDR-I 技术收集多个曝光序列，每个曝光捕获不同的亮度范围，合成一张 HDR 图片如图 5.8 所示，它可准确地反映该场景的亮度分布，有效地克服手持光度计的不足。

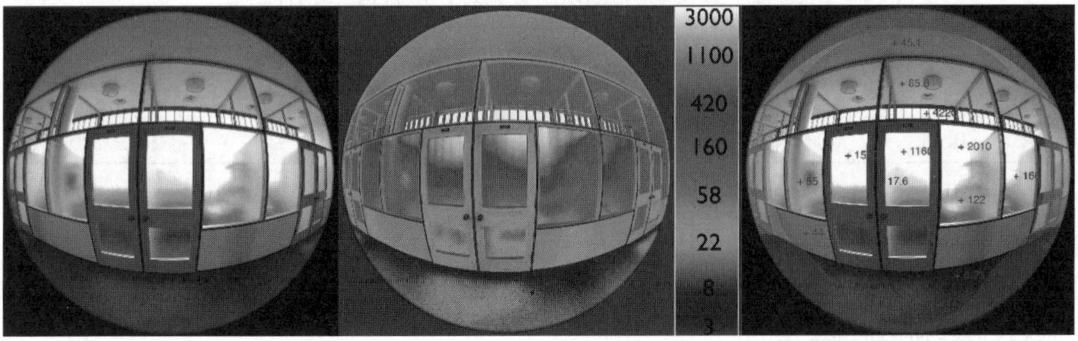

图 5.8　创建亮度分布图

(3)确定眩光来源。创建亮度分布图之后，还需要确定视野内潜眩光的来源。人的视觉可立即判断眩光的严重程度及其来源，但软件评估需要一个检测算法来确定是否有眩光。目前主要有两种检测眩光的方法，本书 2.2 中给出并讨论了多种现有眩光评价指标，经实测检验，选择 DGP 为本书研究的眩光评价指标，还需要确定眩光判定的标准，目前主要有以下两种标准：

①绝对亮度阈值 DGP_{3000}：预设一个固定值为绝对亮度阈值，大于这个固定值的部分即被认为是潜在的眩光来源。本书根据 Wienold（2006）的研究确定绝对亮度阈值为 3 000 cd/m^2，即大于 DGP_{3000} 的即被认为是潜在眩光源。

②视野内平均亮度阈值 DGP_{7X}：计算整个视野内平均亮度，大于 X 倍平均亮度的被认为是潜在的眩光来源。本书根据 Van Den Wymelenberg and Inanici（2009）的研究确定视野内平均亮度阈值为 7X，即大于 DGP_{7X}（7 倍平均视野亮度）的即被认为是潜在眩光源。

（4）整理数据结果。确定眩光来源后，根据 HDR 图片利用 HDR Scope 软件可计算得到其 DGP 数值，以下分别计算 DGP_{3000} 和 DGP_{7X}，表 5.4 可更为直接客观地了解和比较所拍摄场景是否存在眩光现象以及眩光现象的严重程度。至此，对该场景（视野）的眩光评价即可完成。

(a) DGP_{3000}　　(b) DGP_{7X}

图 5.9　根据不同标准判定彩色部分为眩光来源

表 5.4　根据不同标准求 DGP 数值

DGP_{3000}		DGP_{7X}	
数值	眩光感受	数值	眩光感受
0.21	几乎感受不到	0.23	几乎感受不到

5.4.1.2　自然采光辅助系统分类

自然采光辅助系统可避免太阳直接照射产生的过热或眩光，改善室内光热环境。无论从舒适性还是低能耗角度，都是十分必要的。

自然采光辅助系统的作用：一是避免眩光，改善室内舒适度；二是利用反射、透射、折射、吸收等光线特性，将舒适有益的自然光导入室内，改善室内光环境；三是在夏季避免阳光直射引起过热而增加冷负荷。评价自然采光设计优劣的重要方面就是对自然采光辅助系统对室内光环境及能耗的影响做出定量评价。

自然采光辅助系统的分类：按遮阳设施安装位置可分为内遮阳、中置遮阳和外遮阳；

按其位置是否固定分为固定遮阳和活动遮阳。据调研结果，哈尔滨市常用的建筑遮阳节能技术有固定水平外遮阳、活动内遮阳等，最常见的是水平遮阳搁板、遮阳百叶和遮阳窗帘。

在各种遮阳设施中，遮阳窗帘（图5.10(a)）是最便捷、最普及的辅助采光设施，一般设置在室内，大多由使用者随时控制，机动性很强。实地调查结果表明，遮阳窗帘的控制方式是遮阳效果较差的主要原因。

遮阳百叶可安装在室外和室内，以室内安装居多，图5.10(b)所示为安装于室内的遮阳百叶。根据阳光入射情况，遮阳百叶的叶片角度应经常调整，调整方式分为手动和自动两种，通过恰当地调整叶片角度，能有效控制室内采光。遮阳百叶叶片表面可反射光线，从而引入自然光，以合适的叶片角度保证办公空间自然采光。显而易见，人工控制很难及时准确地做出调整，降低遮阳百叶使用效果，因此本书中采用自动控制系统。

(a) 遮阳窗帘　　(b) 遮阳百叶

图5.10　遮阳窗帘及遮阳百叶的应用

水平遮阳搁板是一种常见的自然采光辅助系统，大部分为固定式，根据立面造型和具体情况也可自动控制（图5.11）。对于北回归线以北地区南向附近采光口，水平遮阳搁板能有效遮挡太阳高度角较大时来自采光口前上方的直射阳光，还可将直射阳光反射到天花板，再经天花板的漫反射达到引入自然光的目的，改善办公空间自然采光状况，提高照度均匀度。从地理位置考虑，哈尔滨地区的办公建筑，应用水平遮阳搁板较为经济、合理。

图5.11　遮阳搁板的应用

对于严寒地区办公建筑，遮阳窗帘、遮阳百叶、遮阳搁板是三类常用的遮阳设施，其简化模型如图 5.12 所示。

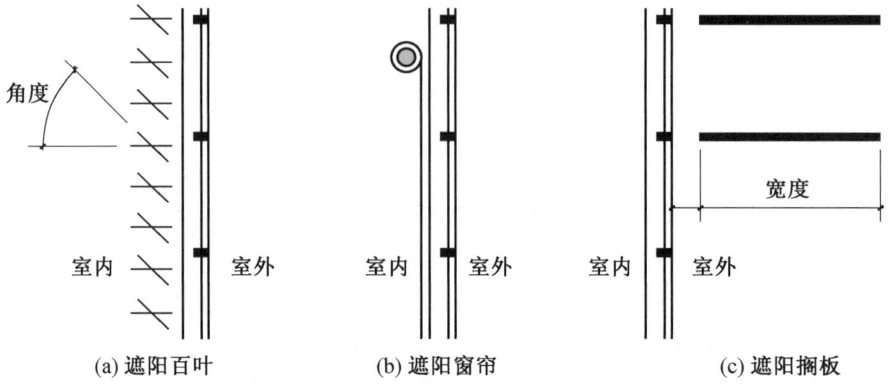

图 5.12　模拟的三种遮阳方式

5.4.1.3　自然采光辅助系统控制算法

自然采光辅助系统由使用者控制或自动控制，其遮阳控制算法不同。使用者控制时，遮阳控制算法是以经过玻璃削减的垂直辐射照度为参数变量；而自动控制时，遮阳控制算法以天空状态为参数变量。前者由于使用者的主观介入而存在一个预测眩光的过程，由预测结果决定遮阳设施是否开启，后者则由天空状态决定，当直射光照度超过某一定值时遮阳设施自动开启。

遮阳窗帘一般由使用者控制，故采用使用者控制算法，遮阳百叶则大部分采用自动控制算法。

(1)使用者控制算法模型。

实际上，准确预测使用者控制遮阳设施的行为规律难度很大，许多研究试图在辐射照度计和使用者决定之间找到稳定联系，进而建立使用者关于遮阳设施的行为模型，具体见表 5.5。

表 5.5　使用者控制算法模型

算法模型	遮阳开启标准	遮阳关闭标准
Reinhart，2002	辐射照度>50 W/m^2	第二个工作日关闭
Lee and Selkowitz，1995	辐射照度>95 W/m^2	辐射照度<95 W/m^2后一小时关闭
LEED，2012	光线直射工作面	工作面没有直射光线关闭
Inkarojrit，2005	辐射照度=13 W/m^2，有 50% 概率开启	需手动启动，否则不关闭

使用者控制算法模型选择的是 Reinhart(2002)模型来预测使用者对遮阳设施的控制模式，模型假设：使用者当透过玻璃的室内自然光垂直辐射照度超过 50 W/m^2时开始启用遮阳设施，遮阳设施一旦降下将持续整天，直至下一个工作日的早上关闭遮阳设施。尽管这一模型不一定能正确反映使用者对遮阳设施的使用模式，但实地调研结果证实这种情

况较为真实，一旦遮阳窗帘或遮阳百叶进入开启状态，使用者往往会习惯性忽略，持续至下一个工作日早上的概率很大。其中垂直辐射照度在 DIVA 中会根据日期、时间、经纬度、直接光辐射照度及水平漫射光辐射照度数据在每个计算步长进行计算。

(2)自动控制算法模型

自动控制系统相对于固定设施和使用者控制系统的优势在于：

①及时阻止直射阳光进入室内，这不仅防止产生眩光，也避免了过量太阳辐射引起的室内过热情况；②在没有太阳直射的情况下，最大限度为使用者提供良好的对外视野；③维持室内工作面照度稳定性。

与使用者控制算法模型不同，自动控制算法模型是基于直射阳光的出现与否，表5.16为根据直射光和漫射光照度关系完成遮阳设施控制算法。本书中假设遮阳自动控制模型中遮阳设施在直射光照度大于等于2倍漫射光照度时进入使用状态，当直射光照度在0.5～2倍漫射光照度之间时进入待机状态并维持当前情况，当直射光照度小于等于0.5倍漫射光照度时关闭使用状态。但为了防止影响使用者工作状态，每次改变遮阳设施角度的间隔时间要大于1 h。

表5.16　根据直射光和漫射光照度关系的遮阳设施自动控制算法

遮阳设施状态	照度条件
使用、开启	直射光照度大于等于2倍漫射光照度
维持、待机	直射光照度为0.5～2倍漫射光照度
恢复、关闭	直射光照度小于等于0.5倍漫射光照度

5.4.2　模拟参数设定

5.4.2.1　模拟情景组

幕墙类建筑往往光热耦合情况更明显，易出现眩光或室内过热现象，在光热耦合作用下室内环境性能具有典型性，因此选取 COU 空间模式的办公建筑为研究对象。

(1)Rhino 建模。

提取3.4.1中建立的严寒地区办公建筑典型模型中 COU 空间组织模式，为方便实测验证模拟结果及预测模型的准确性，在哈尔滨市选择一栋符合 COU 典型模型的办公建筑，实测该建筑办公空间尺度及布局，使用实测数据利用 Rhino 建模，尽量还原实景状态，建模成果如图5.13所示。

(2)视角选定。

以空间功能及使用者的不同作为取点依据。场景1和场景2在入口的接待台处，是从办公人员站立的高度看向室外方向。场景3至场景7以及场景9这6个位置是办公位置，以办公人员坐高的角度向外，以使用者坐姿视角的高度为模拟高度，场景8是行人位置，用于考察大厅中两处通道的玻璃幕墙造成的眩光干扰，选取正对幕墙以站立的高度向外为模拟视角。从以上视角，使用 DIVA 软件模拟办公人员工作状态中的视野内景象(图5.14)。

(a) 室外建模　　(b) 室内建模

图 5.13　室内和室外建模

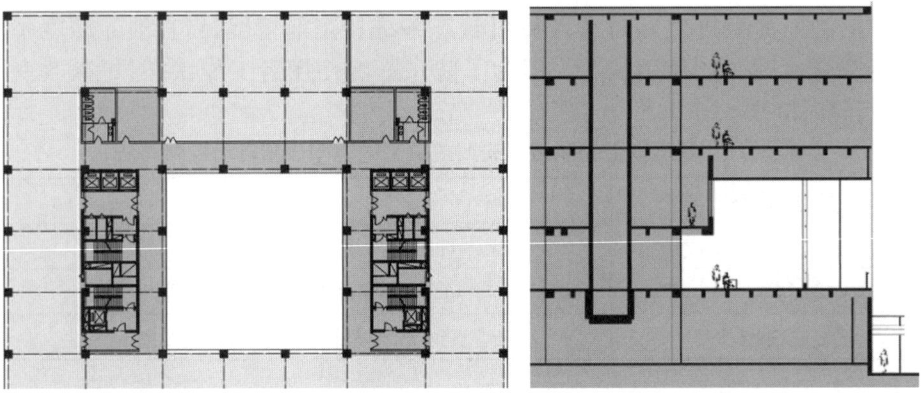

(a)　　(b)

图 5.14　模拟视角的选择及剖面示意

5.4.2.2　参数设定

Radiance 模拟设置及 DIVA 中气候、照明模板及控制系统、使用时间安排等设定都与 4.4.2 中模拟设定相同，模型材质反射及透明性设定根据实际情况，按表 5.7 设置。

表 5.7　模型材质反射透明性具体参数设置

白色墙面：Re 0.72	紫色墙面：Re 0.157	白色地面：Re 0.475	百叶窗帘：Re 0.5
灰色地面：Re 0.19	窗框：Re 0.28	玻璃：(Trans) 0.678	遮阳玻璃透过系数：(Trans) 0.03 室外漫反射系数：0.37 室内漫反射系数：0.56
木质分隔：Re 0.295	沙发：Re 0.068	遮阳搁板 L：Re 0.5	

根据 5.3 中的分类分析及严寒地区实际使用情况调研，针对 COU 典型模型分别选用遮阳窗帘、遮阳百叶、遮阳搁板等三种自然采光辅助系统，对变量及模拟情景组设定如下(表 5.8)。

(1)遮阳窗帘下降位置与窗帘材料开口率及透光性相关,下降位置分50%、75%及100%(完全下降)3种讨论,开口率根据厂家信息分为1%、3%、5%等3种,窗帘透光性设定为0.03。

(2)百叶尺寸。遮阳百叶遮阳效果主要与叶片夹角及叶片材料反射系数相关,叶片夹角设定为0°、15°、30°、45°、60°等5种,材料反射系数设定为0.5。

(3)遮阳搁板尺寸。遮阳搁板遮阳效果主要与搁板宽度及与墙面距离相关。根据哈尔滨市太阳高度角和方位角选择恰当值域,设定搁板宽度分别为1.2 m、1.8 m、2.4 m、3.0 m等4种,与墙面距离设定为0.3 m、0.9 m、1.5 m、2.1 m、2.7 m 5种。上侧反射系数设定为0.37,下侧反射系数设定为0.56,为避免遮挡视野,遮阳搁板的位置在距楼板2.2 m处。

表5.8　自然采光辅助系统变量及模拟情景组设定

遮阳措施	变量参数	反射/透过系数
遮阳百叶(VB)	叶片夹角:0°、15°、30°、45°、60°	Re 0.5
遮阳窗帘(MS)	下降位置 P:50%、75%、100%	Trans 0.03
	开口率 O:1%、3%、5%	
遮阳搁板(BS)	宽度 W:1.2 m、1.8 m、2.4 m、3.0 m	Re(上侧)0.37
	与墙面距离 D:0.3 m、0.9 m、1.5 m、2.1 m、2.7 m	Re(下侧)0.56

5.4.3　基于光热耦合性能的严寒地区办公建筑低能耗设计策略

本节通过讨论遮阳百叶、遮阳窗帘、遮阳隔板对DA、DA_{con}、UDI及DGP的影响程度,总结光热耦合下常用遮阳设施的节能贡献,比较常用遮阳设施的工作性能,进而形成基于光热耦合的严寒地区办公建筑低能耗设计策略。

5.4.3.1　针对遮阳百叶(venetian blinds)的设计策略

遮阳百叶是最常见的遮阳设施之一,安装在室内的遮阳百叶,其叶片角度可随太阳入射情况进行手动或自动调节;安装在室外的遮阳百叶,其叶片角度大多固定。遮阳百叶系统多安装于室内,安装在室外的比较少见。

(1)光热耦合的室内环境自然采光满足率(DA)。

位置设定:拟时间为全年,变量及模拟情景组按5.4.2所设。

场景7,DA模有遮阳百页和无遮阳百页室内光环境模拟效果对比如图5.15所示。

图5.16、图5.17分别给出了遮阳百叶(叶片夹角为0°)作用下室内与窗不同距离各点DA、DA_{con}分布。

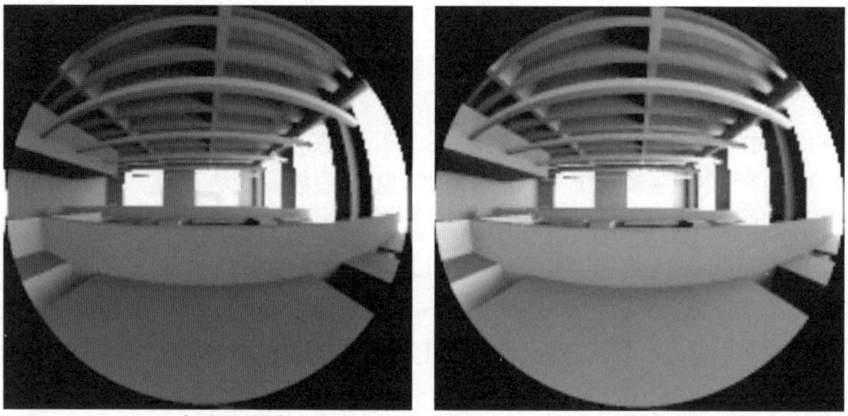

(a) 有遮阳百叶 (0°)　　(b) 无遮阳设施

图 5.15　场景 7 秋分日正午遮阳百叶及无遮阳渲染图

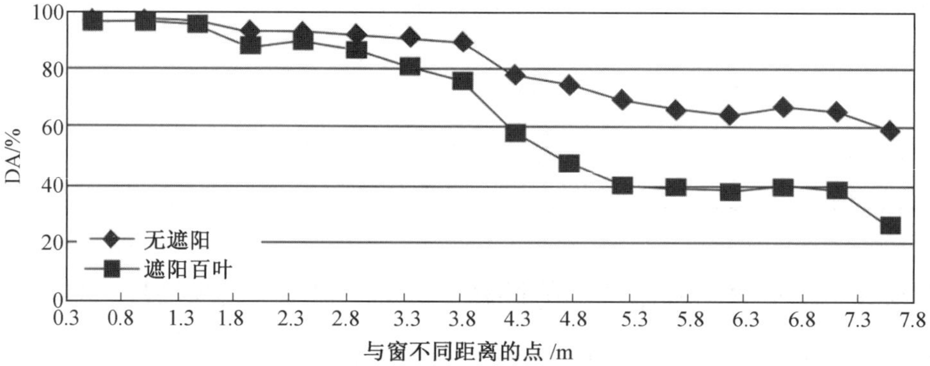

图 5.16　遮阳百叶作用下室内与窗不同距离各点 DA 分布

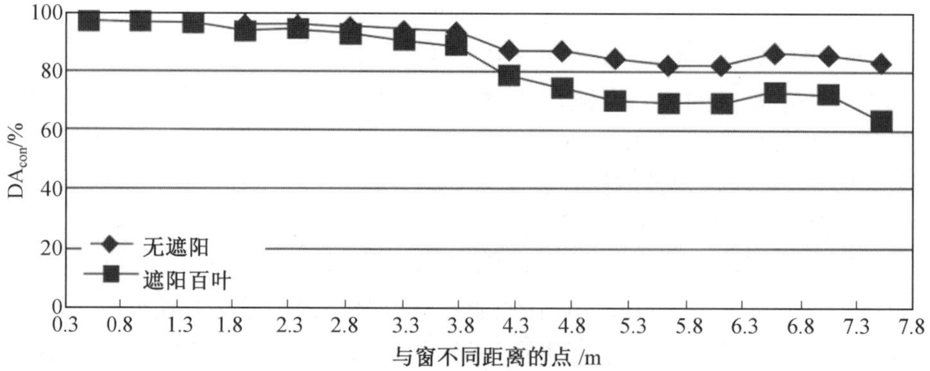

图 5.17　遮阳百叶作用下室内与窗不同距离各点 DA_{con} 分布

图 5.16 中可见,在开关控制模式下,采用遮阳百叶的办公空间中室内采光性能的降低幅度随距窗距离的增大而增大。距窗 0.8 m 时 DA 值未改变;距窗 1.3 m 时,DA 值降低了 1% 左右;在距窗 1.3 ~4.3 m 区间,DA 下降幅度在 1% ~20%;在 4.3 ~7.8 m 区间,DA 降低幅度较大,达到 20% ~35%;在 7.8 m 处 DA 值降低了 35%,空间内部的采光潜

能大大降低，增加了使用人工照明的可能性。

图 5.18 中可见不同叶片夹角条件下室内平均 DA 的分布情况。

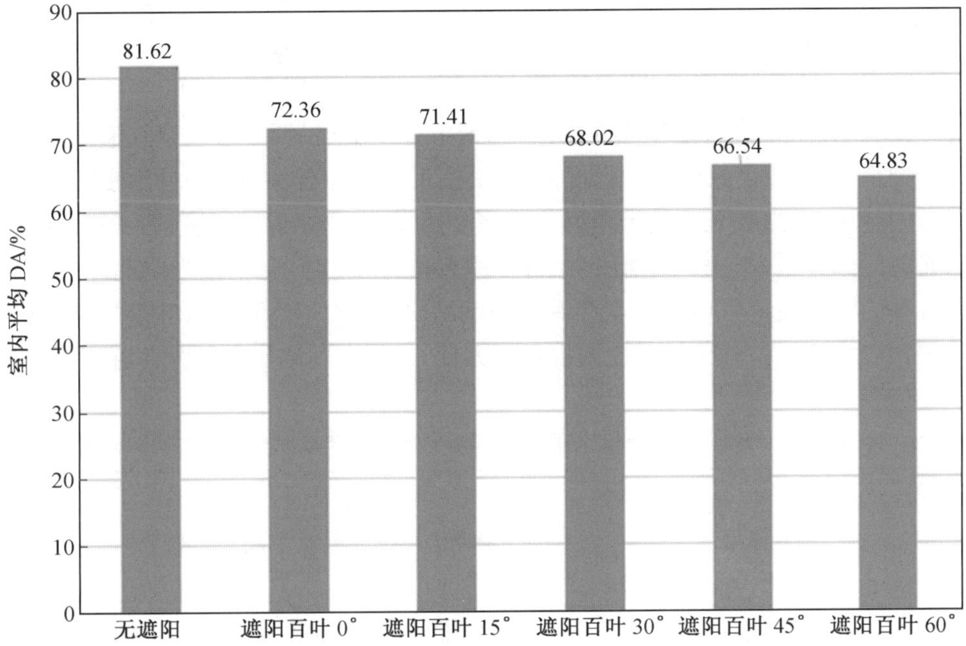

图 5.18　遮阳百叶作用下室内平均 DA 分布

(2)光热耦合下室内环境有效照度(UDI)。

使用有效照度(UDI)评价室内自然采光性能。模拟位置设定为场景 7，有遮阳百叶的场景组为西向无遮阳、南向遮阳百叶的叶片夹角 0°；无遮阳百叶的场景组为西向、南向均无无遮阳设施。时间全年，变量及模拟场景组按 4.4.2 所设。

图 5.19 所示为两场景下距窗不同距离测点全年 UDI 分布比较。可以看出，百叶的使用使 UDI 有明显提升，虽降低了照度水平，但改善了室内光环境质量。在小于 1.3 m

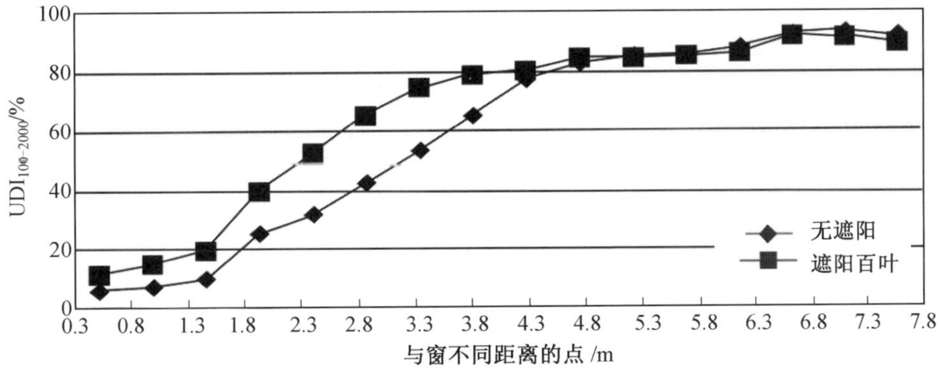

图 5.19　遮阳百叶作用下室内与窗不同距离各点 $UDI_{100-2000}$ 分布

大于4.8 m的区间内，$UDI_{100-2000}$的提高有限；在1.3～4.8 m即在房间的中部提高明显，$UDI_{100-2000}$提高到40%～80%。可知遮阳百叶对于距窗较近（1.3 m内）及较远处（4.8 m外）的采光性能提升不大，主要是提高了距窗1.3～4.8 m处的有效照度。

使用眩光指数（DGP）评价室内自然采光性能状态，位置设定：场景1、3、5、8视野空间；模拟时间为全年；变量及模拟情景组按5.4.2所设。遮阳百叶的叶片夹角分别设定为0°、15°、30°、45°、60°进行全年眩光模拟，表5.9、图5.20说明了各场景在遮阳百叶不同叶片夹角的情况下，年度眩光模拟情况。总的说：叶片夹角越大，窗被遮挡的面积越大，眩光持续时间越少，遮挡眩光的效果越好。以场景5为例：遮阳百叶的叶片夹角为30°时，全年眩光时间减少了84.7%；遮阳百叶的叶片夹角为45°时，全年眩光时间减少了99.4%；遮阳百叶的叶片夹角为60°时，全年眩光时间减少了100%。遮阳百叶是常见室内遮阳方式的一种，由于可以方便拆装，控制也相对方便，也是实际调研中较为普遍的遮阳设施。

表5.9　场景1、3、5、8遮阳百叶不同参数的幕墙年度眩光减少的比例比较　　%

叶片夹角	场景1	场景3	场景5	场景8
VB 0°	13.2	51.1	53.8	34.1
VB 15°	18.9	73.4	72.6	47.5
VB 30°	71.7	89.1	84.7	94.3
VB 45°	96.0	99.8	99.4	95.1
VB 60°	99.7	99.9	100	99.9

相同的叶片夹角在不同朝向的性能表现不同，在冬季和夏季的性能表现也不同。在其他设置都相同的情况下，遮阳百叶的叶片夹角为0°、15°时，在夏季南向遮挡眩光的效果要明显优于东南向。在夏季南向，由于太阳高度角较高，遮阳百叶运作良好，在冬季南向，需要叶片夹角增加到30°以上，才可有效减少眩光。在东南向，遮阳百叶叶片夹角为0°、15°时，对于减少眩光的作用非常有限，但当倾斜角增加到30°的时候眩光大大减少了，遮挡眩光效果提升很明显。西向的眩光分析结果与南向类似，只是眩光集中发生的时间由上午推迟到下午，眩光指数也小于南向。

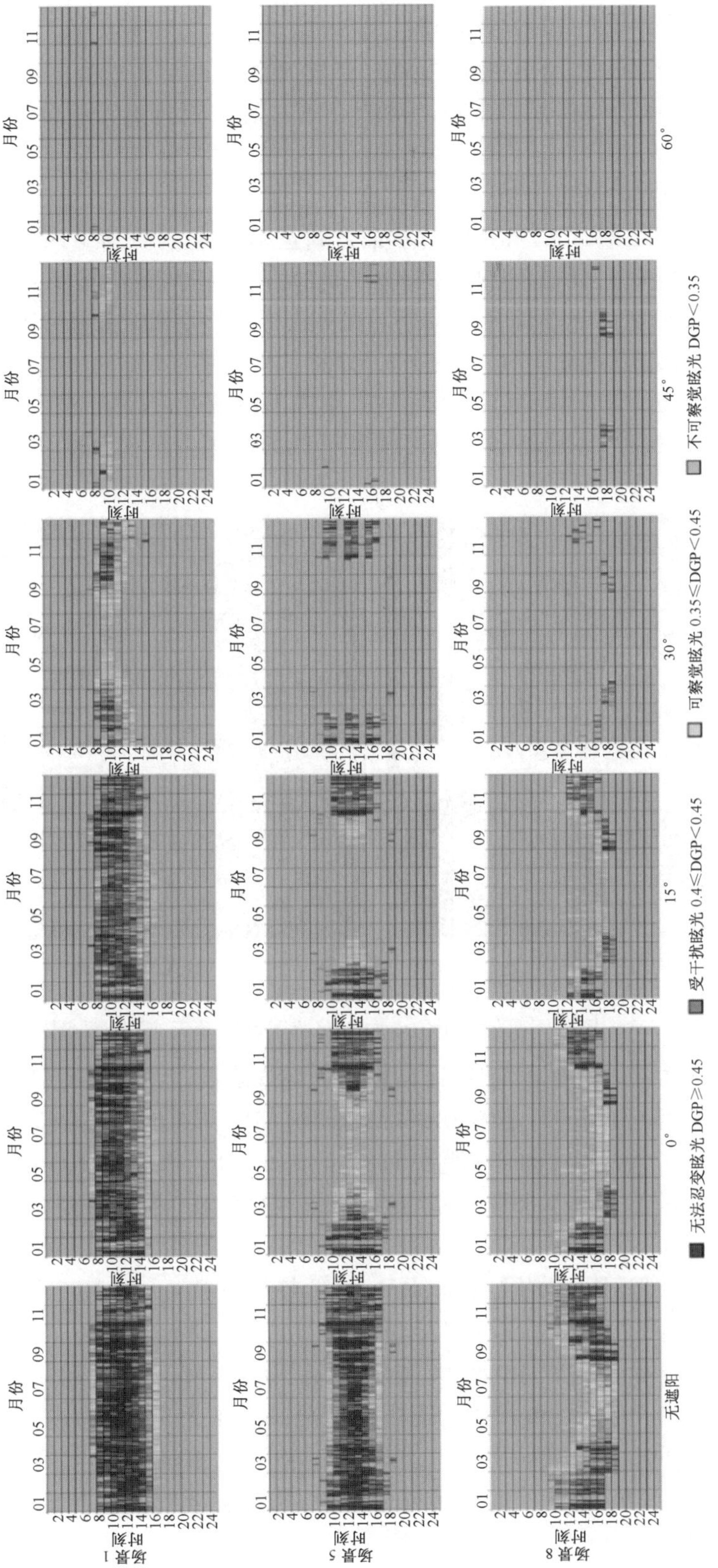

图 5.20　场景 1、5、8 遮阳百叶不同参数的幕墙年度眩光计算比较

5.4.3.2 针对遮阳窗帘的设计策略

遮阳窗帘是自然采光辅助系统中最便捷、最普及的辅助采光设施，一般设置在室内，由使用者随时控制，机动性很强。遮阳窗帘的开口率对遮阳效果影响较大，一般有1%、3%、5%等。

(1)光热耦合的室内环境自然采光满足率。

使用自然采光满足率(DA)和连续自然采光满足率(DA_{con})评价室内自然采光照度分布情况，位置设定：场景7，DA模拟时间为全年，变量及模拟情景组按5.4.2所设。有遮阳窗帘和无遮阳设施室内光环境模拟效果对比如图5.21所示。遮阳情况：图5.21(a)，西向无遮阳，南向有遮阳窗帘(开口率为1%，窗帘下降位置为100%)；图5.21(b)，西向、南向均无无遮阳设施。图中可见该办公空间采用遮阳窗帘后，自然光被大量遮挡，照度下降，相比远离窗口的位置，靠近窗口位置的照度降低的更多。室内照度分布趋于均匀，改善了自然采光质量。

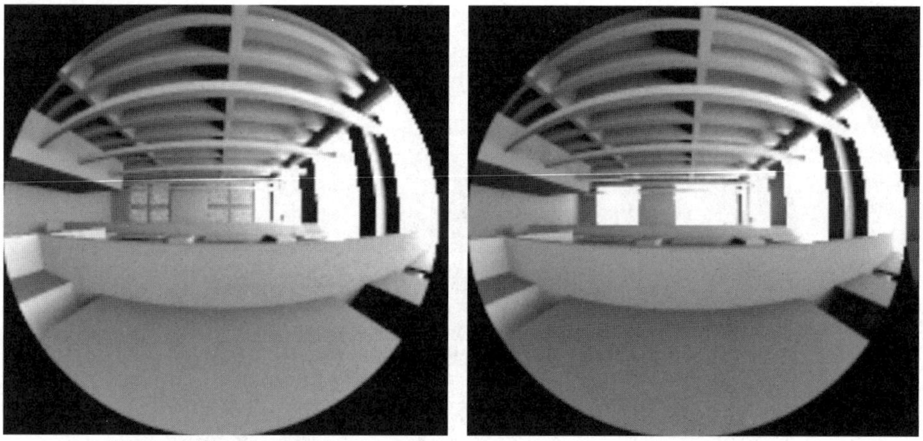

(a) 有遮阳窗帘(开口率为1%，窗帘下降位置为100%)　　(b) 无遮阳设施

图5.21　场景7秋分日正午南向窗有遮阳窗帘及无遮阳渲染图

图5.22所示，在室内距窗较远处，遮阳窗帘大幅度降低了自然采光满足率DA值，距窗4 m外就必须使用人工照明。距窗0.3~1.8 m区间内，DA的降低幅度较大，基本呈线性降低，DA值降低了38%~73%；在距窗1.8~4.0 m区间，办公空间内的DA值下降幅度相对平稳，DA降低了73%~85%；在4.0~7.8 m区间，DA值下降到0，只能依靠人工照明。

图5.23所示，在遮阳窗帘的作用下，DA_{con}降低趋势与DA大致相同，靠近窗口的位置下降幅度稍小，之后快速下降，在距窗4.3 m左右DA_{con}值下降到0。

遮阳窗帘下降位置对于室内空间DA的影响从图5.24中可以看到，在遮阳窗帘工作位置为50%时，室内DA平均值相比无遮阳的情况减小了8.99%；室内DA平均值随遮阳窗帘的位置下降而减小，且幅度逐渐增大。50%与75%相差了12.88%，75%与100%相差19.25%。以上说明：对于严寒地区办公建筑，增加遮阳窗帘遮挡面积时，遮挡窗的下半部较上半部对室内DA平均值的影响更大。

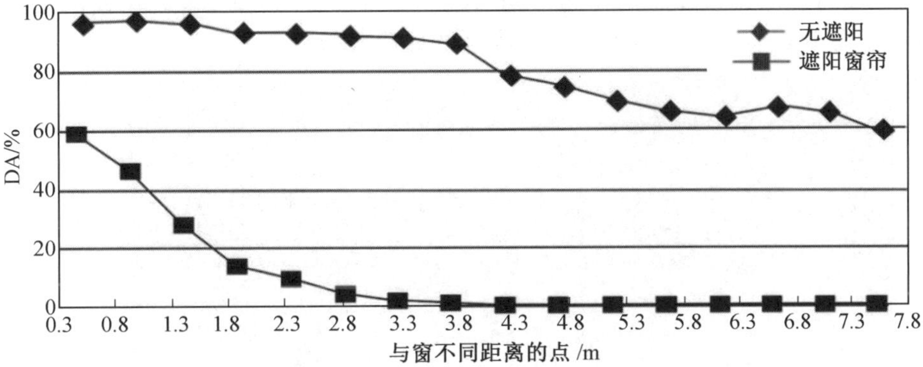

图 5.22　遮阳窗帘作用下室内与窗不同距离各点 DA 分布

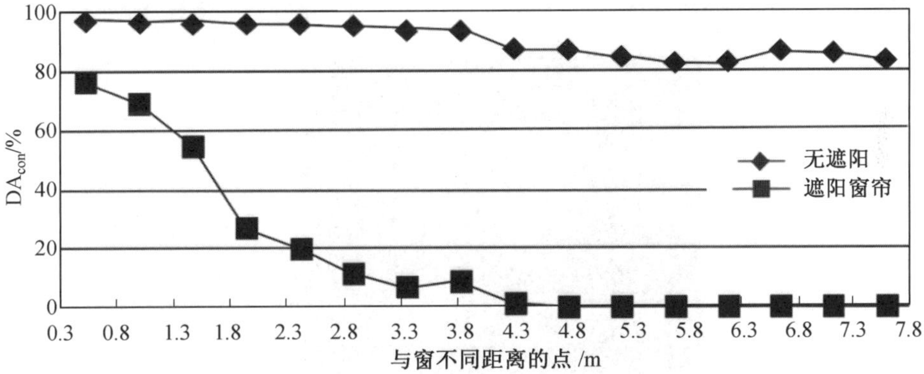

图 5.23　遮阳窗帘作用下室内平均 DA_{con} 分布

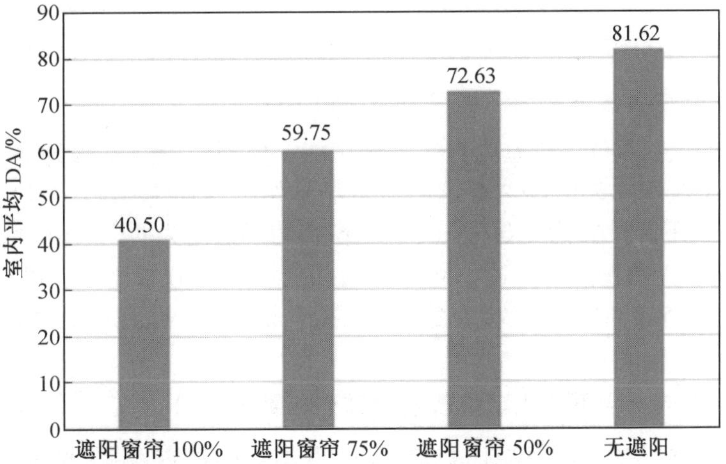

图 5.24　遮阳窗帘下降位置幅度的室内平均 DA 分布

遮阳窗帘的材料开口率对室内办公空间 DA、DA_{con} 的变化影响主要集中在窗口附近，图 5.25 所示遮阳窗帘材质开口率为 1% 和 5% 的照度分布伪彩图，在完全下降位置、其他设置都相同的条件下，开口率为 1% 相较于开口率为 5% 的场景，照度虽然低些，但分布更均匀,且照度对比度也下降了。将两个场景做减法可以看出:照度差距主要区别在窗口附近。这说明降低材质开口率有利于窗口附近的照度改善。

(a) 开口率为 1%　　(b) 开口率为 5%

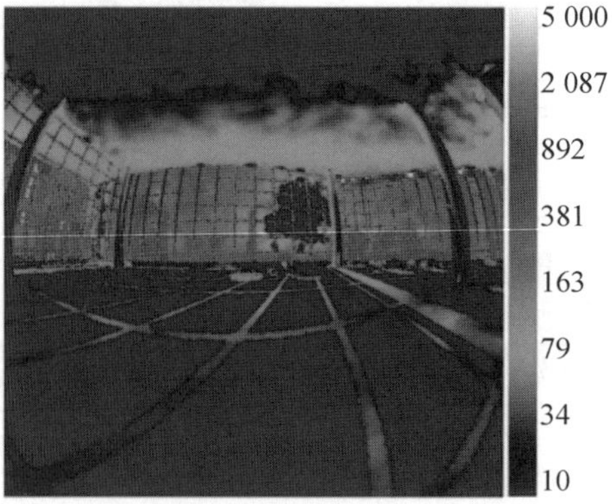

(c) 开口率为 1%~5%

图 5.25　场景 7 遮阳窗帘不同材质开口率的照度比较(窗帘下降位置为 100%)

5.4.3.3　光热耦合下室内环境有效照度(UDI)

使用有效照度(UDI)评价室内自然采光性能。模拟位置设定为场景 7,时间全年,变量及模拟场景组按 5.4.2 所设。有遮阳窗帘场景组为西向无遮阳,南向有遮阳窗帘(开口率为 1%,窗帘下降位置为 100%);无遮阳窗帘的场景组为西向、南向均无无遮阳设施。

图 5.26 所示为两场景下距窗不同距离测点全年 UDI 分布比较。可知遮阳窗帘主要提高了距窗 1.3 ~5.8 m 处的有效照度。虽然提升幅度稍小于遮阳百叶,但作用范围大于遮阳百叶。

5.4.3.4　光热耦合下室内环境表现及眩光指数(DGP)

使用眩光指数(DGP)评价室内自然采光性能状况,位置设定:场景 1、3、5、8 视野空间;模拟时间为全年;变量及模拟情景组按 5.4.2 所设。在其他参数不变的情况下,通过全年眩光模拟,讨论遮阳窗帘的材质开口率及下降位置的改变对眩光指数的影响。如表 5.10和图 5.27 所示,材质开口率分别设定为 1%、3%、5%;下降位置设定为 50%、75%、100%。

(1)在以上设定下,窗帘材质开口率从 1% 变到 5% 时(窗帘下降位置为 50%),眩光

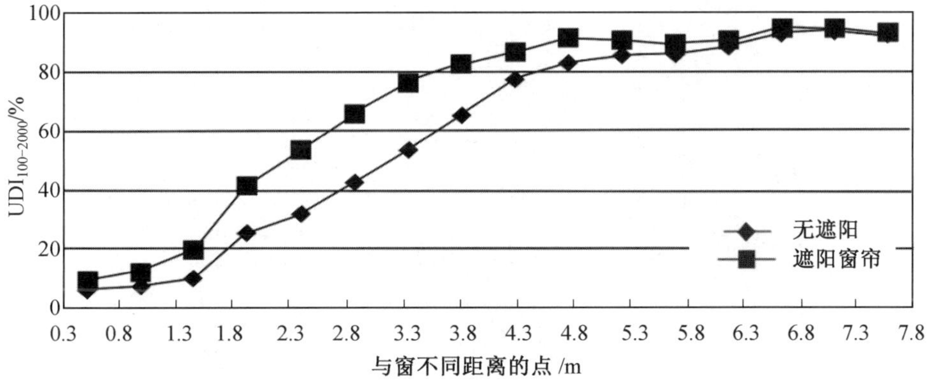

图 5.26　遮阳窗帘作用下室内与窗不同距离各点 $UDI_{100-2000}$分布

指数降低百分率为 9.6%；遮阳窗帘下降位置从 50% 变到 75% 时(开口率为 1%)，眩光指数降低百分率为 33.3%。这说明：窗帘的位置变化比窗帘材质变化对眩光指数的影响大。

表 5.10　场景 1、场景 8 遮阳窗帘不同参数的幕墙年度眩光控制减少比例比较

开口率 O/窗帘下降位置 P	场景 1	场景 8
1%/50%	48.6%	34.4%
1%/75%	81.9%	62.6%
1%/100%	89.3%	63.3%
3%/50%	38.6%	14.3%
3%/75%	74.5%	44.7%
3%/100%	87.3%	62.9%
5%/50%	39.0%	14.5%
5%/75%	77.4%	41.5%
5%/100%	85.5%	62.3%

(2)当遮阳窗帘材质开口率为 1%，窗帘下降位置从 50% 变到 75% 时，眩光指数降低百分率为 33.3%；窗帘下降位置从 75% 变到 100% 时，眩光指数降低百分率为 7.4%。这说明：对于严寒地区办公建筑，增加遮阳窗帘遮挡面积时，遮挡窗的上半部较下半部对控制眩光更有效。

(3)当遮阳窗帘下降位置为 100%，窗帘材质开口率从 1% 变到 3% 时，全年眩光时间减少 57 h；窗帘材质开口率从 1% 变到 5% 时，全年眩光时间减少 107 h。这说明：开口率较小的材质更利于解决眩光问题。

(4)相同的窗帘材质开口率及窗帘下降位置在不同朝向的性能表现不同。在其他设置都相同的情况下，遮阳窗帘在东南向遮挡眩光的效果要明显优于西向。无论东南向或西向，遮阳窗帘夏季的工作效果都优于冬季。

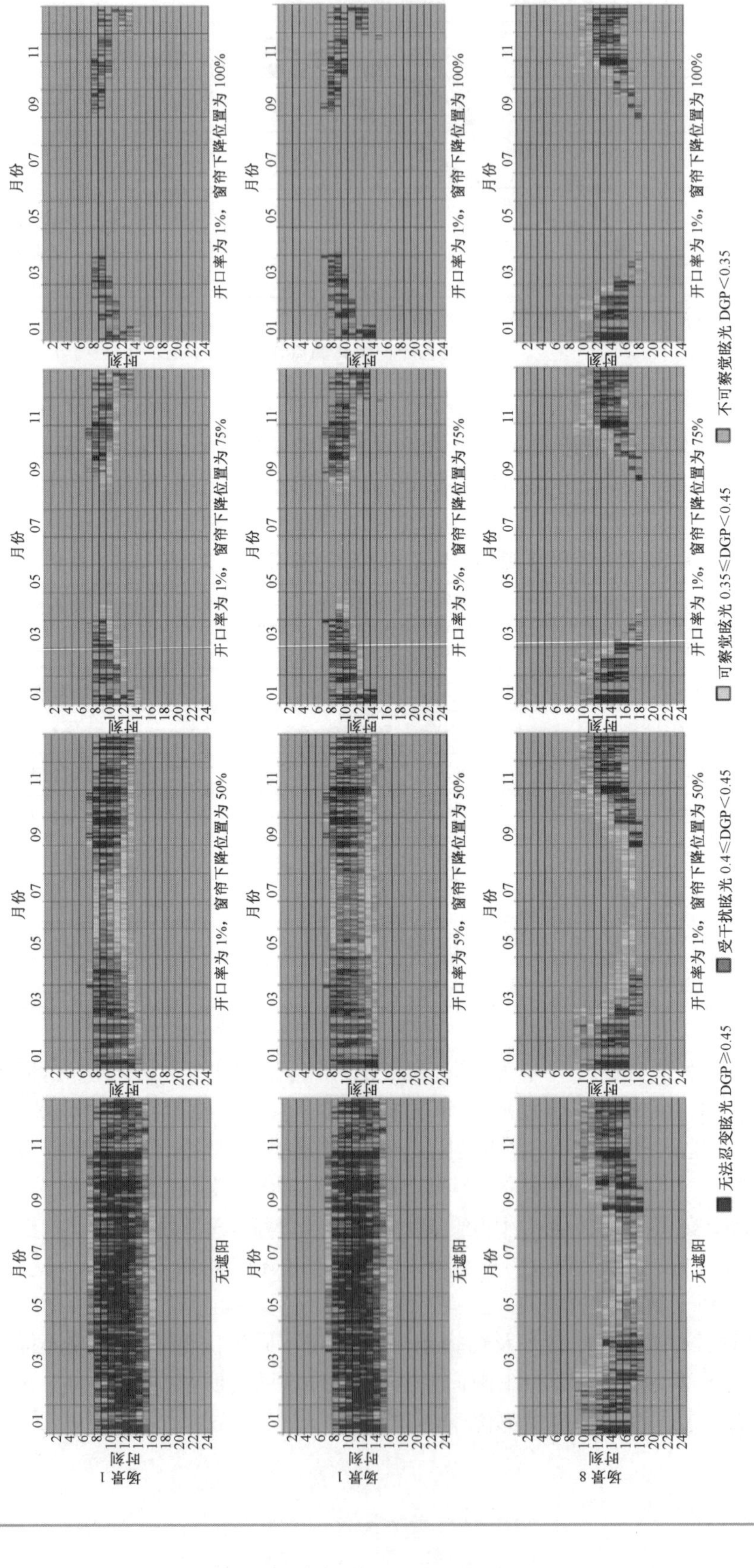

图 5.27 场景 1、8 遮阳百叶不同参数的幕墙年度眩光计算比较

5.4.3.5　针对遮阳搁板(brise soleil)的设计策略

遮阳搁板一般水平设置,大部分为固定式,是一种常见的自然采光辅助系统,通常与幕墙或玻璃竖框协同设计,可避免遮挡使用者视线以尽可能保证室内视野。

(1)光热耦合的室内环境自然采光满足率。

使用自然采光满足率(DA)和连续自然采光满足率(DA_{con})评价室内自然采光照度分布情况,位置设定:视角场景 7,DA 模拟时间为全年,变量及模拟情景组按 5.4.2 所设。有遮阳搁板和无遮阳搁板室内光环境模拟效果对比如图 5.28 所示。遮阳情况:图 5.28(a),南向窗室外遮阳搁板(搁板宽度为 3 m,距离墙面距离为 0.9 m),西向无遮阳设施;图 5.28(b),西向、南向均无遮阳设施。图中可见,遮阳搁板起到了改善室内整体照度均匀度的作用,减小了过高照度值的范围,对靠近窗口处的照度降低幅度不大,但降低了进深较大处的照度值。

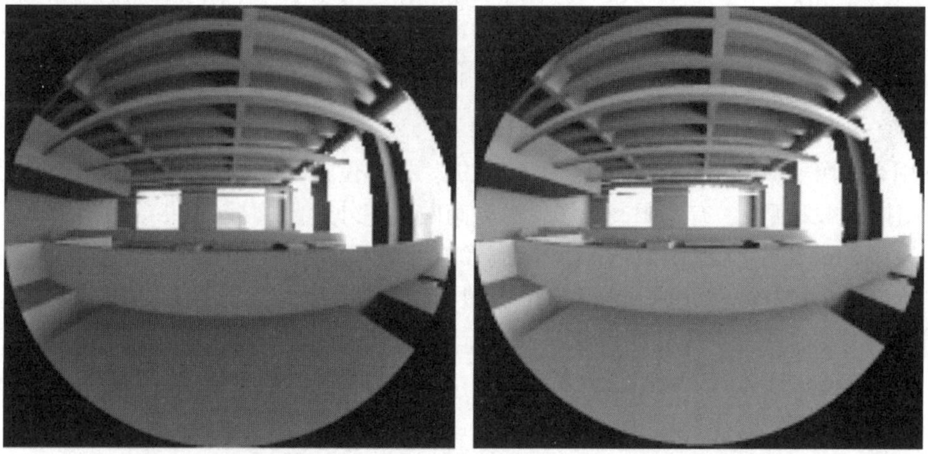

(a) 有遮阳搁板(搁板宽度为 3 m,距离墙面距离为 0.9 m)　　(b) 无遮阳设备

图 5.28　场景 7 秋分日正午南向窗有遮阳搁板及无遮阳渲染图

图 5.29 所示遮阳搁板影响室内 DA 值的幅度不大。在 3.8 ~ 7.8 m 区间稍为明显,但 DA 值变化率也不超 10%,空间内的采光潜能无明显变化。

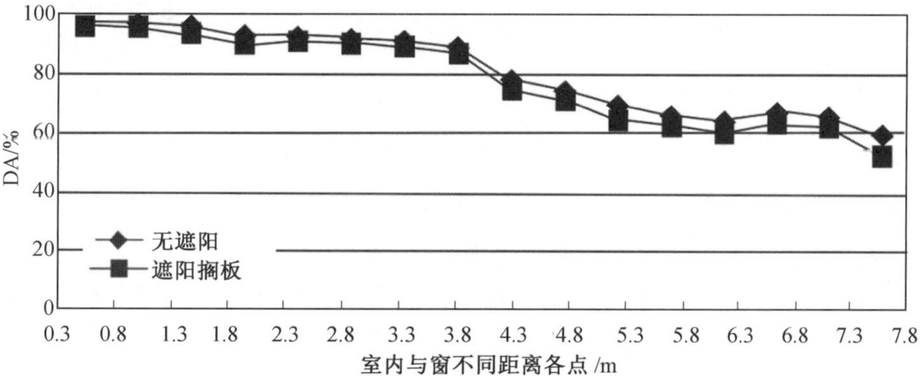

图 5.29　遮阳搁板作用下室内与窗不同距离各点 DA 分布

图 5.30 所示，遮阳搁板的使用对 DA_{con} 的影响较对 DA 的影响更小，平均降幅在 2% 以内。且遮阳搁板宽度及距外墙距离在其值域内对结果影响不大。以上说明：使用遮阳搁板对有效利用自然采光影响较小，是较为理想的遮阳设施。

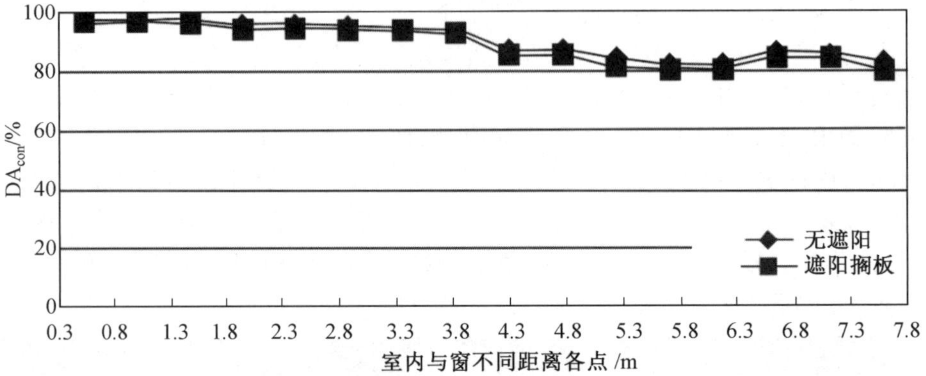

图 5.30 遮阳搁板作用下室内与窗不同距离各点 DA_{con} 分布

（2）光热耦合下室内环境有效照度（UDI）。

使用有效照度（UDI）评价室内自然采光性能。模拟位置设定：场景 7，时间全年，变量及模拟场景组按 5.4.2 所设。有遮阳搁板场景组为南向窗室外遮阳搁板（搁板宽度为 3 m，距离墙面距离为 0.9 m），西向无遮阳设施；无遮阳搁板的场景组为西向、南向均无无遮阳设施。

图 5.31 所示为有、无遮阳搁板场景下，距窗不同距离测点全年 UDI 分布比较。由图可知，遮阳搁板对采光质量有所改善。$UDI_{100-2000}$ 有所提高，0.3～0.8 m 提高 10%，1.3～4.6 m 提高 2%～18%，5.1 m 以外提高 2% 之内。遮阳搁板对有效照度的提升范围在 1.3～4.6 m，且幅度较小。

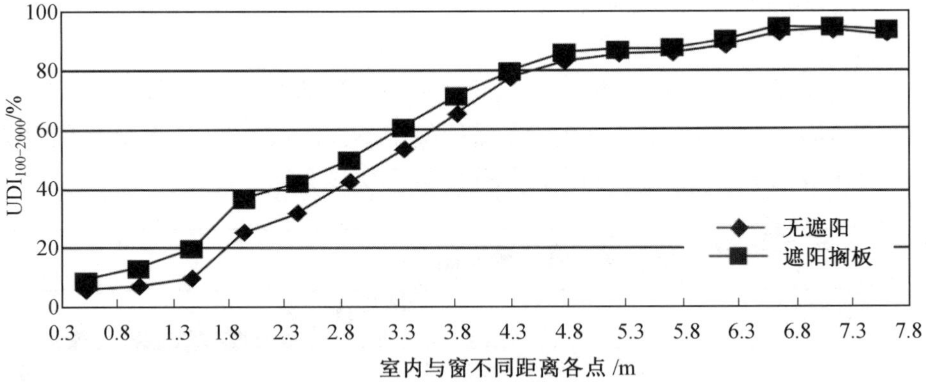

图 5.31 遮阳搁板作用下室内与窗不同距离各点 $UDI_{100-2000}$ 分布

（3）光热耦合下室内环境表现及眩光指数（DGP）。

使用眩光指数（DGP）评价室内自然采光性能分布情况，位置设定：场景 1、3、5、8 视野空间，模拟时间为全年，变量及模拟情景组按 5.4.2 所设。通过全年眩光模拟，讨论遮阳搁板宽度及距墙面距离的改变对眩光指数的影响。如图 5.32 和表 5.11 所示，遮阳搁板

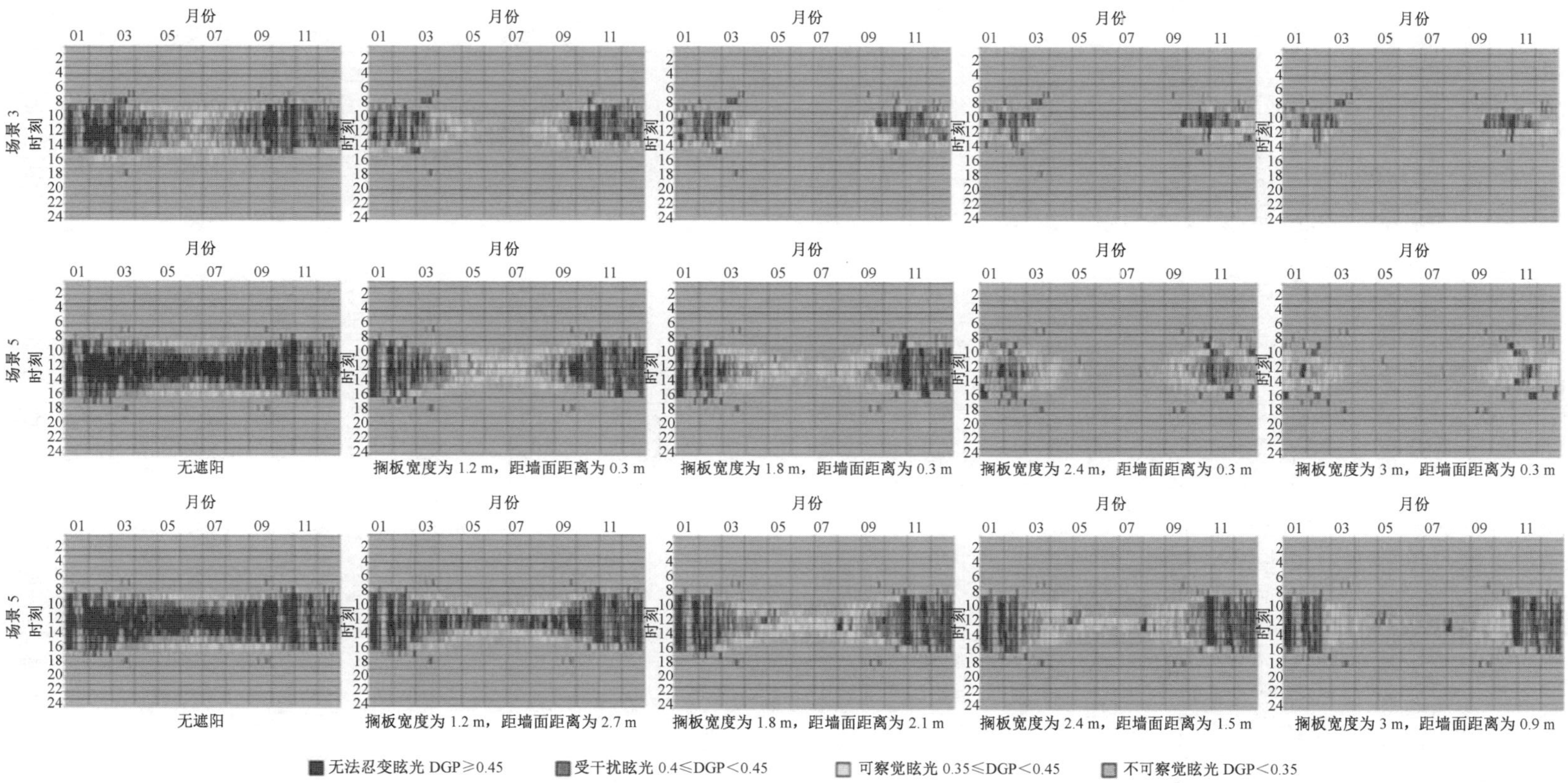

图 5.32　场景 3、5 遮阳百叶不同参数的幕墙年度眩光计算比较

宽度分别设定为1.2 m、1.8 m、2.4 m、3.0 m；距墙距离设定为0.3 m、0.9 m、1.5 m、2.1 m、2.7 m。

①搁板宽度从1.2 m变为2.4 m（搁板距墙面距离为0.3 m），眩光指数减少百分率增加了19.4%；搁板距墙面距离从0.3 m变为2.7 m，眩光指数减少百分率为降低了16.9%。这说明：搁板宽度越大，距离墙面越近，对直射阳光的阻挡效果越好，即对眩光的控制越有效。

②当搁板宽度为2.4 m，搁板距墙面距离从0.3 m变为1.5 m，眩光指数减少百分率下降了21.4%；搁板距墙面距离从0.3 m变为2.1 m，眩光指数减少百分率下降了21.2%；搁板距墙面距离从0.3 m变为2.7 m，眩光指数减少百分率下降了16.9%。即在值域范围内，搁板距墙面距离对眩光的控制作用随搁板宽度的增加而增加。这说明：减小搁板距墙面距离时在搁板宽度越大时，得到的收益越大。

③夏季，太阳高角度较高，水平遮阳装置可较好地限制阳光直射。冬季的控制效果则不如夏季，在冬季遮阳搁板即便设置：搁板宽度为3 m、搁板距墙面距离为0.3 m。清晨和傍晚仍会有阳光直射，图5.32中，场景3和场景5冬季都有较长时间的眩光持续。这说明：对于严寒地区办公建筑，遮阳搁板在冬季的作用远不如夏季。

表5.11　场景3、场景5遮阳搁板不同参数的幕墙年度眩光控制减少比例比较

搁板宽度 *W*/搁板距离墙面距离 *D*	场景3	场景5
1.2 m/2.7 m	34.9%	31.2%
1.2 m/0.3 m	51.8%	31.2%
1.8 m/2.1 m	43.4%	38.8%
1.8 m/0.3 m	64.6%	49.2%
2.4 m/1.5 m	49.8%	49.4%
2.4 m/0.3 m	71.2%	65.1%
3.0 m/0.3 m	77.5%	78.0%
3.0 m/0.9 m	66.9%	64.8%

5.4.4　光热耦合下遮阳设施的节能贡献

使用3.4.1建立的典型模型C1，如图5.33所示，典型模型总建筑面积为28 224 m^2，标准层面积为3 136 m^2，层数为9层，层高为3.6 m，长度为56 m，宽度为56 m，窗墙比为0.6。围护结构SHGC1=0.8，$K_{wall1}=0.35$，$K_{roof1}=0.3$，$K_{glass1}=2.6$，$K_{frame1}=6.2$，WB1=0.35，MB1=0.30，CB1=2.6，FB1=6.2，外窗可见光综合透过比$\delta=0.8$。

（1）遮阳设施对太阳辐射得热的节能贡献。对以上典型模型运用Trnsys软件模拟计算全年采暖供冷总能耗，得到如下结果：

①室内遮阳设施对太阳辐射得热的影响可忽略。无论是否采用室内遮阳设施，模拟所得的采暖供冷总能耗变化很小，这说明室内遮阳设施的作用限于控制眩光、改善室内光环境舒适度，对太阳辐射得热几乎没有影响。同时可理解为太阳光进入室内后，辐射在任

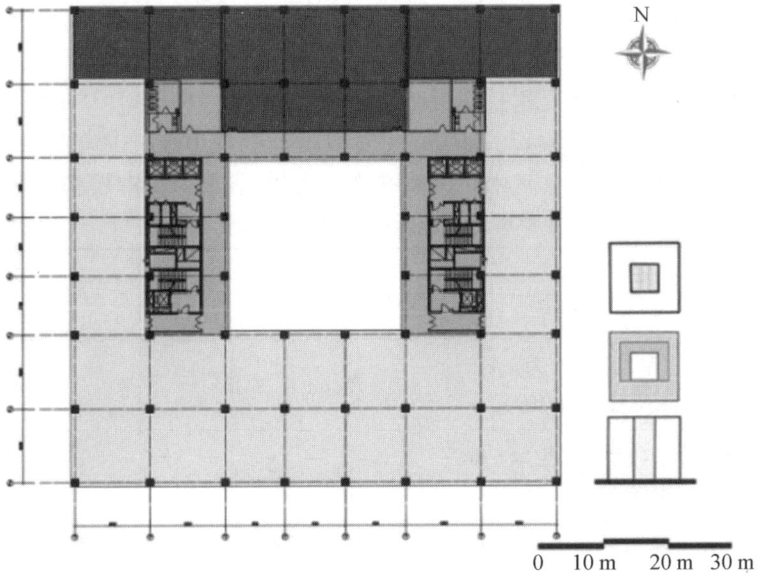

图 5.33　典型空间 COU 模式

何对象上，都将转化为室内热量。

②室外遮阳设施对太阳辐射得热的节能贡献。室外遮阳设施可有效控制夏季室内太阳辐射得热，对西向及南向设置遮阳搁板（搁板宽度为 3 m，距离墙面 0.9 m）后，模拟计算所得全年采暖供冷总能耗为 88.33 kW·h/m^2，不设遮阳搁板时模拟计算所得的全年采暖供冷总能耗为 100.33 kW·h/m^2，全年节约了 12 kW·h/m^{2}的由太阳辐射得热产生的供冷能耗，占全年采暖供冷能耗的 11.96%。图 5.34 所示，室外遮阳大大改善了室内光热耦合性能，即改善了室内光环境，又解决了夏季室内由太阳辐射得热产生的过热现象，相较于无遮阳或使用室内遮阳，可节约全年采暖供冷总能耗 11.96%。

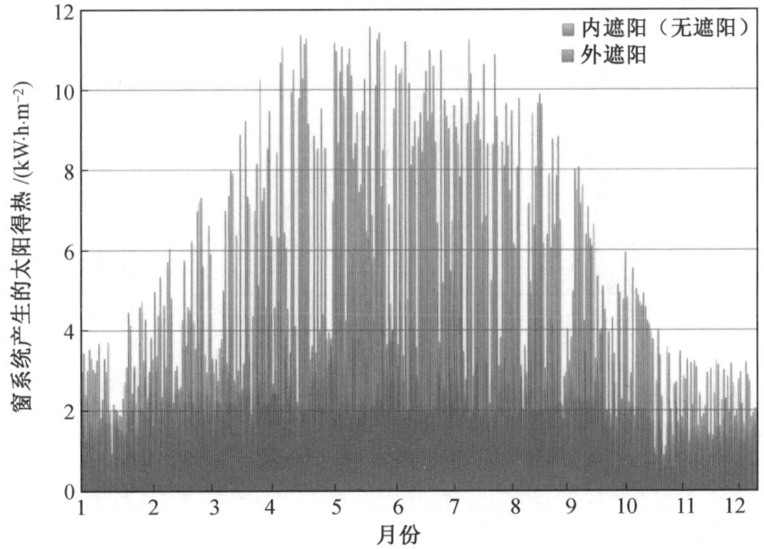

图 5.34　典型模型 C1 在有无遮阳搁板时全年太阳辐射得热

(2)遮阳设施对照明能耗的节能贡献。仍以典型模型 C1 为对象，运用 DIVA 模拟软件，在使用不同遮阳设施的情况下，对全年照明总能耗进行模拟计算，以比较各种遮阳设施对照明能耗的影响。眩光全遮挡是指在室内眩光指数 DGP>0.35 时全部采用人工照明。遮阳设施控制算法见表 5.12；Radiance 模拟设置以及 DIVA 中气候、照明模板与控制系统、模型材质反射与透明性、使用时间安排等设定采用 5.4.2 中模拟设定。

表 5.24　遮阳设施控制算法模型

场景	遮阳设施	算法模型	照明控制
1	眩光全遮挡	LEED,2012	开关控制
2	遮阳窗帘(开口率为 1%，下降位置为 100%)	Reinhart,2002	开关控制
3	遮阳搁板(搁板宽度为 3 m，距墙面距离为 0.9 m)	固定不控制	开关控制
4	遮阳百叶 45°	固定不控制	开关控制

模拟计算结果如图 5.35，全年照明用电能耗：眩光全遮挡为 46.2 kW·h/m^2，遮阳窗帘为 38.6 kW·h/m^2，遮阳搁板为 16.2 kW·h/m^2，遮阳百叶为 36.4 kW·h/m^2。室外遮阳搁板明显优于其他选择，与眩光全遮挡相比，每年每平方米可节约 30 kW·h 的照明用电能耗，节约了眩光全遮挡照明总能耗的 64.9%。与遮阳窗帘相比可节约 22.4 kW·h/m^2，节约了遮阳窗帘照明总能耗的 58.0%。可见使用遮阳搁板对全年照明总能耗贡献巨大。

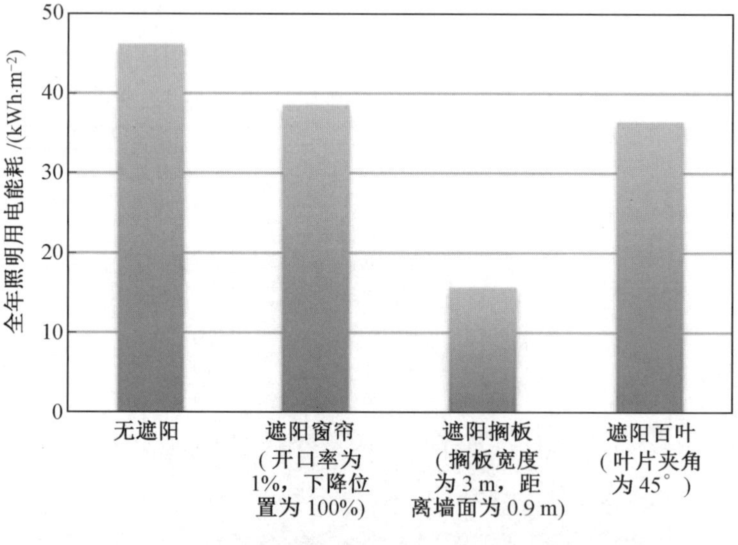

图 5.35　不同情况下由全年照明用电能耗

5.4.5　遮阳设施的性能综合评价

为方便比较，生成图 5.36 和图 5.37，根据各种遮阳设施在不同变量条件下的全年眩光时间来比较其工作性能。

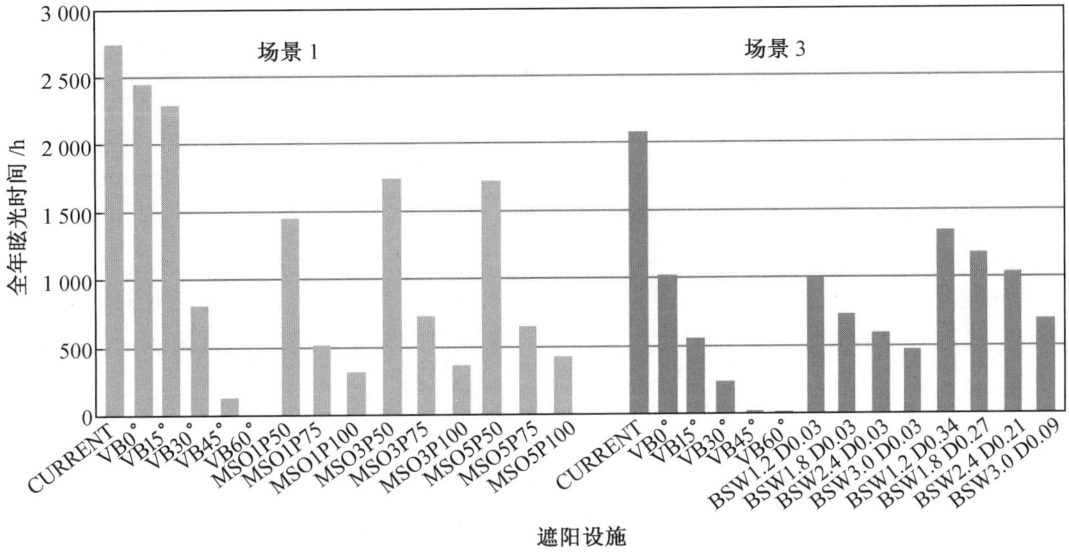

图 5.36　场景 1、3 的年度遮阳效果比较

（CURRENT 代表无遮阳，VB 代表叶片夹角，MSO 代表遮阳窗帘下降位置，P 代表窗帘下降位置，BSW 代表遮阳搁板宽度，D 代表搁板距离墙面的距离。下同）

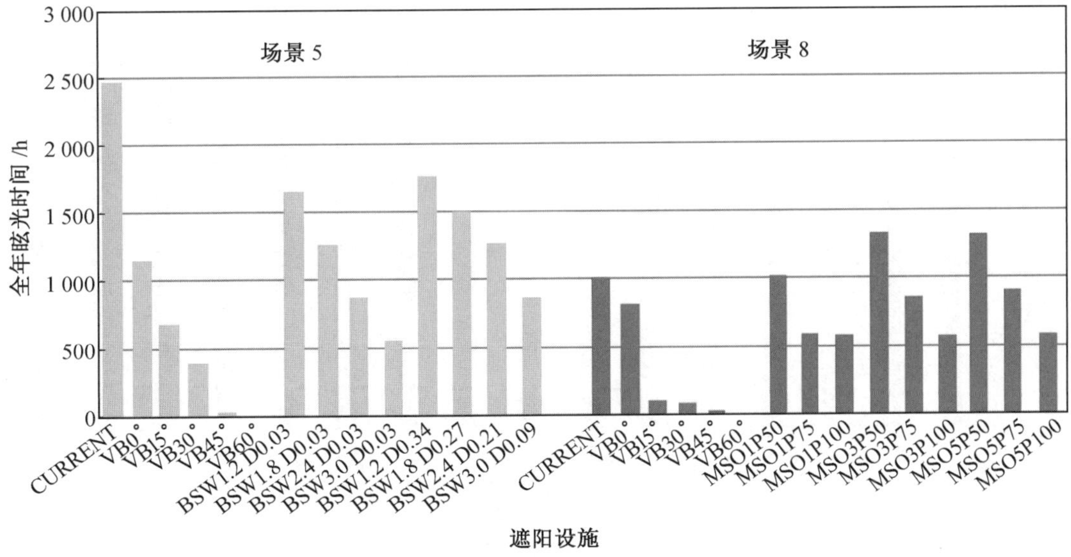

图 5.37　场景 5、8 的年度遮阳效果比较

5.4.5.1 遮阳百叶和遮阳搁板性能比较

遮阳内百叶拆装方便,控制灵活,是常见的遮阳设施。遮阳外百叶应用则较少。遮阳搁板安装后不可调整,对冬季眩光控制效果差。

(1)光环境指标评价。

遮阳百叶对眩光的控制效果优于遮阳搁板。图 5.38 和图 5.39 所示,遮阳百叶的叶片夹角为 0°时,眩光降低率与遮阳搁板在宽度 1.2 m、距离墙面 0.3 m 时效果相近,从叶片夹角为 15°开始眩光降低率就远优于搁板效果;遮阳搁板对 DA 的影响明显优于遮阳百叶,即便遮阳百叶的叶片夹角为 0°时,当进深超过 3 m 后,DA 值明显下降,而遮阳百叶 DA 值的下降小且基本不受进深影响;对 UDI 的影响,遮阳搁板和遮阳百叶对有效照度的提升范围相近,提升幅度遮阳百叶大于遮阳搁板。

(2)过热现象控制。

内遮阳百叶对太阳辐射得热产生的过热现象无效。外遮阳百叶因拆装维修不便应用较少。遮阳搁板对太阳辐射得热产生的过热现象控制效果好。这方面遮阳搁板优于遮阳百叶。

5.4.5.2 遮阳窗帘

遮阳窗帘是较为被动的选择之一,对没有进行采光辅助系统设计的办公建筑是简单易行的措施,也是应用最为普遍的遮阳设施。主要的弊端:一是阻断视野;二是降低 DGP 的同时也大大降低了 DA 和 UDI,且对夏季太阳辐射得热产生的过热现象无效,从而增加了照明能耗和供冷能耗;三是对于办公建筑,遮阳窗帘虽然控制方便,但调研发现遮阳窗帘一旦拉下往往几天都不会开启,浪费自然光资源,降低室内光环境性能,增加照明能耗。所以,遮阳窗帘不属于低能耗遮阳设施,除作为其他遮阳设施的补充外,在低能耗设计中不宜采用。

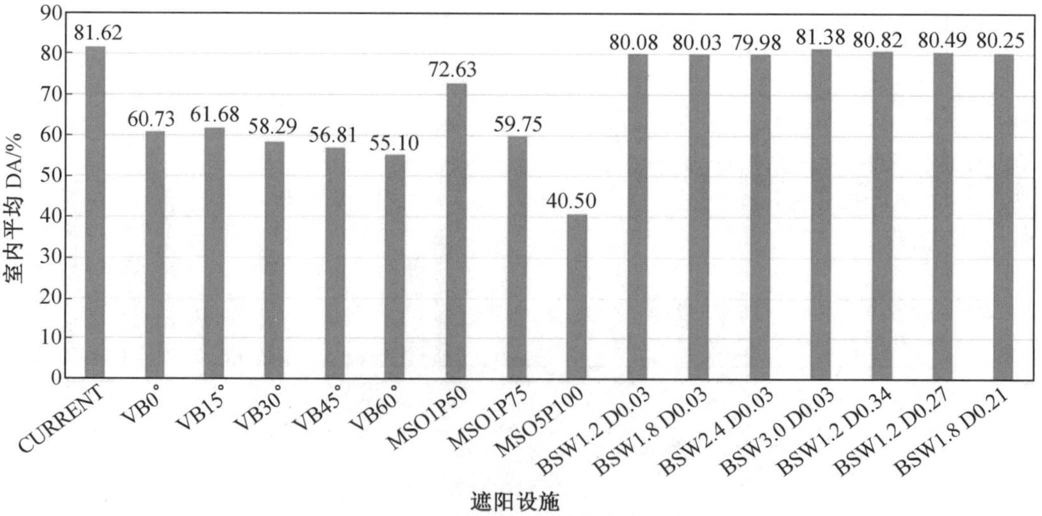

图 5.38 遮阳设施对自然采光满足率的影响比较

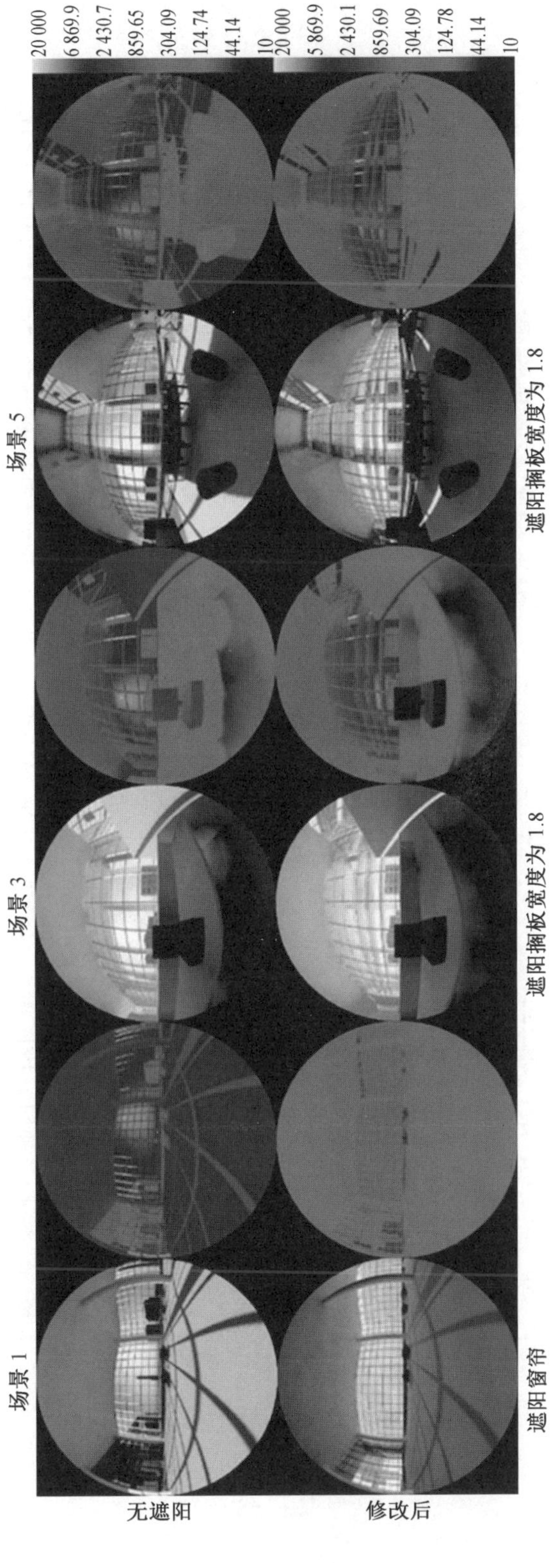

图 5.39　各场景年度照度分布伪彩图比较

第6章　寒地办公建筑案例实测

前文基于光、热及光热耦合环境下的动态模拟，对严寒地区办公建筑低能耗设计提出了设计策略，本章依照此策略，通过某办公建筑的优化设计过程，示例严寒地区低能耗设计方法。

示例选取黑龙江省鹤岗市检测中心办公楼项目，其低能耗设计在方案设计早期介入，充分考虑设计任务书要求、场地条件、用户偏好等工程特点，使优化计算贴近工程实际，提出切实可行的低能耗设计方案。

6.1　项目基本情况及能耗估算

6.1.1　基本情况

1. 气候、基地

鹤岗市检测中心办公楼项目基地位于黑龙江省鹤岗市工农区(130.27°N,47.33°E)，气候类型属典型严寒地区。如图6.1所示，项目位于街区D03地块，基地平面呈矩形，东西长为85.68 m，宽为24.68 m，基地面积约为2 115 m^2。待设计的办公建筑总建筑面积约为6 500 m^2，按5层计，每层面积约为1 300 m^2，较为合理。

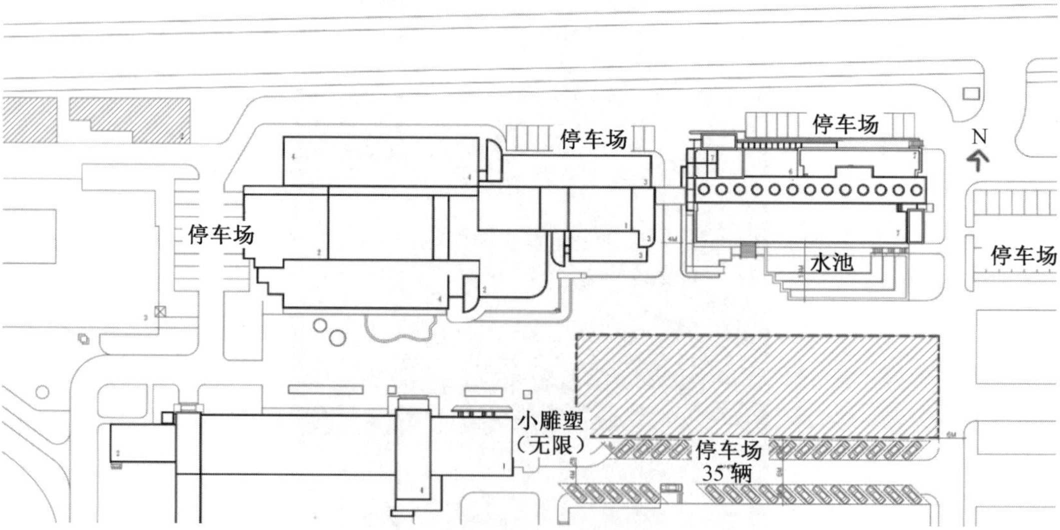

图6.1　基地平面图

2. 朝向

总体布局上，考虑基地情况以及建筑的特点、建筑与周边环境的关系等因素，确定建筑朝向与基地边缘平行，符合城市纹理，即建筑主要朝向为南向。考虑到各方向退界要求，建筑边界如图 6.2 所示。

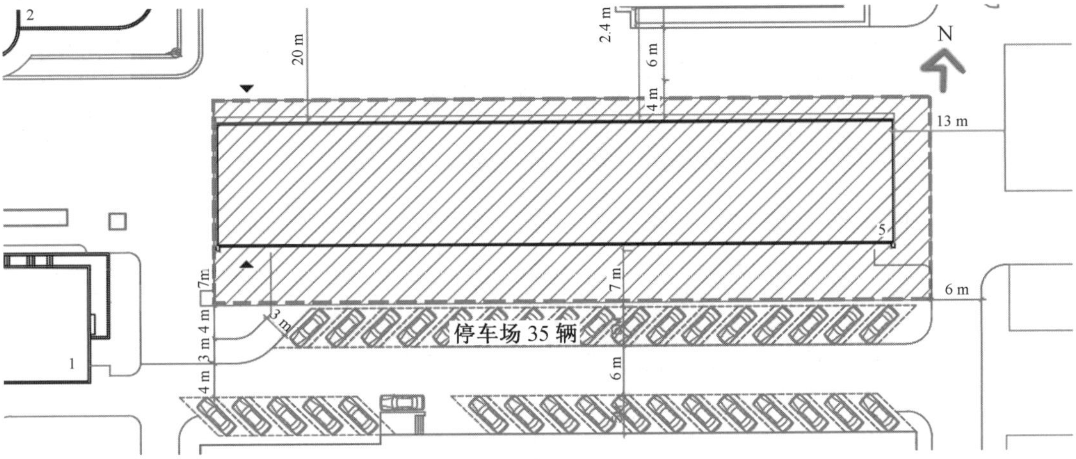

图 6.2　建筑朝向示意

3. 平面形态及空间布局

由于基地环境现状以及与周边建筑防火距离和退界要求的限制，建筑南北向进深限定在 17 m 内；根据基地面积及项目建设面积要求确定建筑层数为 5 层，每层面积约为 1 300 m^2；确定建筑长、宽分别为 78 m、16.7 m。由于南北向进深不大，照明控制方式选择开关控制。

根据人流方向、平面功能组织关系以及交通组织的要求，设计门厅、展览厅、实验室、会议室、休息交流空间及辅助设备用房等。方案设计如图 6.3 和图 6.4 所示。

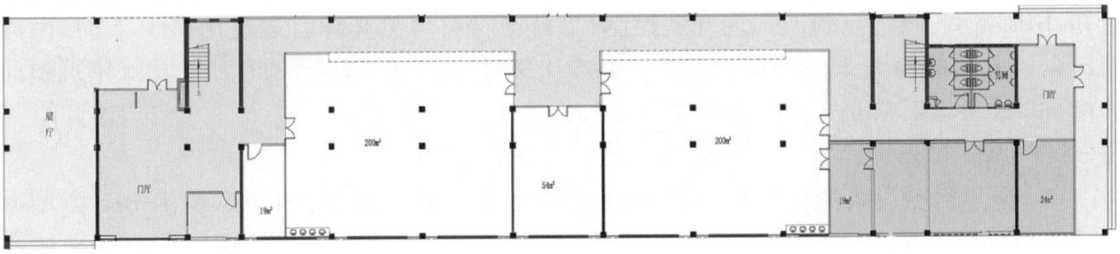

图 6.3　首层功能布局

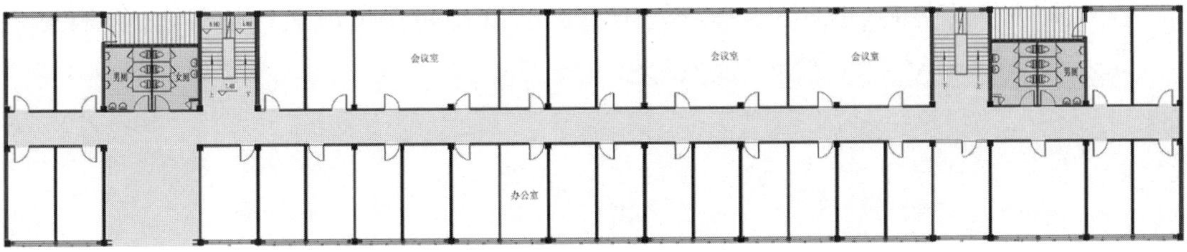

图 6.4　标准层功能布局

6.1.2 能耗估算

(1)鹤岗市地处东经47.33°、北纬130.27°,属典型的严寒地区,由于本设计空间模式属于BIL类型,建筑规模与B3接近,为了对建筑总能耗有一个初步预测,利用典型模型BIL-B3对该设计进行能耗估算。

(2)全年采暖供冷能耗。根据严寒地区办公建筑典型模型热环境动态模拟结果,从表6.1可知[129]:选用外围护结构材料WB1、MB1、CB1时,全年采暖供冷能耗为105.8 kW·h/m^2;当选用材料WB4、MB4、CB4时,全年采暖供冷能耗为88.9 kW·h/m^2。

表6.1 随机验证案例信息表

随机组合	空间模式	WWR	K_{wall}	K_{roof}	K_{glass}	K_{frame}	SHGC	Ce	Ci
1	BIL	0.26	0.25	0.22	1.8	3.0	0.69	0	0
2	BIL	0.31	0.30	0.25	2.2	3.0	0.67	0	0
3	COU	0.65	0.35	0.30	2.6	6.2	0.69	0.2	0.3
4	BIL	0.28	0.20	0.22	1.8	3.0	0.67	0.2	1
5	COU	0.68	0.30	0.25	2,6	6.2	0.67	0.2	1
6	COU	0.72	0.35	0.30	1.8	3.0	0.67	0.5	0.3
7	BIL	0.35	0.25	0.22	1.4	6.2	0.69	0	0
8	COU	0.80	0.35	0.25	2.6	6.2	0.69	0.7	1
9	BIL	0.25	0.25	0.22	1.8	3.0	0.67	0.5	0.7
10	BIL	0.2	0.20	0.20	1.4	6.2	0.67	0.5	0.3

(3)全年照明能耗。根据严寒地区办公建筑典型模型光环境动态模拟结果,从图5.6可知:BIL类型、照明控制模式为开关控制,当外窗材料可见光综合透过比$\delta=0.5$时,南向建筑全年照明能耗为35.3 kW·h/m^2;当$\delta=0.9$时为13.0 kW·h/m^2。本设计建筑朝向为南向,故$\delta=0.9$时全年照明能耗为13.0 kW·h/m^2,$\delta=0.5$时全年照明能耗为35.3 kW·h/m^2。

(4)全年机械设备能耗。根据严寒地区办公建筑现状调查,图6.5所示BIL类型办公建筑机械设备能耗10 W·h/m^2[170]。本设计中,办公室面积占总面积的40%,年工作日为250 d,每天8 h,因此,办公建筑全年机械设备能耗为8 kW·h/m^2。

全年采暖供冷能耗、全年照明能耗、全年机械设备能耗组成能耗估算,估算表见表6.2,整体能耗估算结果为109.9~149.1 kW·h/m^2。

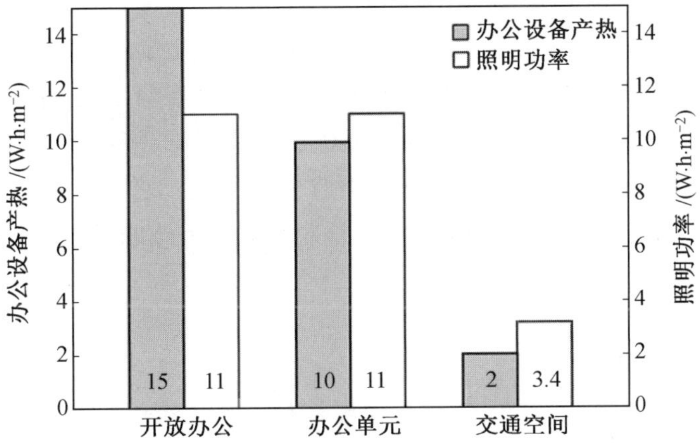

图 6.5　不同空间设备及照明产热

表 6.2　整体能耗估算组成表

	典型模型能耗上限/($kW \cdot h \cdot m^{-2}$)	典型模型能耗下限/($kW \cdot h \cdot m^{-2}$)
采暖供冷总能耗	105.8	88.9
照明能耗	35.3	13.0
机械设备能耗	8.0	8.0
整体能耗	149.1	109.9

6.2　优化设计

(1) 如前述，4.4.3 小节中的“对于 BIL 类型办公建筑而言，综合可见光透过比、朝向、窗墙比、层高进深比是对照明能耗和采光性能必不可少的设计变量(按影响程度排序)”，其方差贡献率见第 4 章表 4.20。

(2)“BIL 类型办公建筑对采暖供冷能耗必不可少的设计变量为朝向、窗墙比、外墙传热系数、屋顶传热系数、玻璃传热系数、太阳得热系数、室外遮阳系等 7 项”，其外围护结构传热系数见表 6.3。[129]

表 6.3　外围护结构传热系数设定

不透明围护结构传热系数				透明围护结构传热系数			
外墙传热系数		屋顶传热系数		玻璃传热系数		窗框传热系数	
符号	数值	符号	数值	符号	数值	符号	数值
K_{wall1}	0.35	K_{roof1}	0.30	K_{glass1}	2.6	K_{frame1}	6.2
K_{wall2}	0.30	K_{roof2}	0.25	K_{glass2}	2.2	K_{frame2}	3.0
K_{wall3}	0.25	K_{roof3}	0.22	K_{glass3}	1.8	—	—
K_{wall4}	0.20	K_{roof4}	0.20	K_{glass4}	1.4	—	—

(3)如前述,5.4.1中对自然采光辅助系统的分析,整理得出对严寒地区办公建筑BIL类典型模型整体能耗影响较大的变量包括:朝向、层高进深比、窗墙比、不透明围护结构材料性能(外墙、屋顶)、外窗材料性能及自然采光辅助系统。使用前文对以上变量的敏感性分析结果,确定变量的优化趋势并进行优选,以达到低能耗设计目的。

由于朝向、层高进深比受基地条件及功能需求的制约,取值受限无法优化,现在优化平面布局后,再依次对窗墙比、不透明围护结构材料性能(外墙、屋顶)、外窗材料性能及自然采光辅助系统4项进行设计优化。

6.2.1 平面功能布局

该办公楼属于典型类型中的BIL型,规模类似B3,其室内光性能模拟结果见图6.6所示。根据《基于光热性能模拟的严寒地区办公建筑低能耗设计策略研究》[170]中得出的设计策略,对平面布局调整如下:

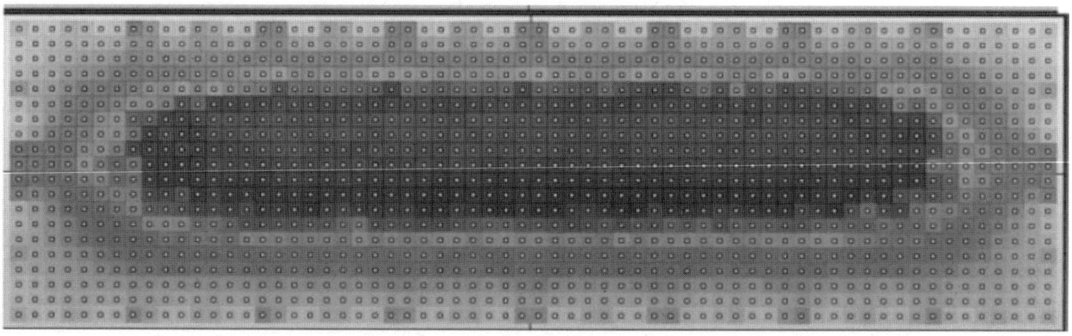

图6.6 BIL-B3典型模型室内光性能模拟

(1)获得最佳采光效果的有效方式需要结合照明控制方式的影响。比如,在必须采用大进深空间设计时,可以辅助以连续调节的照明控制方式的设计策略,由于本建筑南北向进深不大,照明控制方式选择开关控制。

(2)采光效果南向优于东向,东向优于西向,西向优于北向,但由于西向眩光情况相对严重,故占据西北两向的L型辅助空间的布置是最为节能合理的设计策略,对初步的平面功能布局加以调整,将采光要求较高的功能空间布置在南向及东向,辅助空间布置在北向,将对采光和眩光影响要求较低的功能空间布置在西向。

据此将办公空间、实验室布置在南向及东向,将楼梯间、电梯间、洗手间、开水间等辅助空间布置在北向,会议室、多媒体空间布置在西向。根据以上调整功能布局如图6.7和图6.8所示。

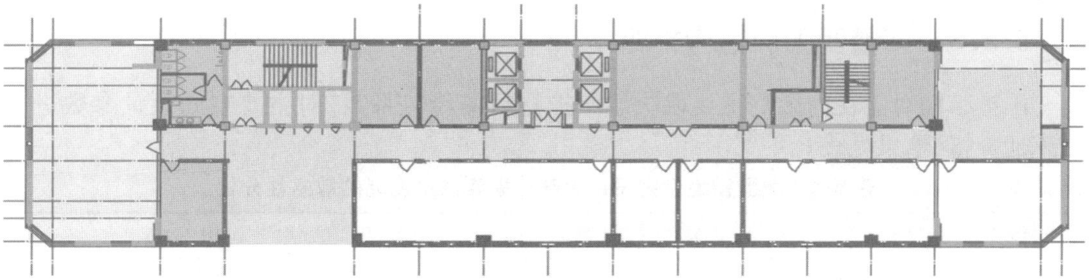

图 6.7　调整后首层功能布局

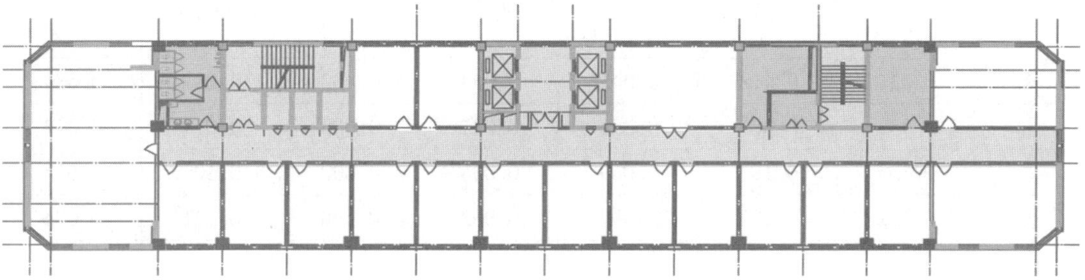

图 6.8　调整后标准层功能布局

6.2.2　窗墙比

根据平面功能的设计需求和立面造型的设计需求初步进行外窗设计，完成初步设计后根据设计策略进行优化设计。

根据 5.3.4 小节中“对整体能耗影响程度窗墙比对整体能耗的影响程度可由其变化斜率的大小来表征，斜率越大，影响程度越大。各朝向窗墙比斜率由大到小排序为：西向、东向、南向、北向。影响程度的排序与之相同。”由于西向和东向为次要功能房间，无特殊立面造型的需求，且对整体能耗的影响较大，故根据最优化原则进行优选；南向为主要办公房间，在优选的基础上最大程度开敞通透；北向为主要人流方向，且对整体能耗的影响最小，可以考虑在底层做得相对通透，保证空间的开放性和流动性。

根据 5.3.4 节中关于 BIL 类型办公建筑西、东向窗墙比得出的低能耗设计策略可知，西向及东向窗墙比对于整体能耗的影响为中间最优型，最优值分别为 0.3、0.4，故西向窗墙比据此选定为 0.3，东向窗墙比选定为 0.4，再根据具体功能进行窗的设计。

根据 5.3.4 节中关于 BIL 类型办公建筑南向窗墙比得出的低能耗设计策略可知，南向为中间最优型，最优范围为 0.35 ~ 0.4 之间，由于南向布置的多为主要办公房间，要最大程度保证开敞通透，故选定南向窗墙比为 0.4，再根据具体功能进行窗的设计。

根据 5.3.4 节中关于 BIL 类型办公建筑北向窗墙比得出的低能耗设计策略可知，北向为单向最小最优型，但由于北向为主要人流方向，且对整体能耗的影响最小，可以考虑在底层做得相对通透，保证空间的开放性和流动性，故在首层选择较大的窗尺寸，其他层选择满足采光的最小值，最终北向窗墙比为 0.25。

6.2.3 不透明围护结构材料

围护结构对能耗的影响主要取决于围护材料的传热系数，对主要空间设计参数进行敏感性分析，结果见表6.4[129]。

表6.4 典型模型空间设计参数对采暖供冷能耗的敏感性分析

空间模式	COU				BIL		
朝向	非透明围护结构传热系数	外窗玻璃传热系数	外窗玻璃太阳辐射得热系数	外遮阳系数	非透明围护结构传热系数	外窗玻璃传热系数	外窗玻璃太阳辐射得热系数
南	0.231	0.418	0.045	0.053	0.402	0.087	0.081
北	0.333	0.081	0.052	0.021	0.600	0.061	0.042
东	0.333	0.161	0.089	0.038	0.600	0.103	0.028
西	0.312	0.222	0.097	0.062	0.598	0.121	0.076
屋顶	0.312	—	—	—	—	—	—

分析值域内围护材料传热系数优化趋势，以及外围护结构材料传热系数对整体能耗的影响程度因朝向不同区别很大，根据5.4.2中总结的设计策略“对BIL典型模型而言，非透明围护结构最佳传热系数为南墙3.8，西墙、东墙1.4，屋顶为3.3~4.0之间，北墙影响力最小为单向最小最优，可综合考虑其他因素。”再根据策略“对于BIL典型模型各朝向非透明围护结构传热系数对整体能耗影响的斜率由大到小排序为：东向、西向、屋顶、南向、北向。”因此，东向由于影响最大宜选最优值1.4；西向影响较大，宜选最优值1.5，在1.3~1.7之间；屋顶影响较大，宜选最优值4.0或变化较缓的区域3.5~4.0之间；南向宜选择最优值3.8，在3.5~4.0之间，北向由于其传热系数的提高对能耗影响不大，可兼顾材料成本和传热系数作适宜选择。

最终优化结果为：东向选1.4，西向选1.5，屋顶选择3.9，南向选择4，北向选择4.0。按墙体面积加权平均，本方案外墙平均传热系数为0.347，屋顶为3.9。

6.2.4 外窗材料

外窗可见光综合透过比主要影响照明能耗，外窗传热系数主要影响采暖供冷总能耗，而外窗SHGC通过影响太阳辐射得热，进而影响采暖供冷总能耗，所以可通过优化以上3个设计参数达到降低整体能耗、优化设计的目的。

(1)外窗可见光综合透过比。根据5.3.2对外窗可见光综合透过比进行的敏感性分析结果，分析值域内外窗可见光综合透过比优化趋势，由图5.5可知：本设计可归类于严寒地区办公建筑典型模型开关控制BIL类型，西向、北向有能耗收益起始值，即只有外窗可见光综合透过比超过0.55，增加透过比数值才有能耗收益，对于南向、东向，在值域内提高外窗可见光综合透过比即有能耗收益，且收益率大于西向、北向。因为无论什么朝向，提高外窗可见光综合透过比，照明能耗收益率固定或无收益，所以在选择外窗材料时，可主要以外窗传热系数及外窗 SHGC 为依据。

（2）外窗传热系数。根据对外窗传热系数进行的敏感性分析结果，分析值域内外窗传热系数优化趋势，外窗传热系数对全年整体能耗的影响，北向为单向最小最优。除北向以外其余朝向均为中间最优，东向宜选 1.2，西向宜选 1.0～1.5 之间，南向宜选择 2.0～3.0 之间，北向由于其对能耗影响力度不大，可兼顾经济性耐久性等因素，选择传热系数较小的材料。外窗传热系数优选结果：东向选 1.2，西向选 1.5，南向选择 2.5，北向选择 3.0。按面积加权平均，本方案外窗平均传热系数为 2.2，如图 6.9 所示。

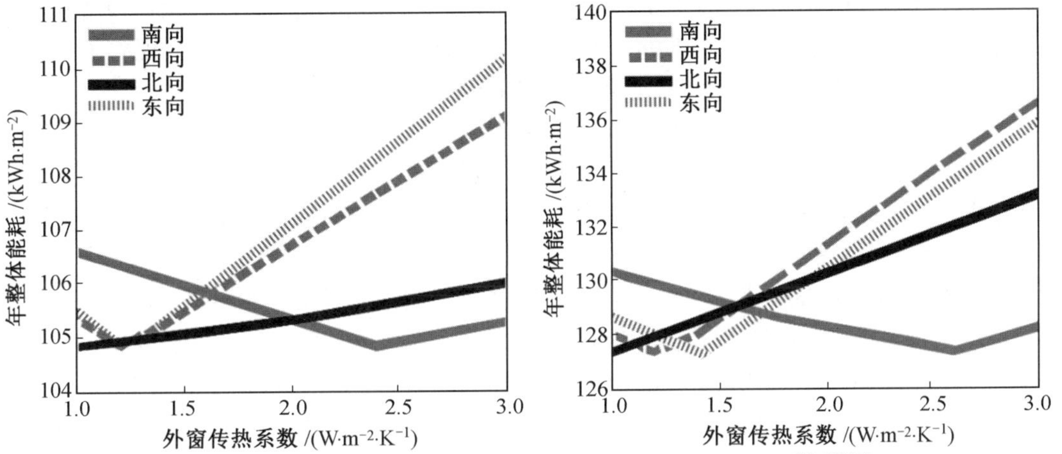

(a) BIL　(b) COU

图 6.9　典型模型外窗传热系数敏感性分析

（4）外窗 SHGC。根据对外窗传热系数进行的敏感性分析结果，分析值域内 SHGC 优化趋势，由图 6.10 可知：外窗 SHGC 对全年整体能耗的影响，北向为单向最大最优，且敏感性系数基本恒定；除北向以外东向、南向、西向均为中间最优，东向宜选 0.5，西向宜选 1.0～1.5间，南向宜选择 2.0～3.0 之间，而北向可根据经济性耐久性等因素选择。外窗

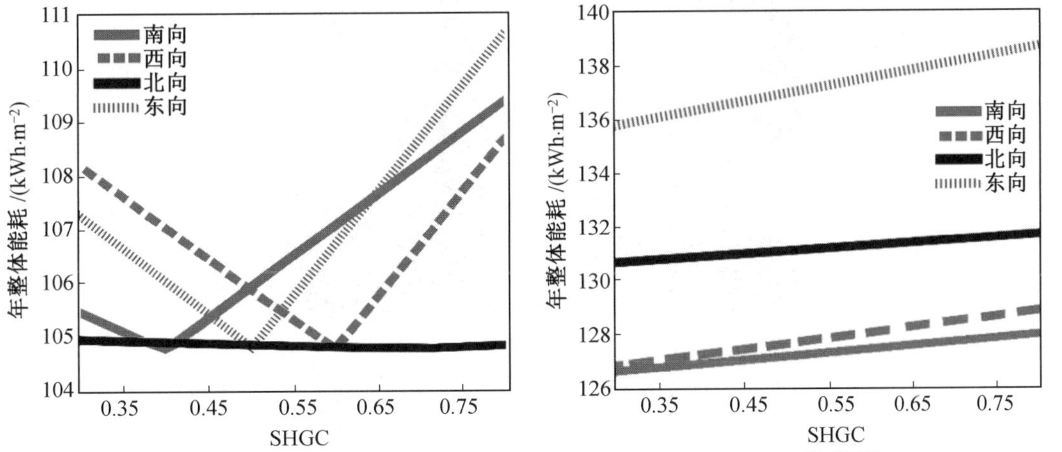

(a) BIL　(b) COU

图 6.10　典型模型外窗 SHGC 敏感性分析

SHGC 优选结果：东向选 1.2，西向选 1.5，南向选择 2.5，北向选择 3.0。按面积加权平均，本方案外窗平均传热系数为 2.2。

6.2.5 自然采光辅助系统设计及优化

根据 5.4.3 的模拟分析结果，鹤岗市夏至日 12 时，太阳高度角为 68°，这时，太阳高度角方向的太阳直射光强烈，眩光指数高，南向眩光主要集中在这一期间；在正午 12 时至下午 4 时，太阳高度角从 68°降到 22°，这期间西向眩光的时间较分散，且眩光指数较低，因期间较长，太阳直射光导致的室内过热问题较突出。因此，在光热耦合方面的设计优化需要解决的问题有：①南向在正午期间的强眩光及太阳辐射得热产生的过热现象。②西向正午 12 时至下午 4 时的长时间眩光及太阳辐射得热产生的累积过热现象。

根据 5.4.3 中对遮阳设施的应用讨论，在南向对窗的上半区采用室外百叶，其叶片夹角为 45°，对下半区采用室外遮阳搁板及室内遮阳百叶。在西向对窗的上半区采用室外遮阳搁板（水平结合垂直），对下半区采用室外遮阳搁板及室内遮阳百叶（使用者控制），遮阳设施的设置如图 6.11 所示。

因南向眩光发生时段集中，南向上半区设置室外遮阳百叶固定叶片夹角，较好地解决了眩光及过热问题，考虑到室外百叶遮挡视野，下半部使用遮阳搁板，并设室内百叶，以弥补遮阳搁板在冬季遮阳效果的不足。西向眩光的时间较分散，且眩光指数较低，上部采用遮阳搁板（水平结合垂直）可解决眩光及室温过高问题，下部除设置遮阳搁板外，增设室内百叶，以弥补遮阳搁板在冬季遮阳效果的不足。

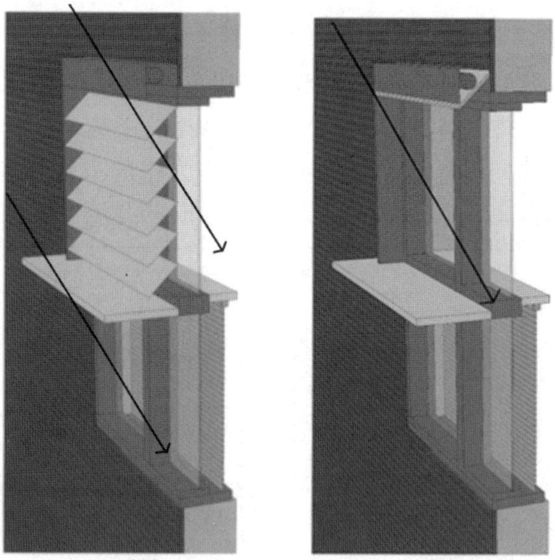

(a) 南向　　(b) 西向

图 6.11　南向及西向窗遮阳构件设计方案（图中箭头模拟直射光线）

对自然采光辅助系统的遮阳效果使用 DIVA 软件进行模拟计算，Radiance 中模拟设定，DIVA 中气候、照明模板及控制系统、模型材质反射及透明性设定、使用时间安排等设定与 4.2.3 中模拟设定相同。得出的遮阳系统综合性能模拟结果为：DA 由无遮阳时的

87.14%下降为81.62%，UDI由无遮阳时的46.02%提升为61.64%，DGP由无遮阳时的7.9%下降为0.6%。

6.3　整体能耗预测

采暖供冷总能耗包括围护结构采暖供冷能耗和太阳辐射引起的采暖供冷能耗变化两个方面，即整体能耗=采暖供冷总能耗+照明能耗+机械设备能耗。

根据5.3.2提出的单位面积采暖供冷系统能耗多元回归方程：

$$Q = \beta_{\text{wall}} \times K_{\text{wall}} + \beta_{\text{roof}} + \beta_{\text{glass}} \times K_{\text{glass}} + \beta_{\text{SHGC}} \times \text{SHGC} + \beta_{\text{ce}} \times C_{\text{e}} + \beta \tag{6.1}$$

使用自然采光辅助系统后，太阳辐射引起的采暖供冷能耗变化根据图5.33取值为12 kW·h/m²。

根据4.4.3提出的单位面积照明能耗多元回归方程：

$$E_{\text{light}} = \sum (1 - \text{DA}_i + \text{UDI}_{2000i}) \cdot \rho_i \cdot F_i \cdot h$$

$$\text{DA}_i = \beta_1 + \beta_2 \times (h/r) + \beta_3 \times T + \beta_4 \times (h/r)^2 + \beta_5 \times T^2$$

$$\text{UDI}_{2000i} = 1 - [\beta_6 + \beta_7 \times (h/r) + \beta_8 \times T + \beta_9 \times (h/r)^2 + \beta_{10} \times T^2]$$

机械设备能耗按估算值8 kW·h/m²计算。

整体能耗=围护结构采暖供冷能耗+太阳辐射引起的采暖供冷能耗变化+照明能耗+机械设备能耗=101.9 kW·h/m²。

预测结论：目标方案预测能耗为101.9 kW·h/m²，低于能耗估算，较典型模型下限值低8 kW·h/m²，且DGP值为0.6%，基本无眩光可能，室内光热环境舒适。

第 7 章　结　论

本书以严寒地区办公建筑为研究对象，针对严寒气候中的温度、相对湿度以及基于地域性光气候的天空照度、亮度等气候因素，进行了基于自然采光环境、室内热环境及光热耦合环境下的办公建筑低能耗设计研究，并提出了相应的低能耗设计策略。研究属于建筑节能设计中的多性能耦合模拟研究，尤其关注提高模拟精确性与模拟结果的地域性校正。根据模拟结果，建构严寒地区办公建筑整体能耗预测模型，并对其室内光热性能进行评价。应用 HDR-I 技术对典型模型进行了实地测试，验证了模拟模型及边界条件的准确性，对 DGP 预测值准确率高达 97% 以上。

主要结论如下：

(1)从类型学角度抽象建筑原型，提取现代办公建筑空间模式，根据严寒地区办公建筑的实际情况，采用现场拍照、实地测量等方法，获取严寒地区办公建筑空间设计参数分布状况，据此确定主要设计参数特征值域，并制定相应模数，构建严寒地区办公建筑典型模型及其衍生模型。

(2)通过物理及数学模型、理论分析、实地调研，对严寒地区办公建筑自然采光环境进行研究，从体形、空间及表皮等 3 个方面筛选了严寒地区办公建筑自然采光环境重要影响因素，选定综合可见光综合透过比、朝向、窗墙比、层高进深比等 4 项影响因素作为设计变量来研究空间设计参数对建筑照明能耗的影响。运用 DIVA 软件分别对 BIL 及 COU 空间模式的严寒地区办公建筑照明能耗进行模拟计算，将以上 4 项影响因素的模拟数据输入统计学软件 SPSS 做主成分分析，筛选出光环境下的主要设计变量：对于 BIL 类型办公建筑而言，综合可见光透过比、朝向、窗墙比、层高进深比是对照明能耗和采光性能必不可少的设计变量；对于 COU 类型办公建筑，综合可见光透过比、朝向、层高进深比是对照明能耗和采光性能必不可少的设计变量。使用以上变量在光环境模拟场景进行模拟计算，对模拟结果进行多元线性回归，拟合得到回归关系式，据此建立严寒地区照明能耗预测模型，并用 6 个案例进行验证预测模型的准确性。在此基础上，针对各影响室内采光性能的设计变量分别提出了基于自然采光性能的优化设计策略。此预测模型可在方案设计前期进行照明能耗预测，优化设计策略能够为基于自然采光的严寒地区办公建筑优化设计提供指导。

(3)根据建筑的物理数学模型，确定建筑围护结构总耗热量的影响因素。在忽略常量及不重要影响因素后，选定建筑朝向、窗墙比、外墙传热系数等 9 项影响因素作为设计变量来研究围护结构对建筑采暖供冷系统能耗的影响。运用 Trnsys 软件分别对 BIL 及 COU 空间模式的严寒地区办公建筑围护结构采暖供冷能耗进行模拟计算，将以上 9 项模拟数据输入统计学软件 SPSS 做主成分分析，筛选出热环境下的主要设计变量：BIL 类型办公建筑设计变量为朝向、窗墙比、外墙传热系数、屋顶传热系数、玻璃传热系数、太阳得热系数、室外遮阳系数等 7 项；COU 类型办公建筑设计变量为朝向、窗墙比、玻璃传热系数、屋顶传热系数、外墙传热系数、太阳得热系数、室外遮阳系数、室内遮阳系数等 8 项。使用以上参数为设计变量，在热环境模拟场景进行模拟计算，对模拟结果进行多元线性回归，拟合得到回归关系式，据此建立严寒地区采暖供冷能耗预测模型；在此基础上，针对各影响室内热环境性能的主要设计变量分别提出了优化设计策略。能耗预测模型可在方案设计前期进行采暖供冷能耗预测，优化设计策略能够为严寒地区办公建筑低能耗设计明确优化方向及收益。

（4）根据实地调研及理论分析，由于光热耦合现象集中发生于窗，且影响要素主要为自然采光辅助系统，故以遮阳窗帘（室内、使用者控制）、遮阳百叶（室内、使用者控制）和遮阳搁板（室外、固定）3 种为研究对象，并确定每种遮阳设施的性能影响要素，对办公空间进行光热耦合下的动态模拟，以 COU 模式下的自然采光辅助系统为模拟情景；以自然采光满足率 DA、有效照度 UDI 及眩光指数 DGP 为评价指标，研究严寒地区办公建筑的光热耦合现象。提出基于光热耦合的严寒地区办公建筑自然采光辅助系统低能耗设计策略。通过某办公建筑的优化设计过程，实例演示了严寒地区低能耗设计方法在方案设计前期进行能耗估算、优化设计、能耗预测的基本流程。最后将 HDR-I 技术应用于室内光热耦合下的环境性能评价，建立室内光热耦合性能模拟预测方法流程，通过 HDR-I 实测结果与 DIVA 模拟结果的比较，验证了室内光热耦合性能模拟预测方法的准确性。

本书创新点如下：

（1）确定严寒地区办公建筑典型模型低能耗设计的主要影响因素及其方差贡献率。从类型学角度抽象建筑原型，提取现代办公建筑空间模式，结合对严寒地区办公建筑空间设计参数分布状况的实地调研，确定设计参数特征值域，计算参数敏感系数，制定相应模数，构建严寒地区办公建筑典型模型。以典型模型为研究对象，通过光热动态模拟，充分考虑严寒地区能耗构成特征，对办公建筑照明能耗、采暖供冷能耗及光环境性能、光热耦合下的环境性能进行分析，筛选出影响办公建筑整体能耗的设计变量；再通过主成分分析计算设计变量对整体能耗的特征值、方差贡献率，忽略不足以影响整体能耗的参数，确定严寒地区办公建筑低能耗设计的主要影响因素及其方差贡献率。

既往研究使用的建筑信息模型多为某一建筑的简化模型，若过度简化会使模拟结果与实际相差过大，造成错误，例如：无柱无分区简化模型光环境模拟照度与实测误差为 70%。而模型简化不足虽可保证模拟精度却又导致模拟结果的普遍性较差，所得结论的应用性有限。本书通过构建两类共 6 种典型模型较好地解决了这一问题。

（2）建立了严寒地区办公建筑自然采光性能预测及整体能耗预测模型，并提出基于光、热环境性能模拟的低能耗设计策略。确定适合反应严寒地区光热耦合性能的指标（DA，UDI）以低能耗主要影响因素为变量，经多元回归得整体能耗预测模型，可在方案设计前期进行能耗预测。完善现有建筑能耗预测模型，得到更准确的建筑能耗预测结果，其主要技术特征如下：

①建立根据地区光气候数据修正的地域性 Perez 天空模型。使用哈尔滨市光气候实测数据，修正 Perez 天空模型的总辐射照度系数及散射辐射照度系数，建立严寒地区光气候 Perez 天空模型，充分体现了整体能耗预测模型的地域性特征。

②光模拟使用以上的严寒地区 Perez 天空模型，运用 DIVA 软件，计算 DA 、UDI 、照

明能耗及室内自然采光照度分布;热模拟使用 Trnsys 软件对气候数据做短步长拆分,运用 Trnsys 多温度场分析模块,实现光热耦合环境动态模拟,计算包含太阳辐射得热的全年逐时采暖供冷能耗,保证了严寒地区办公建筑整体能耗预测模型的精准性。

③根据模拟结果对主要设计变量进行敏感性分析。明确优化参数、优化方向、优化收益,并通过实际案例演示基于动态模拟的严寒地区低能耗设计流程及优化设计方法,使得本书研究成果在方案设计早期即可容易地介入设计。

目前性能模拟软件计算引擎已运行成熟,因此模拟结果的可靠性主要取决于以下 3 方面信息的输入:建筑信息模型、环境信息模型以及使用者信息与边界条件。在光热性能模拟的耦合过程中,单一性能模拟的微小偏差,将被成倍放大,造成最终模拟结果的错误,要满足性能耦合及优化算法对于模拟数据的高精度需求,就需要保证数据输入端的信息准确性。本书建立 Perez 天空模型较好地解决了这一问题,经与实测数据对比,校正后的 Perez 天空模型全年的总辐射照度与实测值相差 5.2%,散射辐射照度相差 4.4%,较修正前的 12.9% 有了较大改善。

(3)建立了严寒地区办公建筑光热耦合性能预测模型,并提出基于光热耦合性能模拟的低能耗设计策略。确定适合反映严寒地区光热耦合性能的指标(DGP),建立光热耦合预测流程,据此以使用者在使用照明、遮阳设施时表现出的行为特征与模式作为优化对象,对建筑控制逻辑进行优化,以降低其能耗。根据模拟结果确定每种遮阳设施的模拟变量;选取有代表性的办公空间进行光热耦合下的动态模拟,通过分析模拟结果,提出基于光热耦合的严寒地区办公建筑低能耗设计策略。本书研究将 HDR-I 技术应用于室内光热耦合下的环境性能实测验证,提出 HDR-I 技术操作要点及实测流程,据此对场景亮度、照度伪彩图、眩光等进行分析, 验证预测模型的准确性。

参 考 文 献

[1] 清华大学建筑节能研究中心. 中国建筑节能年度发展研究报告(2022-公共建筑专题)[M]. 北京：中国建筑工业出版社，2022.

[2] PÉREZ-LOMBARD L, ORTIZ J, POUT C. A review on buildings energy consumption information[J]. Energy and buildings, 2008, 40(3): 394-398.

[3] 中华人民共和国住房和城乡建设部. 关于2012年全国住房城乡建设领域节能减排专项监督检查建筑节能检查情况的通报[J]. 建筑节能，2013，41(5): 5-7.

[4] 上海市住房和城乡建设管理委员会,上海市发展和改革委员会. 2021年上海市国家机关办公建筑和大型公共建筑能耗监测及分析报告[EB/OL]. [2021. 8. 30]. https://www.shanghai.gov.cn/cmsres/c7/c7b131aa628a4c63b24f50d4a6515fe5/e720cb50065e63ddfa559990e52926bf.pdf.

[5] 林文升,李天云,杜清婷. 2023年度深圳市绿色建筑和建筑节能发展报告[J]. 住宅与房地产,2024(26):8-14.

[6] 中华人民共和国住房和城乡建设部. 公共建筑节能设计标准：GB 50189—2015[S]. 北京：中国建筑工业出版社，2015.

[7] 李飚. 基于复杂系统的建筑设计计算机生成方法研究[D]. 南京：东南大学,2008.

[8] 裴秀英，章少剑，陈立敏，等. 厦门市公共建筑能耗现状及节能潜力分析[J]. 集美大学学报(自然科学版),2008,13(1):81-83.

[9] 林学山，彭家惠，江涵. 重庆市建筑能耗宏观统计和计算研究[J]. 建筑节能,2008,36(214):55-57.

[10] 倪得亮. 上海建筑能耗宏观统计和计算研究[J]. 建筑节能,2008,36(214):48-50.

[11] 郑竺凌，朱伟峰，林春艳. 上海市公共建筑用电分项计量系统的研究和应用[J]. 暖通空调,2010,40(8):2-4.

[12] 伍品，杨英霞，王智超. 深圳市非政府办公建筑能耗特性分析[J]. 建筑节能,2015(5):96-100.

[13] 清华大学建筑节能研究中心. 中国建筑节能年度发展研究报告(2015)[M]. 北京：中国建筑工业出版社，2015.

[14] 周潇儒. 基于整体能量需求的方案阶段建筑节能设计方法研究[D]. 北京：清华大学,2009.

[15] 余琼. 方案阶段建筑节能参数化设计方法研究[D]. 北京:清华大学,2011.

[16] 林波荣，李紫薇. 面向设计初期的建筑节能优化方法[J]. 科学通报,2016(1):113-121.

[17] 徐馨莲. 严寒地区办公建筑竖向围护结构全寿命周期能耗研究[D]. 哈尔滨:哈尔滨工业大学，2011.

[18] 梁珍. 城市民用建筑能耗模拟和统计方案设计[D]. 哈尔滨:哈尔滨工业大学, 2001.

[19] 张冉. 严寒地区低能耗多层办公建筑形态设计参数模拟研究[D]. 哈尔滨:哈尔滨工业大学, 2014.

[20] 孙澄, 韩昀松. 光热性能考虑下的严寒地区办公建筑形态节能设计研究[J]. 建筑学报,2016(2):38-42.

[21] 孙澄, 韩昀松. 寒地办公建筑采暖能耗神经网络预测模型建构[J]. 建筑学报,2013(s2): 154-158.

[22] 刘加平, 谭良斌, 何泉. 建筑创作中的节能设计[M]. 北京: 中国建筑工业出版社, 2009: 39-52.

[23] 张海滨. 寒冷地区居住建筑体型设计参数与建筑节能的定量关系研究[D]. 天津: 天津大学, 2012.

[24] 张九红,李辉. 严寒地区办公建筑天然采光影响因素研究[C]//中国建筑学会建筑物理分会城市与建筑遗产保护教育部重点实验. 2010 年建筑环境科学与技术国际学术会议论文集. 南京:东南大学出版:11-19.

[25] DEPECKER P, MENEZO C, VIRGONE J, et al. Design of buildings shape and energetic consumption[J]. Building and environment, 2001, 36(5): 627-635.

[26] MECHRI H E, CAPOZZOLI A, CORRADO V. Use of the ANOVA approach for sensitive building energy design[J]. Applied energy, 2010, 87(10): 3073-3083.

[27] 纪秀玲, 戴自祝. 室内热舒适评价方法探讨[J]. 建筑热能通风空调, 2005,24(5): 89-93.

[28] 李卓,王爱英,王忠国. 天然光照明研究的新进展[J]. 灯火照明,2007,31(2):26-29.

[29] VINE E, LEE E, CLEAR R, et al. Office worker response to an automated Venetian blind and electric lighting system: A pilot study[J]. Energy and buildings, 1998, 28(2): 205-218.

[30] KRARTI M, ERICKSON P M, HILLMAN T C. A simplified method to estimate energy savings of artificial lighting use from daylighting[J]. Building and environment, 2005, 40(6): 747-754.

[31] MIGUET F, GROLEAU D. A daylight simulation tool for urban and architectural spaces—Application to transmitted direct and diffuse light through glazing[J]. Building and environment, 2002, 37(8/9): 833-843.

[32] GUILLEMIN A, MOLTENI S. An energy-efficient controller for shading devices self-adapting to the user wishes[J]. Building and environment, 2002, 37(11): 1091-1097.

[33] GUILLEMIN A, MOREL N. An innovative lighting controller integrated in a self-adaptive building control system[J]. Energy and buildings, 2001, 33(5): 477-487.

[34] ATHIENITIS A K, TZEMPELIKOS A. A methodology for simulation of daylight room illuminance distribution and light dimming for a room with a controlled shading device[J]. Solar energy, 2002, 72(4): 271-281.

[35] OCHOA C E, ARIES M B C, VAN LOENEN E J, et al. Considerations on design optimization criteria for windows providing low energy consumption and high visual comfort [J]. Applied energy, 2012, 95: 238-245.

[36] DUSSAULT J M, GOSSELIN L, GALSTIAN T. Integration of smart windows into building design for reduction of yearly overall energy consumption and peak loads[J]. Solar energy, 2012, 86(11): 3405-3416.

[37] LEE J W, JUNG H J, PARK J Y, et al. Optimization of building window system in Asian regions by analyzing solar heat gain and daylighting elements[J]. Renewable energy, 2013, 50: 522-531.

[38] SHEN H, TZEMPELIKOS A. Sensitivity analysis on daylighting and energy performance of perimeter offices with automated shading[J]. Building and environment, 2013, 59: 303-314.

[39] SHEN H, TZEMPELIKOS A. Daylighting and energy analysis of private offices with automated interior roller shades[J]. Solar energy, 2012, 86(2): 681-704.

[40] KIM G, LIM H S, LIM T S, et al. Comparative advantage of an exterior shading device in thermal performance for residential buildings[J]. Energy and buildings, 2012, 46: 105-111.

[41] MANZAN M, PINTO F. Genetic optimization of external shading devices [C]//Proceedings of the building simulation . San Francisco: 15th InternationalIBPSA Conference, 2017:180-187.

[42] PEREZ Y V, CAPELUTO I G. Climatic considerations in school building design in the hot - humid climate for reducing energy consumption[J]. Applied energy, 2009, 86 (3): 340-348.

[43] PINO A, BUSTAMANTE W, ESCOBAR R, et al. Thermal and lighting behavior of office buildings in Santiago of Chile[J]. Energy and buildings, 2012, 47: 441-449.

[44] TORRES S L,SAKAMOTO Y. Facade design optimization for daylight with asimple genetic algorithm [C]//Proceedings of the building simulation. Beijing: International IBPSA Conference,2007:1162-1167.

[45] CARLUCCI S, CATTARIN G, CAUSONE F, et al. Multi-objective optimization of a nearly zero-energy building based on thermal and visual discomfort minimization using a non-dominated sorting genetic algorithm (NSGA-II) [J]. Energy and buildings, 2015, 104: 378-394.

[46] AlANZI,DONGHYUN S,MONCEF K. Retrofitting existing commercial buildings in the desert southwest to be energy efficient[D]. Las Vegas: University of Nevada,2010.

[47] KASSAB M,LEE T. The development of integrated based-simulation design support system[C]. Beijing: Proceedings of Building Simulation, 2007.

[48] AKSOY U T, INALLI M. Impacts of some building passive design parameters on heating demand for a cold region[J]. Building and environment, 2006, 41(12): 1742-1754.

[49] 江亿. 我国建筑能耗状况与节能重点[J]. 建设科技,2007(5):26-29.
[50] 夏春海. 建筑方案的天然采光性能分析方法[J]. 照明工程学报, 2012, 23(1): 11-15.
[51] CORSON G C. Input-output sensitivity of building energy simulations[J]. Ashrae Transactions, 1992(98):618-626.
[52] 陈超, 渡边俊行, 谢光亚, 等. 日本的建筑节能概念与政策[J]. 暖通空调, 2002, 32(6): 40-43.
[53] 沈晋明, 尼诺穆拉, 刘燕敏. ASHRAE Standard 170-2013 简介[J]. 暖通空调,2014, 44(10):1-7.
[54] LAM J C, HUI S C M. Sensitivity analysis of energy performance of office buildings[J]. Building and environment, 1996, 31(1): 27-39.
[55] DE ALMEIDA FERREIRA TAVARES P F, DE OLIVEIRA GOMES MARTINS A M. Energy efficient building design using sensitivity analysis—a case study[J]. Energy and buildings, 2007, 39(1): 23-31.
[56] HARPUTLUGIL G U, HENSEN J L M, DE WILDE P. Simulation as a tool to develop guidelines for the design of school schemes for four climatic regions of turkiye[J]. IBPSA 2007 - international building performance simulation association, 2007, 2007: 1805-1812.
[57] 林宪德. 东亚都市办公建筑围护结构节能对策分析[C]. 北京:第六届中国城市住宅研讨会, 2007.
[58] 曾剑龙. 性能可调节围护结构研究[D]. 北京:清华大学, 2006.
[59] MATHEWS E H, HEERDEN E, ARNDT D C. A tool for integrated HVAC, building, energy and control analysis Part 1: overview of QUICK control[J]. Building and environment,2009,34:429-449.
[60] NIELSEN T R. Simple tool to evaluate energy demand and indoor environment in the early stages of building design[J]. Solar energy, 2005, 78(1): 73-83.
[61] CORRADO V, FABRIZIO E. Assessment of building cooling energy need through a quasi-steady state model: Simplified correlation for gain-loss mismatch [J]. Energy and buildings, 2007, 39(5): 569-579.
[62] YOHANIS Y G, NORTON B. The early design model for prediction of energy and cost performance of building design options[J]. International journal of solar energy, 2000, 20(3): 207-226.
[63] 夏春海. 面向建筑方案的节能设计方法研究[D]. 北京:清华大学,2008.
[64] YU W, LI B Z, JIA H Y, et al. Application of multi-objective genetic algorithm to optimize energy efficiency and thermal comfort in building design[J]. Energy and buildings, 2015, 88: 135-143.
[65] WRIGHT J A, LOOSEMORE H A, FARMANI R. Optimization of building thermal design and control by multi-criterion genetic algorithm[J]. Energy and buildings, 2002,

34(9): 959-972.

[66] OOKA R, KOMAMURA K. Optimal design method for building energy systems using genetic algorithms[J]. Building and environment, 2009, 44(7): 1538-1544.

[67] SOARES N, BASTOS J, PEREIRA L D, et al. A review on current advances in the energy and environmental performance of buildings towards a more sustainable built environment[J]. Renewable and sustainable energy reviews, 2017, 77: 845-860.

[68] FUTRELL B J, OZELKAN E C, BRENTRUP D. Bi-objective optimization of building enclosure design for thermal and lighting performance[J]. Building and environment, 2015, 92: 591-602.

[69] CHEN H, OOKA R, KATO S. Study on optimum arrangement of pilotis for design of pleasant outdoor wind environment using CFD simulation and Genetic Algorithms (GA) [J]. Proceedings of national symposium on wind, 2005:438-447.

[70] YAN B, LI X W, SHI W B, et al. Forecasting building energy demand under uncertainty using Gaussian process regression: Feature selection, baseline prediction, parametric analysis and a web-based tool[C]//Proceedings of Building Simulation. San Francisco: 15th Conference of IBPSA, 2017: 214-222.

[71] 王牡丹，祝宇阳，吴媛民. 基于 BIM 技术的公共建筑能耗分析监测系统设计[J]. 土木建筑工程信息技术,2017, 9(1): 76-81.

[72] SACHT H M, BRAGANCA L, ALMEIDA M, et al. Glazing daylighting performance and Trombe wall thermal performance of a modular facade system in four different Portuguese cities[J]. Indoor and built environment, 2014, 24(4): 544-563.

[73] 中华人民共和国住房和城乡建设部. 建筑采光设计标准: GB 50033—2013[S]. 北京: 中国建筑工业出版社, 2013.

[74] 赵秀芳. 康巴艺术中心图书馆基于传统建筑光环境的照明设计方法[D]. 北京: 清华大学, 2013.

[75] 勉丽娜,周晓云,汪静,等. 改善中小学教室黑板照度均匀度的实验研究[J]照明工程学报,2021,32(4):43-47.

[76] WU P, SONG Y Z, SHOU W C, et al. A comprehensive analysis of the credits obtained by LEED 2009 certified green buildings[J]. Renewable and sustainable energy reviews, 2017, 68: 370-379.

[77] TREGENZA P R. The Monte Carlo method in lighting calculations[J]. Lighting research and technology, 1983, 15(4): 163-170.

[78] REINHART C F, MARDALJEVIC J, ROGERS Z. Dynamic daylight performance metrics for sustainable building design[J]. Leukos, 2006, 3(1): 7-31.

[79] 高金锋. 基于动态采光评价的高校教室天然采光优化设计——以济南为例[D]. 济南:山东建筑大学,2020.

[80] NABIL A, MARDALJEVIC J. Useful daylight illuminance: A new paradigm for assessing daylight in buildings[J]. Lighting research and technology, 2005, 37(1): 41-59.

[81] DARULA S, CHRISTOFFERSEN J, MALIKOVA M. Sunlight and insolation of building interiors[J]. Energy procedia, 2015, 78: 1245-1250.

[82] MARDALJEVIC J,ROY N. The sunlight beam index[J]. Light. Res. Technol., 2016 (48): 55-69.

[83] None. Illumination; its distribution and measurement[J]. Nature, 1911, 88: 72-73.

[84] DRESLER A. The "reflected component" in daylighting design[J]. Lighting research and technology, 1954, 19(2_IEStrans): 50-60.

[85] HOPKINSON R G, LONGMORE J, PETHERBRIDGE P. An empirical formula for the computation of the indirect component of daylight factor[J]. Lighting research and technology, 1954, 19(7_IEStrans): 201-219.

[86] TREGENZA P R. Modification of the split-flux formulae for mean daylight factor and internal reflected component with large external obstructions[J]. Lighting research & technology, 1989, 21(3): 125-128.

[87] JOHN M. Daylight simulation: Validation, sky models and daylight coefficients[D]. Leicester, East Midlands, UK: De Montfort University, 1999.

[88] REINHART C. Daylight performance predictions[M]//HENSEN J L M, LAMBERTS R. Building Performance Simulation for Design and Operation: 2nd ed. New York: Routledge, 2019: 221-269.

[89] BIAN Y, MA Y. Analysis of daylight metrics of side-lit room in Canton, south China: A comparison between daylight autonomy and daylight factor[J]. Energy and buildings, 2017, 138: 347-354.

[90] REINHART C, BRETON P F. Experimental validation of 3ds Max® design 2009 and Daysim 3.0[C]. IBPSA 2009 - international building performance simulation association 2009, 2009: 1514-1521.

[91] REINHART C F, ANDERSEN M. Development and validation of a radiance model for a translucent panel[J]. Energy and buildings, 2006, 38(7): 890-904.

[92] MARDALJEVIC J. Simulation of annual daylighting profiles for internal illuminance[J]. Lighting research and technology, 2000, 32(3): 111-118.

[93] REINHART C F, HERKEL S. The simulation of annual daylight illuminance distributions—a state-of-the-art comparison of six radiance-based methods[J]. Energy and buildings, 2000, 32(2): 167-187.

[94] JONES N L, REINHART C F. Effects of real-time simulation feedback on design for visual comfort[J]. Journal of building performance simulation, 2019, 12(3): 343-361.

[95] PARKHURST J, DARRINGER J, GRUNDMANN B. From single core to multi-core: Preparing for a new exponential[C]//2006 IEEE/ACM International Conference on Computer Aided Design. San Jose, CA, USA: IEEE, 2006: 67-72.

[96] WIENOLD J, CHRISTOFFERSEN J. Evaluation methods and development of a new glare prediction model for daylight environments with the use of CCD cameras[J]. Ener-

gy and buildings, 2006, 38(7): 743-757.

[97] MARDALJEVIC J. Sky model blends for predicting internal illuminance: A comparison founded on the BRE-IDMP dataset[J]. Journal of building performance simulation, 2008, 1(3): 163-173.

[98] ANDERSEN M, MARDALJEVIC J, LOCKLEY S W. A framework for predicting the non-visual effects of daylight-Part I: Photobiology-based model[J]. Lighting research and technology, 2012, 44(1): 37-53.

[99] MARDALJEVIC J, ANDERSEN M, ROY N, et al. A framework for predicting the non-visual effects of daylight - Part II: The simulation model[J]. Lighting research and technology, 2014, 46(4): 388-406.

[100] WEBB A R. Considerations for lighting in the built environment: Non-visual effects of light[J]. Energy and buildings, 2006, 38(7): 721-727.

[101] NABIL A, MARDALJEVIC J. Useful daylight illuminances: A replacement for daylight factors[J]. Energy and buildings, 2006, 38(7): 905-913.

[102] KONG Z, UTZINGER D M, HUMANN C. Evaluation of a hybrid photo-radiometer sky model compared with the Perez sky model[J]. Energy and buildings, 2018, 178: 318-330.

[103] MARDALJEVIC J. The BRE-IDMP dataset: A new benchmark for the validation of illuminance prediction techniques[J]. Lighting research and technology, 2001, 33(2): 117-134.

[104] TREGENZA P R. Subdivision of the sky hemisphere for luminance measurements[J]. Lighting research and technology, 1987, 19(1): 13-14.

[105] INANICI M, GALVIN J. Evaluation of high dynamic range photography as a luminance mapping technique[J]. Lighting Res. Technol. ,38,2 (2006) :123-136.

[106] 孔哲,李想,张如嫣,等. 基于 HDR 实测的高校教室采光环境评价研究[J]. 照明工程学报, 2021, 32(4): 32-38.

[107] MITSUNAGA T, NAYAR S K. Radiometric self calibration[C]//Proceedings of 1999 IEEE Computer Society Conference on Computer Vision and Pattern Recognition. Fort Collins, CO, USA: IEEE, 1999: 374-380.

[108] DEBEVEC P E, MALIK J. Recovering high dynamic range radiance maps from photographs[C] //Proceedings of the 24th Annual Conference on Computer Graphics and Interactive Techniques - SIGGRAPH 97. Not Known. ACM, 1997:369-378.

[109] AGGARWAL M, AHUJA N. Split aperture imaging for high dynamic range[J]. International journal of computer vision, 2004, 58(1): 7-17.

[110] SIMONS R H. Comment 2 on 'Evaluation of high dynamic range photography as a luminance data acquisition system' by MN Inanici[J]. Lighting research & technology, 2006, 38(2): 135.

[111] INANICI M N. Evaluation of high dynamic range photography as a luminance data ac-

quisition system[J]. Lighting research & technology, 2006, 38(2): 123-134.

[112] 黄成,阮光辉,马野,等. 基于物元法的船舶夜航光环境评价[J]. 照明工程学报,2017,28(6):77-82.

[113] 朱雅丽. 基于模糊物元法的室内光环境质量评价研究[J]. 照明工程学报,2021,32(3):108-109.

[114] KARLSEN L, HEISELBERG P, BRYN I, et al. Verification of simple illuminance based measures for indication of discomfort glare from windows[J]. Building and environment, 2015, 92: 615-626.

[115] ZHU Y M. Applying computer-based simulation to energy auditing: A case study[J]. Energy and buildings, 2006, 38(5): 421-428.

[116] 林波荣. 基于实际运行效果的绿色建筑性能后评估方法研究及应用[J]. 暖通空调, 2016(10):4-8.

[117] 郝洛西, 崔哲, 周娜, 等. 光与健康: 面向未来的开拓与创新[J]. 装饰, 2015(3): 32-37.

[118] 吴硕贤. 光景学发凡[J]. 南方建筑,2017(3):4-6.

[119] 邱坚珍, 吴硕贤. 光景学与建筑中的光景[J]. 建筑学报,2017(9): 115-118.

[120] MARDALJEVIC J. Validation of a lighting simulation program: A study using measured sky brightness distributions[C]. Amsterdam: Lux Europa 1997 Conference,1997:944-951.

[121] RUSHMEIER H, WARD G, PIATKO C, et al. Comparing real and synthetic images: Some ideas about metrics[C]//Eurographics Workshop on Rendering Techniques. Vienna: Springer, 1995: 82-91.

[122] REINHARD E, WARD G, PATTANAIK S N, et al. High dynamic range imaging: Acquisition, display, and image-based lighting[M]. New York: Academic Press, 2010.

[123] KOLTAI T, TERLAKY T. The difference between the managerial and mathematical interpretation of sensitivity analysis results in linear programming[J]. International journal of production economics, 2000, 65(3): 257-274.

[124] 孙澄, 刘蕾, 孔哲. HDR-I 技术应用于光环境性能实测的方法[J]. 照明工程学报,2017,28(2):65-69.

[125] KIM H I. Study on integrated workflow for designing sustainable tall building—with parametric method using rhino grasshopper and DIVA for daylight optimization[J]. KIEAE journal, 2016, 16(5): 21-28.

[126] 韩天辞. 鄂尔多斯 20+10 P22A 基于采光模拟的中庭优化设计方法[D]. 北京: 清华大学, 2012.

[127] ALSTAN JAKUBIEC J, REINHART C F. DIVA 2.0: Integrating daylight and thermal simulations using Rhinoceros 3D, DAYSIM and EnergyPlus[C]//Proceedings of Building Simulation 2011: 12th Conference of International Building Performance Simulation Association. Syney: International Building Performance Simulation Association, 2011:

2202-2209.
[128] 罗涛, 燕达, 赵建平, 等. 天然光光环境模拟软件的对比研究[J]. 建筑科学, 2011, 27(10): 1-6.
[129] 刘蕾. 基于光热性能模拟的严寒地区办公建筑低能耗设计策略研究[D]. 哈尔滨: 哈尔滨工业大学,2017.

名 词 索 引

R

S

T

V

W

Y

Z